MAURICE ARTHUS

—

ÉLÉMENTS

DE

CHIMIE PHYSIOLOGIQUE

—

PARIS

MASSON & Cie ÉDITEURS

Te 153
65
B

ÉLÉMENTS

DE

CHIMIE PHYSIOLOGIQUE

6100-98. — CORBEIL. Imprimerie ED. CRÉTÉ.

ÉLÉMENTS

DE

CHIMIE PHYSIOLOGIQUE

PAR

MAURICE ARTHUS

Professeur de physiologie et de chimie physiologique
à l'Université de Fribourg (Suisse).

TROISIÈME ÉDITION
revue et augmentée

PARIS

MASSON ET Cie, ÉDITEURS

LIBRAIRES DE L'ACADÉMIE DE MÉDECINE

120, boulevard Saint-Germain

PRÉFACE

DE LA PREMIÈRE ÉDITION

Les phénomènes de nutrition, qui constituent
l'un des chapitres les plus importants de la
physiologie, sont des phénomènes sinon exclusivement, du moins essentiellement d'ordre chimique : pour en aborder avec fruit l'étude, il
est nécessaire de posséder certaines notions
élémentaires de chimie physiologique.

L'étudiant peut-il trouver aujourd'hui exposé
dans quelque ouvrage le minimum de notions
chimiques qui lui est indispensable ? On peut
répondre sans hésitation : non.

Tantôt, — comme dans les traités de physiologie — l'auteur suppose connues ces notions
chimiques élémentaires ; ou, s'il écrit un chapitre de chimie physiologique, il ne prend pas
soin d'y grouper tous les faits indispensables à
la compréhension des autres parties de son
ouvrage.

Tantôt, — comme dans les traités de chimie

physiologique écrits par les chimistes, —. les notions que doit connaître le physiologiste sont disséminées au milieu de beaucoup d'autres, qui n'ont d'intérêt que pour les chimistes, sans qu'il soit possible à l'étudiant de reconnaître dans cet ensemble l'indispensable et le superflu.

Actuellement il n'existe pas d'ouvrage qui, intermédiaire aux traités de chimie physiologique et aux traités de physiologie, contienne *toutes les notions chimiques et rien que les notions chimiques nécessaires à l'étudiant en physiologie.* — Je me suis proposé de combler cette lacune.

MAURICE ARTHUS.

Paris 1895.

TABLE DES MATIÈRES

ÉLÉMENTS

DE

CHIMIE PHYSIOLOGIQUE

CHAPITRE PREMIER

LES MATIÈRES MINÉRALES

L'EAU. — LES CENDRES. — LES SELS. — LES GAZ.

SOMMAIRE. — I. Les éléments des tissus et liquides de l'organisme. Une substance est-elle azotée, sulfurée, phosphorée?
II. L'eau des tissus et liquides de l'organisme. Dessiccation et résidu sec.
III. Carbonisation. Incinération et cendres. Les sels des cendres des liquides et tissus de l'organisme; les chlorures des cendres; les phosphates des cendres; les sulfates des cendres; les carbonates des cendres; les métaux des cendres; nature des composés minéraux des liquides et tissus de l'organisme.
IV. Les gaz des liquides et tissus de l'organisme. Oxygène, gaz carbonique, azote.

Les substances qui entrent dans la constitution des liquides et tissus de l'organisme sont formées par un petit nombre d'éléments qui sont le *carbone*, l'*hydrogène*, l'*oxygène*, l'*azote*, le *soufre*, le *chlore*, le *phosphore*, le *potassium*, le *sodium*, le *calcium*, le *magnésium*, le *fer*, et accessoirement le *silicium* et le *fluor*.

Certaines substances uniquement constituées de carbone, d'hydrogène et d'oxygène, sont dites *substances ternaires*. Certaines substances constituées de carbone, d'hydrogène, d'oxygène et d'azote sont dites *substances quaternaires* ou *azotées*. Certaines substances constituées par ces mêmes éléments et par un élément métallique, — par exemple une substance constituée de carbone, d'hydrogène, d'oxygène, d'azote et de fer, — peuvent être appelées *substances métallo-organiques* (1).

A l'exception de l'eau, du gaz carbonique, des matières salines, toutes les substances organiques des tissus animaux contiennent du carbone, de l'hydrogène et de l'oxygène. Mais toutes ne contiennent pas de l'azote, du soufre, du phosphore, etc. Il peut donc être utile, dans certains cas, de rechercher si une substance retirée de l'organisme animal est azotée, sulfurée, phosphorée, etc.

I. *Une substance est-elle azotée ?*

La recherche peut être faite suivant deux méthodes :

1º La substance à étudier est mélangée avec un excès de chaux sodée préalablement calcinée, et le mélange est chauffé dans un tube à essai. Si la substance est azotée, il se dégage des vapeurs d'ammoniaque, facilement reconnaissables à leur odeur piquante, à la coloration bleue qu'elles font prendre au papier rouge de tournesol humecté d'eau distillée, aux fumées blanches qu'elles donnent en se combinant avec les vapeurs que dégage à l'air une solution aqueuse d'acide chlorhydrique ;

2º La substance à étudier, préalablement desséchée

(1) Il convient de réserver la dénomination de substances organo-métalliques aux corps désignés par ce terme en chimie organique.

parfaitement, est introduite dans un tube à essai bien sec contenant déjà un petit fragment de sodium métallique. Le mélange est chauffé progressivement jusqu'à incandescence. Si la substance est azotée, le carbone et l'azote de la matière organique donnent avec le sodium du cyanure de sodium. En ajoutant à la masse refroidie une petite quantité d'une solution de sulfate de fer, il se produit du ferrocyanure de sodium. Or le ferrocyanure de sodium donne avec les sels ferriques, en liqueur acidulée par l'acide chlorhydrique, du bleu de Prusse. Par conséquent en dissolvant dans l'eau la masse qui contient le ferrocyanure de sodium, acidulant par l'acide chlorhydrique et ajoutant du chlorure ferrique, on produit une coloration bleue intense.

II. *Une substance est-elle sulfurée? Une substance est-elle phosphorée?*

1º Si la substance est solide, on la mélange bien intimement, en broyant dans un mortier, avec 12 parties de potasse caustique et 6 parties d'azotate de potasse qu'on a vérifiés exempts de soufre ou de phosphore ; on chauffe ce mélange jusqu'à fusion dans une capsule de platine ou d'argent, et on maintient à la température de fusion jusqu'à disparition totale du charbon. Après refroidissement, la masse fondue est dissoute par l'eau, et, dans la liqueur aqueuse, on recherche soit les sulfates, soit les phosphates. En effet, sous l'influence de la potasse caustique et de l'azotate de potasse, à température élevée, le soufre et le phosphore des matières organiques donnent respectivement du sulfate de potasse et du phosphate de potasse ;

2º Si la substance est liquide ou dissoute, on la traite par l'acide nitrique fumant, en tube scellé à la lampe, et chauffé à une température de 150º à 200º pendant quelques heures. Le tube étant ouvert après refroidissement, on recherche dans le liquide qu'il contient les acides sulfurique et phosphorique. Sous l'influence de l'acide nitrique à cette température élevée, les matières organiques ont été oxydées : le soufre est passé à l'état d'acide sulfurique, le phosphore est passé à l'état d'acide phosphorique.

Tous les liquides et tissus organiques contiennent de l'eau, des matières minérales et des matières organiques.

Tout liquide organique et tout tissu organique soumis à l'action d'une température élevée, soit inférieure, soit supérieure à 100°, mais voisine de 100°, dégage de la vapeur d'eau en quantité plus ou moins grande. Soumise à l'action d'une température plus élevée, la matière animale est décomposée ; elle se transforme en une masse noirâtre, généralement poreuse, principalement constituée par du charbon. Enfin, à une température plus élevée encore, voisine de la température du rouge sombre, le résidu de la carbonisation est brûlé : le charbon donne du gaz carbonique, et il reste un résidu blanc grisâtre de nature minérale : ce sont les cendres. On peut donc considérer 3 stades de transformation des substances de l'organisme sous l'influence de la chaleur : une *dessiccation*, une *carbonisation* et une *incinération*.

Selon que la *dessiccation* est faite à une température plus ou moins élevée, la quantité de vapeur d'eau dégagée peut être plus ou moins considérable : en effet, cette vapeur d'eau provient non seulement de l'eau contenue à l'état libre dans les tissus, mais encore de l'eau résultant de la décomposition de certaines matières organiques de ces tissus, sous l'influence de la chaleur. Or, on conçoit aisément que tel composé organique peut être décomposé, et par suite peut dégager de la vapeur d'eau à 110°, sans être décomposé, et par suite sans dégager de vapeur d'eau à 100°, à 102°, à 105°. L'expression dessiccation n'a, par conséquent, de signification précise que si l'on indique la *température de dessiccation*.

Le terme *carbonisation* n'a pas une signification bien précise : on dit en général qu'une substance est carbonisée, lorsque, réduite par l'action d'une température croissante en une masse charbonneuse noire et sèche, elle ne dégage plus, sous l'influence de la chaleur, de produits condensables, comme sont les hydrocarbures. La température de carbonisation varie considérablement d'une substance organique à l'autre, d'un tissu à l'autre. La carbonisation est un stade par lequel passent les matières animales soumises à l'action de la chaleur croissante, mais ce stade n'a rien d'assez important et surtout d'assez précis, pour qu'il convienne d'en tenir compte en chimie physiologique.

Il n'en est pas de même de l'*incinération*. Une matière est incinérée lorsque ses composés organiques sont totalement détruits, lorsqu'il ne reste plus qu'un résidu purement minéral. Il suffit en général de porter la matière organique au rouge naissant pour obtenir une incinération parfaite.

La *dessiccation* des liquides et tissus organiques qu'ont coutume de faire les physiologistes est une dessiccation soit à 105°, soit à 110°. Cette dessiccation se fait toujours en plusieurs temps. Si la matière étudiée est liquide, on l'évapore à siccité au bain-marie bouillant; si cette matière est solide, on la dessèche au bain-marie bouillant. La matière est ensuite desséchée à l'étuve à air à 100°, puis à l'étuve à air à 110°, jusqu'à ce que son poids reste constant. Il convient, avant de peser le résidu, de le laisser refroidir dans un exsiccateur à acide sulfurique, afin d'éviter toute absorption de vapeur d'eau par ce résidu, qui souvent est fort hygroscopique. Le résidu ainsi obtenu est appelé *résidu sec*.

L'*incinération* doit également se faire en plusieurs temps. Supposons que la matière à incinérer ait été desséchée à 110°. Cette matière introduite dans une capsule de platine est chauffée peu à peu jusqu'à la température du rouge naissant : en élevant lentement la température on évite soit la mousse, soit les projections que provoquerait un dégagement trop rapide des gaz résultant de la décomposition de la matière organique. Au rouge naissant la matière est carbonisée, elle n'est pas véritablement incinérée. Pour achever l'incinération, il conviendrait d'élever encore notablement la température ; mais on volatiliserait ainsi une partie des sels alcalins, notamment les chlorures alcalins, contenus dans le résidu de carbonisation. Si en effet les chlorures alcalins ne sont pas sensiblement volatils au rouge naissant, ils sont volatils à une température un peu supérieure. Il convient donc d'épuiser par l'eau le résidu de la carbonisation, afin de dissoudre les sels solubles qu'il contient. Cet extrait aqueux du résidu de carbonisation contient une partie des substances minérales de la matière analysée, mais n'en contient qu'une partie : en évaporant cet extrait aqueux, on obtient un premier résidu minéral *a*.

Le résidu de la calcination épuisé par l'eau ne contient plus de sels volatils : on peut alors l'incinérer en élevant sa température jusqu'à ce que toute trace de charbon ait disparu. Il reste un second résidu salin *b*. En réunissant les résidus salins *a* et *b*, on obtient la totalité des cendres de la substance étudiée.

Il est possible que dans cette incinération une partie des matières minérales soit réduite par le charbon à la température du rouge : par exemple les sulfates peuvent être ramenés à l'état de sulfures, etc. ; — il est par conséquent utile dans certains cas, une fois l'incinération terminée, d'ajouter au résidu une petite quantité d'acide nitrique, agent oxydant, et de calciner de nouveau pour chasser l'excès d'acide nitrique : les matières réduites ont été ré-oxydées par ce traitement.

Les cendres ainsi obtenues peuvent contenir des *chlorures*, des *sulfates*, des *phosphates*, des *carbonates*, des sels de *potassium*, de *sodium*, de *calcium*, de *magnésium* et de *fer*.

Passons rapidement en revue celles des propriétés de ces sels que nous aurons besoin de connaître.

Les *chlorures alcalins* et *alcalino-terreux* sont des sels solubles dans l'eau. Les chlorures alcalino-terreux sont volatils au rouge vif, les chlorures alcalins sont déjà volatils au rouge sombre ; — par conséquent, ainsi que nous l'avons précédemment dit, si l'on veut obtenir la totalité des matières minérales contenues dans un tissu ou liquide organiques, la matière doit être carbonisée au rouge naissant, et débarrassée par lessivage de ses chlorures avant incinération complète au rouge vif.

Les chlorures solubles sont précipités de leur solution, acidulée par l'acide nitrique, par l'azotate d'argent ; le précipité de chlorure d'argent produit a la propriété de noircir à la lumière ; il est insoluble dans l'acide nitrique, il est soluble dans l'ammoniaque.

Pour *doser les chlorures* contenus dans des cendres, on épuise ces cendres par l'eau bouillante : les chlorures alcalins et alcalino-terreux étant solubles dans l'eau, l'extrait aqueux des cendres contient la totalité des chlorures. On acidule cet extrait par l'acide nitrique, et on ajoute une solution d'azotate d'argent tant qu'il se forme un précipité. Lorsque l'addition du sel d'argent ne trouble plus la liqueur au fond de laquelle s'est rapidement déposé le précipité formé, la totalité des chlorures de la liqueur a été précipitée. D'autre part, les chlorures seuls ont été précipités, car ni le carbonate d'argent, ni le phosphate d'argent, ni le sulfate d'argent ne sont insolubles dans les liqueurs acidulées par l'acide nitrique. On jette alors sur un filtre sans cendres le précipité, et on l'y lave à l'eau bouillante, pour enlever l'excès d'azotate d'argent, jusqu'à ce que les eaux de lavage ne contiennent plus de sel d'argent, ce qu'on reconnaît à ce que ces eaux ne précipitent plus et ne louchissent plus par l'addition d'une solution de chlorure de sodium. Le filtre, qui doit être un filtre sans cendres, et le précipité qu'il supporte sont desséchés à l'étuve suivant les préceptes que nous avons ci-dessus rappelés, puis calcinés au rouge dans un creuset de platine. Dans cette calcination une partie du chlorure d'argent peut avoir été décomposée par le charbon et ramenée à l'état d'argent métallique. Il convient donc, une fois la calcination terminée et le creuset refroidi, d'ajouter au résidu de la calcination une goutte d'acide nitrique qui transforme l'argent métallique en azotate d'argent et une goutte d'acide chlorhydrique qui précipite l'argent ainsi dissous à l'état de chlorure d'argent. Une nouvelle calcination chasse l'excès d'acide nitrique et d'acide chlorhydrique. Il ne reste que du chlorure d'argent $AgCl$, qu'on pèse, après refroidissement, dans un exsiccateur à acide sulfurique. Connaissant le poids de chlorure d'argent, on en déduit le poids correspondant de chlore (1 gramme $AgCl$ contient $0^{gr},24729$ Cl). Ce chlore est le chlore des chlorures contenus dans les cendres analysées.

Nous indiquerons, en étudiant l'urine, un procédé permettant de doser volumétriquement le chlore contenu à l'état de chlorures métalliques dans un liquide organique.

Les *phosphates* des cendres des substances animales sont des orthophosphates, c'est-à-dire des composés répondant à la formule générale PO^4R^3.

L'acide phosphorique triatomique donne 3 séries d'orthophosphates :

Les sels trimétalliques PO^4M^3 ou $(PO^4)^2N^3$ ou $(PO^4)^3X^3$,
Les sels dimétalliques PO^4HM^2 ou $(PO^4H)^2N^2$ ou $(PO^4H)^3X^2$,
Les sels monométalliques PO^4H^2M ou $(PO^4H^2)^2N$ ou $(PO^4H^2)^3X$.

M représentant un atome de métal monovalent tel que le sodium, N représentant un atome de métal divalent tel que le calcium, X représentant un atome de métal trivalent, tel que le fer.

Les orthophosphates d'alcalis trimétalliques sont appelés phosphates basiques, les orthophosphates d'alcalis dimétalliques sont appelés phosphates neutres, les orthophosphates d'alcalis monométalliques sont appelés phosphates acides, parce que les premiers sont alcalins, les seconds sont neutres, les derniers sont acides au tournesol.

Les orthophosphates alcalino-terreux tribasiques sont appelés phosphates neutres ; les orthophosphates alcalino-terreux bibasiques ou monobasiques sont appelés phosphates acides.

Il convenait de rappeler ces dénominations, car, on le voit, le terme phosphate neutre ne représente pas des composés analogues dans la série des sels d'alcalis et dans la série des sels alcalino-terreux. De même les phosphates dimétalliques sont neutres dans la série des sels d'alcalis ; ils sont acides dans la série des sels alcalino-terreux.

Lorsque la matière incinérée a une réaction neutre, lorsque les cendres elles-mêmes sont neutres, les phosphates contenus dans ces cendres sont des orthophosphates alcalino-terreux trimétalliques et des orthophosphates d'alcalis dimétalliques.

Lorsque la matière incinérée est acide ou lorsque les cendres sont acides, les phosphates des cendres sont des phosphates alcalino-terreux dimétalliques et des phosphates d'alcalis monométalliques.

Tout phosphate trimétallique en présence d'un acide, même en présence d'acide carbonique, est transformé totalement ou partiellement, suivant la nature et la quantité de l'acide employé, en phosphate dimétallique ou monométallique et sel de l'acide employé. Inversement tout phosphate monométallique ou dimétallique, en présence d'alcalis ou de carbonates alcalins, est transformé totalement ou partiellement, suivant la nature et la quantité de l'alcali employé, en phosphate dimétallique ou trimétallique.

Les phosphates d'alcalis sont solubles dans l'eau, insolubles dans l'alcool.

Lorsqu'on chauffe à 100° une solution contenant des phosphates monométalliques d'alcalis et de l'acide chlorhydrique, une partie de cet acide est retenue par la liqueur : dans ces conditions, en effet, il se produit un peu de chlorures alcalins en même temps qu'une quantité équivalente d'acide phosphorique est mise en liberté. La même chose se produit si l'on chauffe à une température supérieure à 100° une masse contenant un phosphate monométallique d'alcali et des matières organiques chlorées décomposables, capables de donner un dégagement d'acide chlorhydrique : une partie de l'acide provenant de la décomposition de ces substances forme, aux dépens du phosphate monométallique d'alcali, un chlorure d'alcali et met une quantité équivalente d'acide phosphorique en liberté. — Cette notion trouvera son application dans l'étude des combinaisons acides du suc gastrique.

Le phosphate tricalcique $(PO^4)^2Ca^3$ est insoluble dans l'eau, insoluble dans l'alcool. Le phosphate dicalcique $(PO^4H)^2Ca^2$ est un peu soluble dans l'eau, insoluble dans l'alcool.

Par conséquent, si l'on met en suspension dans l'eau du phosphate tricalcique et si l'on fait passer un courant de gaz carbonique, on parviendra à dissoudre une partie du phosphate tricalcique : par le gaz carbonique ce phosphate est décomposé en phosphate dicalcique, un peu soluble dans l'eau, et en bicarbonate de chaux, également un peu soluble dans l'eau. On a quelquefois appelé la substance qui se dissout ainsi *phospho-carbonate de chaux* : ce n'est pas un sel défini, c'est un mélange de phosphate dicalcique et le bicarbonate de chaux. A la température d'ébullition le bicarbonate de chaux est décomposé en gaz carbonique, qui se dégage, et carbonate de chaux ; le carbonate de chaux en présence de phosphate dicalcique est décomposé : le gaz carbonique est mis en liberté et la chaux se combine au phosphate dicalcique pour reconstituer le phosphate tricalcique.

Le phosphate tricalcique est insoluble dans l'eau,

mais se dissout dans l'eau acidulée soit par l'acide chlorhydrique, soit par l'acide acétique. En effet, sous l'influence de ces acides il est décomposé en phosphate dicalcique un peu soluble et chlorure ou acétate de calcium solubles. Le phosphate tricalcique n'est donc pas véritablement et directement soluble dans l'eau acidulée : il est transformé par l'eau acidulée, et les produits de transformation sont solubles dans l'eau acidulée.

Lorsqu'on chauffe au rouge un mélange de phosphate dicalcique et de chlorures d'alcalis, le phosphate dicalcique décompose partiellement les chlorures : il se produit du phosphate tricalcique et de l'acide chlorhydrique est mis en liberté. — Cette notion trouvera son application dans l'étude du suc gastrique.

Les cendres des tissus et liquides organiques contiennent quelquefois du phosphate de fer PO^4Fe. Ce sel est insoluble dans l'eau comme le phosphate tricalcique, insoluble dans l'acide acétique, ce qui permet de le séparer du phosphate tricalcique, mais soluble comme ce dernier dans l'acide chlorhydrique.

Les phosphates solubles sont précipités de leurs solutions par une solution acide de molybdate d'ammoniaque et par une solution ammoniacale de sels de magnésie.

Lorsqu'on traite une solution d'un phosphate soluble, acidulée par l'acide nitrique, par un grand excès d'une solution de molybdate d'ammoniaque, il se forme très lentement à froid, plus rapidement

à chaud, un fin précipité jaunâtre de phosphomolybdate d'ammoniaque insoluble dans l'acide nitrique,
mais soluble dans les alcalis : d'où la nécessité de
faire la précipitation dans une liqueur nitrique. Ce
précipité ne peut être desséché sans se décomposer;
par conséquent il ne peut pas permettre de doser en
poids l'acide phosphorique contenu dans une liqueur,
mais il permet de reconnaître facilement la présence
de phosphates.

Lorsqu'on ajoute à une solution d'un phosphate
soluble une liqueur contenant du chlorhydrate
d'ammoniaque, de l'ammoniaque et du sulfate de
magnésie, il se forme, à froid, un précipité blanc
cristallin de phosphate ammoniaco-magnésien insoluble dans l'ammoniaque, mais soluble dans les
acides : d'où la nécessité de faire la précipitation en
milieu ammoniacal. Les phosphates sont les seuls
sels contenus dans les cendres des tissus animaux
qui soient précipités dans ces conditions; d'autre
part, leur précipitation est totale, si la quantité de
la liqueur ammoniaco-magnésienne ajoutée est
suffisante. On a donc là un moyen de doser les phosphates des cendres.

Les cendres sont dissoutes dans l'eau acidulée par
l'acide chlorhydrique, et la solution est précipitée à froid
par addition d'une liqueur contenant du chlorhydrate
d'ammoniaque, de l'ammoniaque en excès et du chlorure
de magnésium (1), qu'on ajoute en excès : on verse donc

(1) Pour préparer cette liqueur, on peut à 500 centimètres cubes d'eau
distillée ajouter 120 centimètres cubes d'acide chlorhydrique concentré,
puis, par petites portions 50 grammes de carbonate de magnésie pul-

par petites portions cette liqueur tant qu'il se forme un précipité, et quand il ne se produit plus de précipité, on ajoute encore un peu de cette liqueur. Le précipité est jeté sur un filtre, lavé à l'eau ammoniacale (obtenue en mélangeant 1 vol. d'une solution forte d'ammoniaque et 2 vol. d'eau distillée), desséché, calciné et pesé. Par la calcination, le phosphate ammoniaco-magnésien PO^4MgAzH^4 est décomposé en eau, ammoniaque et pyrophosphate de magnésie $P^2O^7Mg^2$. Sachant que 1 gramme de pyrophosphate de magnésie correspond à $0^{gr},86485$ d'acide phosphorique PO^4H^3, ou à $0,71171$ PO^3, on peut, connaissant le poids du pyrophosphate obtenu, calculer le poids d'acide phosphorique contenu dans les cendres.

Nous indiquerons, en étudiant l'urine, un procédé volumétrique de dosage des phosphates dissous.

Les *sulfates* contenus dans les cendres animales sont des sulfates de potasse, de soude, de chaux, de magnésie.

On sait qu'il existe deux séries de sulfates d'alcalis : les sulfates neutres tels que SO^4Na^2, et les sulfates acides ou bisulfates tels que SO^4HNa. Dans les cendres des substances animales, ce sont les sulfates neutres qu'on rencontre.

Tous les sulfates des cendres sont solubles dans l'eau : les sulfates de potasse, de soude, et de magnésie sont très solubles dans l'eau ; le sulfate de chaux est moins soluble : l'eau à la température ordinaire en dissout 0,20 pour 100. Tous ces sulfates sont insolubles dans l'alcool.

Les sulfates ne sont pas volatils : par conséquent,

vérisé, puis 100 grammes de chlorhydrate d'ammoniaque, puis 100 centimètres cubes d'une solution forte d'ammoniaque, et compléter à 1 litre par addition d'eau distillée.

lorsqu'on se propose de déterminer les sulfates des cendres d'une matière animale, on peut incinérer au rouge : il n'y a pas perte de sulfates par volatilisation.

Mais les sulfates, au rouge, sont réduits par le charbon à l'état de sulfures. Par conséquent lorsqu'on a incinéré une matière animale, il convient d'ajouter aux cendres une goutte d'acide nitrique pour ramener les sulfures à l'état de sulfates et de calciner de nouveau pour chasser l'acide nitrique.

Les sulfates solubles, traités par le chlorure de baryum, donnent un précipité de sulfate de baryum, absolument insoluble dans l'eau distillée, ou dans l'eau acidulée par l'acide acétique ou par l'acide chlorhydrique. Le précipité de sulfate de baryum se forme mieux à chaud qu'à froid, et s'agglomère à chaud de façon à pouvoir être facilement retenu par le filtre.

Pour doser les sulfates dissous dans un extrait aqueux de cendres animales, on acidule cette liqueur par l'acide acétique ou par l'acide chlorhydrique, et on ajoute un excès d'une solution de chlorure de baryum. La liqueur, dans laquelle le précipité de sulfate de baryte est en suspension, est maintenue pendant quelques heures au bain-marie bouillant, pour que le précipité se réunisse au fond du vase en une masse grenue séparable par filtration. On vérifie que la liqueur ne précipite plus par le chlorure de baryum. On jette sur un filtre sans cendres le précipité ; on le lave à l'eau acidulée par l'acide acétique ou par l'acide chlorhydrique, puis à l'eau distillée bouillante, et on calcine le filtre et le précipité qu'il supporte. Pendant cette calcination il peut s'être produit une réduction partielle du sulfate de baryum par le charbon du filtre : il convient donc, la calcination étant terminée, d'ajouter une goutte d'acide nitrique et de calciner de nouveau. Il ne reste plus qu'à peser le sulfate de baryum calciné et à calculer le poids correspondant d'acide sulfurique : ce calcul est facile à faire : 1 gramme de sulfate de baryum correspond à $0^{gr},4205$ d'acide sulfurique SO^4H^2 ou à $0^{gr},3433$ d'anhydride sulfurique SO^3.

Les *carbonates* se rencontrent en petite quantité dans les cendres : ce sont des carbonates alcalins et alcalino-terreux.

Il existe, on le sait, deux séries de carbonates : les *carbonates neutres* répondant à la formule CO^3X^2 ou CO^3Y, X représentant un métal monovalent, tel que le sodium, Y un métal divalent, tel que le calcium; — et les *bicarbonates* répondant à la formule CO^3HX ou $(CO^3)^2H^2Y$.

Les carbonates et bicarbonates d'alcalis sont solubles dans l'eau et insolubles dans l'alcool; les carbonates alcalino-terreux sont insolubles dans l'eau et insolubles dans l'alcool; les bicarbonates alcalino-terreux sont un peu solubles dans l'eau, insolubles dans l'alcool.

Si on fait passer un courant de gaz carbonique dans une solution d'un carbonate alcalin, on transforme ce sel en bicarbonate. Si on fait passer un courant de gaz carbonique dans une liqueur tenant en suspension du carbonate de chaux, on transforme ce sel en bicarbonate de chaux un peu soluble.

Inversement, en calcinant les bicarbonates alcalins, on les décompose en carbonates neutres, eau et gaz carbonique. Si on fait bouillir une solution aqueuse d'un bicarbonate alcalino-terreux, de bicarbonate de chaux par exemple, on décompose le sel en eau, gaz carbonique qui se dégage, et carbonate de chaux qui se précipite, étant insoluble dans l'eau. Les cendres obtenues par calcination des matières organiques ne peuvent donc pas contenir de bicarbonates.

Les carbonates alcalins ne sont pas décomposés au rouge ; les carbonates de chaux et de magnésie sont au contraire décomposés au rouge en oxyde métallique, chaux et magnésie caustiques, d'une part, et gaz carbonique, d'autre part. Par conséquent les cendres obtenues par calcination des matières animales peuvent ne pas contenir de carbonates alcalino-terreux si la calcination a été faite à haute température, et contenir à leur place une petite quantité de chaux ou de magnésie provenant de leur décomposition.

Les carbonates d'alcalis sont les seuls carbonates des cendres obtenues au rouge. Ces sels étant solubles dans l'eau, l'extrait aqueux des cendres contient la totalité des carbonates des cendres, mais non la totalité des carbonates qui pouvaient exister dans la substance analysée, au moins à l'état de carbonates, car une partie a pu être détruite par la chaleur; car une autre partie a pu être décomposée par un acide dans le cas où la réaction n'est pas restée alcaline ou neutre pendant toute la durée de l'incinération.

Le dosage des carbonates des cendres consiste essentiellement à mettre en liberté le gaz carbonique de ces carbonates par un acide, et à déterminer, soit en volume, soit en poids, la quantité de gaz carbonique dégagée (1).

Les cendres contiennent toujours des *sels de potasse, de soude, de chaux, de magnésie,* et quelquefois des *sels de fer.*

En étudiant les chlorures, sulfates, phosphates et carbonates, nous avons passé en revue les sels alcalins et alcalino-terreux des cendres. Nous nous bornerons à indiquer les particularités suivantes :

Les *sels de calcium* solubles sont totalement précipités par un excès d'oxalate d'ammoniaque ; — le précipité d'oxalate calcique est insoluble dans l'eau, insoluble dans l'eau acidulée par l'acide acétique, soluble dans l'eau acidulée par l'acide chlorhydrique.

Les *sels de magnésie* solubles sont précipités de leurs solutions par addition de chlorhydrate d'ammoniaque, d'ammoniaque et de phosphate de soude, à l'état de phosphate ammoniaco-magnésien insoluble dans l'eau ammoniacale. Par suite, dans la solution chlorhydrique des cendres alcalinisée par l'ammoniaque, les sels de chaux seront séparés à l'état d'oxalate calcique par addition d'une solution d'oxalate d'ammoniaque ajoutée en grand excès ; —

---

(1) Le dosage en volume consiste essentiellement à recueillir les gaz de l'enceinte où s'est faite la décomposition, et à déterminer la diminution de volume qu'on obtient en présence d'une solution de potasse caustique. — Le dosage en poids consiste essentiellement à faire passer les gaz de l'enceinte où s'est faite la décomposition dans des tubes absorbants à potasse caustique, et à déterminer l'augmentation de poids de ces tubes.

dans la solution chlorhydrique des cendres, rendue alcaline par addition d'ammoniaque et débarrassée des sels de chaux par l'oxalate d'ammoniaque, les sels de magnésie seront séparés à l'état de phosphate ammoniaco-magnésien par addition d'ammoniaque en excès et de phosphate de soude. Par calcination de l'oxalate calcique et du phosphate ammoniaco-magnésien, on obtient de la chaux CaO et du pyrophosphate de magnésie $P^2O^7Mg^2$ qu'on pèse, ce qui permet de connaître la quantité de calcium et de magnésium contenue dans les extraits chlorhydriques des cendres.

La séparation et le dosage des métaux alcalins sont des opérations très délicates ; nous ne devons pas nous en occuper.

Les cendres peuvent contenir soit de l'*oxyde ferrique*, soit du *phosphate de fer*. Ces substances sont insolubles dans l'eau, solubles dans l'eau acidulée par l'acide chlorhydrique.

On reconnaît dans un extrait chlorhydrique de cendres la présence d'un sel de fer au moyen des réactions suivantes : 1° la potasse ou l'ammoniaque déterminent la formation d'un précipité floconneux rouge brun d'hydrate de fer ; — 2° le ferrocyanure de potassium donne un précipité de bleu de Prusse ; — 3° le sulfocyanure de potassium donne une coloration rouge sang ; — 4° le tannin colore la solution en noir.

Le dosage du fer dans l'extrait chlorhydrique des cendres se fait toujours volumétriquement ou colorimétriquement en chimie physiologique. Nous ne pouvons nous arrêter à décrire ici les différents procédés de dosage du fer : ils sont décrits avec détails dans tous les traités de chimie analytique.

La connaissance de la composition des cendres ne renseigne qu'imparfaitement sur la nature et sur les proportions des différentes matières minérales des liquides et tissus organiques soumis à l'analyse.

Les *chlorures des cendres* peuvent provenir de la décomposition de composés organiques chlorés. Nous en avons un exemple dans le suc gastrique : les combinaisons chlorées acides de ce suc se décomposent à température supérieure à 100° en dégageant de l'acide chlorhydrique, capable de former des chlorures aux dépens de certains phosphates des cendres, ou aux dépens des alcalis et carbonates alcalins résultant de la destruction de sels à acides organiques.

Les *phosphates des cendres* peuvent provenir partiellement de la décomposition de substances organiques phosphorées. C'est ainsi que la lécithine du tissu nerveux et la caséine du lait fournissent par calcination de l'acide phosphorique qui se combine avec les carbonates ou avec les bases des cendres.

Les *sulfates des cendres* peuvent provenir partiellement de la décomposition de substances organiques sulfurées. C'est ainsi que toutes les substances albuminoïdes, c'est ainsi que l'acide taurocholique biliaire fournissent par calcination de l'acide sulfurique qui, réagissant sur les carbonates ou sur les alcalis et terres alcalines des cendres, donne des sulfates.

Les *carbonates des cendres* peuvent provenir partiellement de la combustion de sels d'alcalis à acides organiques, tels que les oxalates, les lactates, les malates, les tartrates, etc.

Les *terres alcalines des cendres* peuvent provenir partiellement de la décomposition de carbonates alcalino-terreux, provenant eux-mêmes soit de la décomposition de bicarbonates alcalino-terreux, soit de la décomposition de sels alcalino-terreux à acides organiques.

L'*oxyde ferrique* ou le *phosphate de fer des cendres* peuvent provenir de combinaisons organiques ferrugineuses, telles que l'hémoglobine du sang et l'hématogène du jaune de l'œuf des oiseaux.

Les liquides organiques contiennent tous des *gaz* dissous : ces gaz sont du *gaz carbonique*, de l'*oxygène* et de l'*azote*.

On sait que les gaz dissous dans les liquides en peuvent être extraits soit dans le vide, soit à l'ébullition, et *à fortiori* par l'action combinée du vide et de l'ébullition.

On peut faire cette extraction au moyen de la pompe à mercure, et grâce à une disposition décrite dans tous les traités techniques de physiologie à propos de l'extraction des gaz du sang.

Les gaz sont généralement recueillis humides sur le mercure et le volume total est déterminé. Soit

V le volume observé, H la pression atmosphérique donnée par le baromètre, T la température donnée par le thermomètre, F la tension maxima de la vapeur d'eau à la température T donnée par tous les traités de physique, α le coefficient de dilatation cubique des gaz $= 0,003665$; le volume du gaz mesuré à 0° et à la pression 760 millimètres est donné par la formule :

$$V_0 = V \times \frac{1}{1 + \alpha T} \times \frac{H - F}{760}.$$

Pour reconnaître et doser les 3 gaz généralement contenus dans le mélange gazeux, on se sert de la méthode par absorption : le gaz carbonique est absorbé par la potasse : l'oxygène n'est pas absorbé par la potasse, mais est absorbé par le pyrogallate de potasse; l'azote n'est absorbé ni par la potasse, ni par le pyrogallate de potasse.

On fait donc pénétrer dans l'éprouvette contenant les gaz et reposant sur le mercure, un petit fragment de potasse humide, ou une petite quantité d'une solution aqueuse de potasse caustique. Il se produit une rapide absorption du gaz carbonique. On détermine le nouveau volume V' et on calcule le volume correspondant de gaz mesuré sec à 0° et à 760 millimètres.

$$V'_0 = V' \times \frac{1}{1 + \alpha T} \times \frac{H - F}{760}.$$

en admettant que la température et la pression atmosphérique n'ont pas varié d'une détermination à l'autre.

On fait alors pénétrer une solution d'acide pyrogallique qui, se combinant à la potasse déjà introduite dans le tube à gaz, fournit le pyrogallate de potasse capable d'absorber l'oxygène. Il se produit une absorption de l'oxygène, mais cette absorption n'est généralement complète qu'après un temps assez long : il faut souvent plusieurs heures pour que l'absorption d'oxygène soit complète. On note la nouvelle valeur V'' qui correspond à l'azote et on calcule le volume correspondant d'azote mesuré sec à 0° et 760 millimètres.

$$V''_0 = V'' \times \frac{1}{1 \times \alpha T} \times \frac{H - F}{760}.$$

Les volumes des gaz sont :

$$
\begin{cases}
\text{Azote} = V''_0 = V'' \times \dfrac{1}{1 + \alpha T} \times \dfrac{H - F}{760}. \\[2mm]
\text{Oxygène} = V'_0 - V''_0 = (V' - V'') \times \dfrac{1}{1 + \alpha T} \times \dfrac{H - F}{760}. \\[2mm]
\text{Gaz carbonique} = V_0 - V_0' = (V - V') \times \dfrac{1}{1 + \alpha T} \times \dfrac{H - F}{760}.
\end{cases}
$$

Si l'on se propose seulement de connaître le rapport des volumes de 2 gaz dissous, par exemple, le rapport de l'oxygène au gaz carbonique, il est inutile de faire les corrections précédentes en supposant les mesures de volumes faites à la même température et à la même pression ; en effet,

$$\frac{O}{CO^2} = \frac{V'_0 - V''_0}{V_0 - V'_0} = \frac{(V' - V'') \times \dfrac{1}{1 + \alpha T} \times \dfrac{H - F}{760}}{(V' - V'') \times \dfrac{1}{1 + \alpha T} \times \dfrac{H - F}{760}}$$

et en supprimant au numérateur et au dénominateur les facteurs communs :

$$\frac{O}{CO^2} = \frac{V' - V''}{V - V'}.$$

CHAPITRE II

LES MATIÈRES GRASSES

Avant d'aborder l'étude des matières grasses, il est bon de rappeler brièvement ce que sont un *acide*, une *base*, un *sel*, un *alcool*, un *éther*.

Les *acides* sont des *composés essentiellement hydrogénés*, dans lesquels au moins 1 atome d'hydrogène peut être remplacé par 1 atome de métal monovalent (1) : les produits de substitution ainsi obtenus sont des *sels*.

Dans l'acide chlorhydrique HCl, par exemple, l'hydrogène peut être remplacé par du sodium : le produit est un sel, le chlorure de sodium NaCl.

Dans l'acide nitrique AzO^3H, l'hydrogène peut être

---

(1) La proposition réciproque n'est pas vraie; il existe, en effet, des composés qui ne sont pas acides, dans lesquels un atome d'hydrogène est remplaçable par un atome de métal monovalent.

remplacé par du sodium : le produit est un sel, le nitrate de soude AzO^3Na.

Ces acides, dans lesquels 1 seul atome d'hydrogène est remplaçable par 1 atome métallique monovalent, sont dits *acides monoatomiques*. Il existe d'autres acides dans lesquels 2,3..... atomes d'hydrogène sont remplaçables par 2,3,.... atomes de sodium; ces acides sont dits *diatomiques, triatomiques.....*

Dans l'acide sulfurique SO^4H^2, par exemple, 1 seul ou les 2 atomes d'hydrogène peuvent être remplacés par 1 seul ou par 2 atomes de sodium : l'acide sulfurique est un acide diatomique. Le composé obtenu en remplaçant 1 seul atome d'hydrogène par 1 seul atome de sodium, SO^4HNa, est un *sel acide* ou *monobasique*; le composé obtenu en remplaçant les 2 atomes d'hydrogène par 2 atomes de sodium est un *sel neutre* ou *bibasique*.

Dans l'acide phosphorique PO^4H^3, 1, 2 ou 3 atomes d'hydrogène peuvent être remplacés par 1, 2 ou 3 atomes de sodium : l'acide phosphorique est un acide triatomique. Cet acide fournit trois séries de sels : les *phosphates monobasiques* tels que PO^4H^2Na, les *phosphates bibasiques* tels que PO^4HNa^2, et les *phosphates tribasiques* tels que PO^4Na^3.

Le groupe atomique obtenu en retranchant de la molécule acide le ou les hydrogènes remplaçables par les atomes métalliques, est ce qu'on peut appeler le *radical d'acide* :

Le radical d'acide chlorhydrique est Cl.
  —   —   nitrique est AzO^3.
  —   —   sulfurique est SO^4.
  —   —   phosphorique est PO^4.

Il en est de même en chimie organique. L'acide acétique CH^3CO^2H est un acide monoatomique, un seul atome d'hydrogène étant remplaçable par un atome de sodium, CH^3CO^2Na. — L'acide oxalique $CO^2H\text{-}CO^2H$ est un acide diatomique, deux atomes d'hydrogène étant remplaçables par du sodium : le composé CO^2HCO^2Na est un sel acide ou monobasique; le composé CO^2NaCO^2Na

est un sel neutre ou bibasique. On peut considérer des radicaux d'acides organiques.

Le radical d'acide acétique est $CH_3\text{-}CO_2$.
    —   —   oxalique est $CO_2\text{-}CO_2$.

Les *bases* sont des *composés essentiellement oxhydrilés*, c'est-à-dire contenant le groupe atomique OH (*oxhydrile*), remplaçable par un radical d'acide monoatomique. Le produit de substitution est un *sel*.

Dans la soude NaOH, l'oxhydrile OH peut être remplacé par le radical d'acide nitrique AzO_3; le produit est l'azotate de soude $NaAzO_3$.

Ces bases, dans lesquelles il n'existe qu'un oxhydrile remplaçable par un radical d'acide monoatomique, sont dites *bases monoatomiques*. Il existe des bases dans lesquelles deux groupes oxhydriles sont remplaçables par deux radicaux d'acide monoatomique ou par un radical d'acide diatomique : ces bases sont dites *diatomiques*. De même il existe des bases contenant trois groupes oxhydriles remplaçables par trois radicaux d'acide monoatomique ou par un radical d'acide triatomique.

Dans la chaux, par exemple, $Ca(OH)_2$, les deux oxhydriles peuvent être remplacés par deux radicaux d'acide nitrique monoatomique $Ca(AzO_3)_2$, ou par un radical d'acide sulfurique diatomique $CaSO_4$. La chaux est une base diatomique.

Dans l'hydrate ferrique $Fe(OH)_3$, les trois oxhydriles peuvent être remplacés par trois radicaux d'acide monoatomique, AzO_2 par exemple, ou par un radical d'acide triatomique, PO_4 par exemple, $Fe(AzO_3)_3$ ou $FePO_4$. L'hydrate ferrique est une base triatomique.

Les bases de la chimie organique portent le nom d'*alcools*, si elles appartiennent à la série grasse, de *phénols*, si elles appartiennent à la série aromatique. Les alcools et phénols sont également *monoatomiques*, *diatomiques*, *triatomiques*, suivant qu'ils contiennent un, deux ou trois groupes oxhydriles remplaçables par un, deux ou trois radicaux d'acide monoatomique. La substance résultant de la substitution est un *éther*.

L'alcool éthylique CH^3-CH^2OH est un alcool monoatomique : 1 seul oxhydrile étant remplaçable par 1 radical d'acide monoatomique, AzO^3 par exemple : $CH^3-CH^2AzO^3$.

Le glycol CH^2OH-CH^2OH est un alcool diatomique, car les 2 oxhydriles peuvent être remplacés soit par 2 radicaux d'acide monoatomique AzO^3, soit par 1 radical d'acide diatomique SO^4 : ainsi seraient obtenus les deux composés $CH^2AzO^3-CH^2AzO^3$ et $(CH^2)^2SO^4$.

La *glycérine* $CH^2OH-CHOH-CH^2OH$ est un alcool triatomique, les trois oxhydriles étant remplaçables soit par trois radicaux d'acide monoatomique AzO^3, soit par un radical d'acide triatomique PO^4 : ainsi seraient obtenus les composés suivants :

$$CH^2AzO^3-CHAzO^3-CH^2AzO^3 \text{ et } (CH^2-CH-CH^2)PO^4.$$

On peut concevoir qu'un, deux ou trois oxhydriles de la glycérine sont remplacés par un, deux ou trois radicaux d'acide monoatomique ; on obtiendrait ainsi une *monoglycéride*, une *diglycéride*, une *triglycéride*, telles que :

La mononitrine $CH^2OH-CHOH-CH^2AzO^3$.
La dinitrine $CH^2OH-CHAzO^3-CH^2AzO^3$.
La trinitrine $CH^2AzO^3-CHAzO^3-CH^2AzO^3$.

Les acides organiques peuvent, comme les acides minéraux, donner des éthers. En particulier on obtient avec la glycérine des mono, des di et des triglycérides à acides organiques, des monostéarine, distéarine et tristéarine, par exemple.

Étant donné un sel minéral, on peut le décomposer de façon à régénérer soit l'acide, soit la base qui lui ont donné naissance. D'une façon générale, pour obtenir l'acide, il faut traiter le sel par un autre acide plus énergique ; pour avoir la base, il faut traiter le sel par une base plus énergique.

Par exemple, pour obtenir l'acide nitrique aux dépens d'un des sels de cet acide, le nitrate de soude, par exemple, AzO^3Na, on fait agir dans des conditions convenables l'acide sulfurique sur ce sel : l'acide nitrique est régénéré.

Pour obtenir l'hydrate ferrique aux dépens d'un sel fer

rique, l'azotate par exemple, on fait agir dans des conditions convenables la soude sur ce sel : la base, hydrate ferrique, est régénérée.

Ce qui s'accomplit en chimie minérale s'accomplit aussi en chimie organique. En particulier, étant donné un éther, on peut régénérer l'alcool qui lui a donné naissance en faisant agir sur l'éther une base. Supposons, par exemple, qu'on fasse agir sur l'éther nitrique de l'alcool éthylique $CH^3\text{-}CH^2AzO^3$, la soude, on régénérera l'alcool éthylique CH^3CH^2OH.

Ces notions étant bien établies, nous pouvons aborder l'étude des matières grasses de l'organisme.

Les *graisses neutres* des tissus organiques sont des *triglycérides* : ce sont les éthers trioléique, tripalmitique et tristéarique de la glycérine, les *trioléine*, *tripalmitine* et *tristéarine*. Elles résultent de l'union d'une molécule de glycérine avec trois molécules d'acide oléique ou d'acide palmitique ou d'acide stéarique avec élimination de trois molécules d'eau.

$$
\begin{array}{ccc}
CH^2\text{-}C^{18}H^{33}O^2 & CH^2\text{-}C^{16}H^{31}O^2 & CH^2\text{-}C^{18}H^{35}O^2 \\
| & | & | \\
CH\text{-}C^{18}H^{35}O^2 & CH\text{-}C^{16}H^{31}O^2 & CH\text{-}C^{18}H^{35}O^2 \\
| & | & | \\
CH^2\text{-}C^{18}H^{33}O^2 & CH^2\text{-}C^{16}H^{31}O^2 & CH^2\text{-}C^{18}H^{35}O^2 \\
\text{trioléine.} & \text{tripalmitine.} & \text{tristéarine.}
\end{array}
$$

Ces trois substances mélangées en proportions variables constituent les différentes matières grasses qu'on rencontre chez les êtres vivants. La trioléine est liquide à la température ordinaire, la tripalmitine est liquide au-dessus de 45°, la tristéarine au-dessus de 65°. Les mélanges contenant une forte proportion de trioléine et peu de tripalmitine et de tristéarine sont liquides à la température ordinaire (*huiles*) : les mélanges riches en tristéarine restent solides jusqu'à une température notablement élevée. En un mot, la température de fusion de ces mélanges varie suivant leur composition. Lorsqu'on élève lentement la température d'une matière grasse naturelle, les premières parties qui fondent sont riches en trioléine, mais ne sont pas de la trioléine pure, car cette matière grasse possède la propriété de dissoudre les autres triglycérides, de même que la tripalmitine fondue possède la propriété de dissoudre la tristéarine.

Lorsqu'on agite vigoureusement une graisse neutre naturelle liquide, soit une huile, soit une graisse fondue, avec de l'eau, la matière grasse se divise en une infinité de petits globules qui se trouvent répandus dans tout le liquide auquel ils donnent un aspect laiteux : la matière grasse a été mise en *émulsion* dans l'eau, la matière a été émulsionnée par agitation dans l'eau — mais une émulsion ainsi obtenue n'est pas permanente : les globules gras ne tardent pas à se réunir entre eux pour former des gouttes graisseuses qui viennent se réunir en formant une couche à la surface de l'eau.

Lorsqu'on agite une matière grasse liquide avec une solution alcaline étendue, il se forme une émulsion qui est stable : les globules gras restent à l'état de grande division et demeurent suspendus dans le liquide au moins pendant un temps assez long. On obtient encore des émulsions plus ou moins permanentes en agitant les graisses liquides avec des solutions de savons, avec des liquides renfermant de la mucine, etc. Lorsque les densités de la graisse émulsionnée et du liquide émulsionnant sont différentes, le mélange ne reste pas homogène : la matière grasse monte à la surface ou descend au fond du liquide, mais sans cesser d'être émulsionnée.

Les graisses neutres sont insolubles dans l'eau. Elles sont solubles dans l'éther, dans le chloroforme, dans la benzine, etc. Elles sont très peu solubles dans l'alcool à froid, elles sont facilement solubles dans l'alcool à chaud.

Elles possèdent la propriété de dissoudre les acides oléique, palmitique et stéarique.

Nous avons dit ci-dessus que si l'on fait agir sur un sel ou sur un éther une base métallique convenablement choisie, on décompose le sel ou l'éther ; on régénère la base du sel ou l'alcool de l'éther, et on forme un sel aux dépens de l'acide du sel et de la base décomposante.

Si l'on fait agir sur les graisses neutres à la température d'ébullition une lessive de soude caustique. ou à la température ordinaire une solution alcoolique de soude caustique, on décompose les graisses neutres en glycérine et acides gras, ces derniers se combinant avec la soude pour donner des sels sodiques. Les sels minéraux des acides oléique, palmitique et stéarique sont appelés *savons* ; dans le cas actuel on a des savons de soude. La décomposition des graisses neutres par les alcalis caustiques en glycérine et savons d'alcalis est appelée *saponification*.

Par extension on applique quelquefois en physiologie l'expression saponification à une simple décomposition des matières grasses neutres en glycérine et acides gras libres sans formation de savons. Nous en verrons un exemple dans l'action du suc pancréatique sur les matières grasses.

Les alcalis caustiques, les terres alcalines, à la température d'ébullition, saponifient les matières grasses neutres. Mais les carbonates d'alcalis ou les carbonates alcalino-terreux n'agissent pas sur les graisses neutres, ne les saponifient pas.

Dans la saponification des matières grasses, il y a régénération de la glycérine et formation de savons. La *glycérine* est une substance extrêmement visqueuse, soluble dans l'eau, soluble dans l'alcool, légèrement soluble dans l'éther. C'est, nous l'avons dit, un alcool triatomique.

Si on soumet à l'action d'une température élevée la glycérine ou ses composés (graisses neutres par exemple), surtout en présence de corps déshydratants tels que l'acide phosphorique, le bisulfate de potasse, etc., il se dégage des vapeurs d'*acroléine* reconnaissables à leur odeur âcre. Cette réaction permet de distinguer la glycérine et ses combinaisons de substances, telles que les acides gras et la cholestérine, qui sont solubles dans les dissolvants des graisses.

Les *savons* sont les sels minéraux des acides oléique, palmitique et stéarique. Les savons d'alcalis sont solubles dans l'eau, un peu solubles dans l'alcool absolu, un peu solubles dans l'éther humide. Ils sont insolubles dans les solutions saturées de chlorure de sodium et de sulfate d'ammoniaque. L'addition de ces sels à saturation dans les liqueurs contenant des savons les en précipite. Les savons alcalino-terreux sont insolubles dans l'alcool et dans l'éther. Parmi les savons métalliques, les savons de plomb présentent seuls un intérêt : l'oléate de plomb est soluble dans l'éther (1), les stéarate et palmitate de plomb sont insolubles : l'éther permet donc de séparer les composés oléiques des composés palmitiques et stéariques à l'état de savons de plomb.

Nous avons dit ci-dessus qu'on peut, en faisant agir sur un sel un acide convenablement choisi, régénérer l'acide de ce sel et produire un nouveau sel aux dépens de la base du sel primitif et de l'acide décomposant. Faisons agir sur les savons un acide minéral, nous décomposons ces savons en acides gras libres et en bases métalliques, lesquelles se combinent à l'acide minéral pour donner un sel. Si, par exemple, nous faisons agir sur un oléate de soude de l'acide chlorhydrique, nous mettons en liberté l'acide oléique et nous produisons du chlorure de sodium : l'acide oléique étant insoluble dans l'eau se précipite donc lorsqu'on traite par l'acide chlorhydrique une solution aqueuse d'oléate de soude.

Les *acides gras* : *oléique*, *palmitique* et *stéarique* sont insolubles dans l'eau, solubles dans l'alcool, solubles dans l'éther. Ils sont également solubles dans les matières grasses neutres. Les matières grasses,

____

(1) On doit employer l'éther froid, car les oléates sont décomposés par l'éther bouillant.

tenant en solution des acides gras libres, donnent des émulsions beaucoup plus persistantes que les graisses neutres. Quand on traite les acides gras par un alcali caustique ou une terre alcaline, la soude caustique, ou la chaux caustique, par exemple, on détermine la formation de savons. On produit également des savons en traitant les acides gras par les carbonates d'alcalis ou les carbonates alcalino-terreux dont le gaz carbonique est mis en liberté.

Application à la séparation et au dosage des matières grasses et de leurs dérivés. — Supposons qu'on ait un mélange de matières grasses neutres, d'acides gras libres, de savons d'alcalis et de savons alcalino-terreux.

Cette supposition n'est pas gratuite : les excréments contiennent ces différentes substances.

Épuisons par l'éther humide les matières à analyser préalablement desséchées à 110° et broyées au besoin avec du sable fin : nous dissoudrons les graisses neutres, les acides gras libres et les savons d'alcalis ; nous laisserons dans le résidu les savons alcalino-terreux (savons calciques). Agitons la solution éthérée avec de l'eau distillée : l'eau dissoudra les savons d'alcalis ; l'éther retiendra les graisses neutres et les acides gras libres insolubles dans l'eau. La solution aqueuse de savons d'alcalis sera précipitée par le chlorure de baryum et les savons barytiques insolubles, séparés par le filtre, seront lavés à l'eau, desséchés et pesés. — La solution éthérée, débarrassée des savons d'alcalis, ne contient plus que les graisses neutres et les acides gras libres : elle sera agitée avec une solution aqueuse de carbonate de soude : les acides gras libres passeront à l'état de savons sodiques et se dissoudront dans l'eau ; les graisses neutres ne seront pas altérées et resteront en solution dans l'éther.

La solution aqueuse de savons sodiques après neutralisation de l'excès de carbonate de soude qu'elle contient sera précipitée par le chlorure de baryum, et les savons barytiques insolubles seront séparés par le filtre, lavés, desséchés et pesés. — La solution éthérée, débarrassée des savons d'alcalis et des acides gras libres, ne contient plus que des graisses neutres : elle sera saponifiée par la soude caustique.

Les savons sodiques produits seront dissous dans l'eau, précipités par le chlorure de baryum, et les savons barytiques produits, séparés par le filtre, seront lavés, desséchés et pesés.

Le résidu des matières épuisées par l'éther renferme encore les savons alcalino-terreux. Traitons ce résidu par une liqueur acide, une solution chlorhydrique étendue, par exemple, les savons alcalino-terreux seront décomposés : les acides seront mis en liberté. On pourra, par conséquent, après dessiccation de la masse, les extraire par l'éther, agiter la solution éthérée avec une solution de carbonate de soude et obtenir des savons d'alcalis en solution dans la liqueur carbonatée, neutraliser cette dernière, précipiter les savons d'alcalis par le chlorure de baryum, séparer par filtration les savons barytiques, les laver à l'eau, les dessécher et les peser.

On a ainsi isolé les quatre groupes de substances grasses, qu'on a ramenées à l'état de savons barytiques.

Remarque. — Il est possible d'extraire assez rapidement au moyen de l'éther les matières grasses et leurs dérivés contenus dans les excréments ; il en est tout autrement lorsqu'il s'agit d'un tissu organique : les graisses y sont retenues, au moins pour une part, de si forte façon qu'un épuisement par l'éther, quelque prolongé qu'il soit, ne suffit pas pour les en retirer. On a dans ce cas recours à l'un des deux artifices suivants :

1º Après avoir épuisé par l'éther le tissu préalablement desséché, on le broie et on le soumet à l'action du suc gastrique artificiel. Les substances protéiques sont transformées ; les matières grasses ne sont point modifiées,

un nouvel épuisement à l'éther du résidu de cette digestion gastrique desséché permet d'en extraire les matières
grasses ;

2º On peut procéder à des extractions successives à
l'alcool fort et à l'éther : le traitement par l'alcool favorise l'épuisement ultérieur par l'éther.

A côté des substances grasses, que nous venons
d'étudier, il convient de placer les *lécithines*. Les lécithines sont essentiellement des *graisses phosphorées*.

L'acide phosphorique triatomique peut donner
avec la glycérine 3 phosphines, suivant que 1, 2 ou
3 oxhydriles de la glycérine sont remplacés par le
radical d'acide phosphorique. Considérons la *monophosphine* : comme la glycérine et l'acide phosphorique sont triatomiques, la monophosphine est une
fois éther, deux fois alcool par les deux oxhydriles
glycériques non substitués, et deux fois acide par les
deux hydrogènes phosphoriques non susbtitués :

$$
\begin{array}{l}
CH^2 - OH \\
\quad | \\
CH - OH \\
\quad | \\
CH^2 - O \\
\qquad\; HO \;\Big\}\; PO. \\
\qquad\; HO
\end{array}
$$

Ce composé est encore appelé *acide phosphoglycérique*.

Imaginons que les deux oxhydriles alcooliques
soient remplacés par deux radicaux d'acides gras,
par exemple par deux radicaux d'acide stéarique ou
comme on dit, par deux stéaryles, on obtiendra un

composé qui sera trois fois éther et deux fois acide, *acide distéarylephosphoglycérique :*

$$
\begin{array}{l}
CH^2 - C^{18}H^{35}O^2 \\
\quad | \\
CH - C^{18}H^{35}O^2 \\
\quad | \\
CH^2 - O \\
\qquad HO \\
\qquad HO
\end{array} \left. \right\} PO.
$$

Considérons d'autre part un alcaloïde, la *choïne,* dont la formule est :

$$
C^2H^4 \left\{ \begin{array}{l} OH \\ Az(CH^3)^3OH \end{array} \right.
$$

et imaginons que l'oxhydrile de cette base soit remplacé par le radical de l'acide distéarylephosphoglycérique, nous obtenons le composé :

$$
\begin{array}{l}
CH^2 - C^{18}H^{35}O^2 \\
\quad | \\
CH - C^{18}H^{35}O^2 \\
\quad | \\
CH^2 - O
\end{array}
$$
$$
C^2H^4 \left\{ \begin{array}{ll} OH & HO \\ Az(CH^3)^3 - O & \end{array} \right\} PO
$$

la lécithine, ou plus exactement une lécithine, la *lécithine distéarique.*

On peut en effet remplacer un ou deux radicaux stéaryles par un ou deux radicaux palmityles ou oléyles, et obtenir une lécithine *dipalmitique,* une lécithine *dioléique,* une lécithine *oléylepalmitique,* une lécithine *oléylestéarique* et une lécithine *palmitylestéarique.*

Les lécithines sont, ou le voit d'après leur constitution, quatre fois éther et une fois acide.

Les lécithines sont insolubles dans l'eau, elles sont solubles dans l'alcool et dans l'éther et surtout dans un mélange d'alcool et d'éther. Elles se dissolvent également dans les huiles neutres.

Lorsqu'on évapore lentement leurs solutions alcoolo-éthérées, elles se déposent sous forme de masse résineuse gluante. Si on évapore seulement en partie le dissolvant, de manière à déterminer la précipitation d'une partie de la lécithine dissoute, celle-ci se dépose sous forme de petits globules sphériques qui, examinés au microscope polarisant, présentent le phénomène de la *croix de polarisation*, c'est-à-dire, suivant la position des nicols polariseur et analyseur, une croix noire sur fond blanc ou une croix blanche sur fond noir.

Par la carbonisation des lécithines, le phosphore de leur molécule passe à l'état d'acide phosphorique : les lécithines donnent un résidu charbonneux acide. Ajoutons aux lécithines du salpêtre et de la potasse caustique, et calcinons : il se formera, aux dépens du phosphore des lécithines, du phosphate tripotassique.

Solubilité dans l'alcool et dans l'éther, croix de polarisation des globules, acidité du résidu de carbonisation, ce sont les 3 propriétés *caractéristiques des lécithines.* Un tissu contient-il une substance soluble dans l'alcool et l'éther, substance se déposant par évaporation du dissolvant en globules présentant la croix de polarisation, et donnant à la carbonisation un charbon acide, on peut affirmer dans ce tissu la présence d'une lécithine.

Les lécithines quatre fois éther sont décomposées par les alcalis caustiques, comme le sont tous les éthers : les alcools sont régénérés, les acides se combinent avec l'alcali pour donner un sel d'alcali.

Traitons les lécithines, ou pour fixer les idées, la lécithine distéarique, par la soude caustique à chaud, il se formera de la glycérine, de la choline, du phosphate trisodique et du stéarate sodique, c'est-à-dire un savon. On dit que la soude saponifie les lécithines.

Il existe deux procédés permettant de *doser les lécithines* extraites d'un tissu : le *procédé de saponification* et le *procédé d'incinération*.

Supposons une lécithine sans mélange de graisses neutres ou d'acides gras libres; saponifions par la soude, séparons et dosons les savons formés, nous en conclurons la quantité de lécithines qui leur a donné naissance.

Supposons une lécithine non mélangée de phosphates (par exemple une lécithine dissoute dans l'alcool-éther, qui ne dissout pas les phosphates métalliques), additionnons-la de nitrate de potasse et de potasse, calcinons le mélange, et, dans le résidu de calcination, dosons les phosphates. Nous en conclurons la quantité de lécithines qui leur a donné naissance.

CHAPITRE III

LES HYDRATES DE CARBONE

LES GLYCOSES. — LES SACCHAROSES. — LES AMYLOSES.

Sommaire. — Qu'est-ce qu'un hydrate de carbone? Trois classes d'hydrates de carbone : glycoses, saccharoses, amyloses.

I. *Classe des glycoses.* — Trois glycoses intéressantes : glycose, lévulose, galactose. *a.* Étude de la glycose prise comme type de sa classe. Solubilités. Trois propriétés de la glycose : une propriété physique : pouvoir rotatoire ; une propriété chimique : pouvoir réducteur ; une propriété biologique : fermentescibilité. Ces trois propriétés permettent de reconnaître et de doser la glycose. *b.* Lévulose. *c.* Galactose.

II. *Classe des saccharoses.* — Trois saccharoses intéressantes : saccharose, lactose, maltose. *a.* Étude de la saccharose prise comme type de sa classe. Action des acides dilués à l'ébullition. La saccharose est une substance dextrogyre, non réductrice, non directement fermentescible. Sucre interverti. *b.* Lactose. Substance dextrogyre, réductrice, non fermentescible. *c.* Maltose. Substance dextrogyre, réductrice, fermentescible. Distinction de la maltose et de la glycose.

III. *Classes des amyloses.* — Trois amyloses intéressantes : amidon, glycogène, dextrines. *a.* Amidon. Grains d'amidon. Empois d'amidon. Quelques propriétés de l'amidon. Réaction de l'iode sur l'amidon. *b.* Glycogène. *c.* Dextrines.

Les *hydrates de carbone* peuvent être définis d'une façon générale : des substances composées de carbone, d'hydrogène et d'oxygène, dans lesquelles le rapport des quantités d'hydrogène et d'oxygène est le même que le rapport des quantités d'hydrogène et d'oxygène dans l'eau. Ces substances ont par conséquent une formule du type

$$C^n(H^2O)^p.$$

Les hydrates de carbone, qu'il importe au physiologiste de connaître, peuvent être rangés dans 3 classes caractérisées respectivement par leur composition centésimale. Ces classes sont :

La classe des *glycoses* .... $C^6(H^2O)^6$
  —   *saccharoses*. $C^6(H^2O)^5 1'2$ ou $C^{12}(H^2O)^{11}$
  —   *amyloses* ... $C^6(H^2O)^5$.

Les corps des deux premières classes, glycoses et saccharoses, sont appelés *sucres*.

I. **Classe des glycoses** $C^6(H^2O)^6$. — Parmi les *glycoses*, nous devons en considérer 3 :

> la *glycose* ou (*glucose*),
> la *lévulose*,
> la *galactose*.

1. La *glycose ou sucre de raisin* est soluble dans l'eau et soluble dans l'alcool absolu.

En solution aqueuse, elle peut être bouillie avec les acides minéraux dilués, par exemple avec de l'acide chlorhydrique à 1 pour 100, sans subir de madification ; — mais elle est altérée à l'ébullition en présence des alcalis caustiques.

La glycose possède 3 propriétés importantes à connaître pour le physiologiste : une propriété physique, une propriété chimique, une propriété biologique ; — une *propriété physique* : elle fait tourner à droite le plan de polarisation de la lumière ; — une *propriété chimique* : en présence des alcalis caustiques elle réduit certains sels métalliques ; — une *propriété biologique* : elle fermente sous l'influence de la levure de bière.

On sait que la lumière est considérée actuellement par les physiciens comme un mouvement vibratoire s'accomplissant perpendiculairement à la direction de propagation. Mais comme en un point quelconque d'une ligne droite dans l'espace, on peut mener une infinité de perpendiculaires à cette droite, l'une quelconque de ces perpendiculaires représente indifféremment la direction de la *vibration lumineuse naturelle*. La vibration lumineuse est donc seulement perpendiculaire à la direction de propagation ; elle n'est pas contenue dans un même plan passant par la direction de propagation lumineuse. Mais il est possible, par des artifices divers, que nous n'avons pas à décrire ici, d'obtenir une lumière telle que la vibration lumineuse se fasse uniquement dans un seul des plans passant par la direction de propagation, et, bien entendu, toujours perpendiculairement à cette direction: une telle *lumière* est dite *polarisée*. Il existe des appareils appelés *polariseurs* permettant d'obtenir une lumière polarisée, et des appareils appelés *analyseurs* permettant de connaître la direction de la vibration lumineuse.

Lorsqu'on fait traverser une solution de glycose par un rayon de lumière polarisée, on constate, au moyen de l'analyseur, que la direction vibratoire de la lumière émergente n'est plus la même que celle de la lumière incidente : cette direction a été déviée. On dit que la glycose dévie le plan de polarisation de la lumière, qu'elle fait tourner le plan de polarisation de la lumière, qu'elle possède le *pouvoir rotatoire*. — La vibration lumineuse a été déviée vers la droite par la glycose : on dit que la glycose est une substance *dextrogyre*. A cause de cette propriété on a quelquefois donné à la glycose le nom de *dextrose*.

Pour une solution donnée de glycose, la déviation

observée est proportionelle à l'épaisseur de la
solution traversée par la lumière polarisée ; — pour
deux solutions inégalement concentrées de glycose,
observées sous une même épaisseur, le physiologiste peut admettre, tout en n'ignorant pas qu'il
commet de ce fait une erreur, que la déviation
observée est proportionelle à la quantité de
glycose en solution.

Le *pouvoir rotatoire* de la glycose anhydre $C^6 H^{12} O^6$
pour la lumière monochromatique donnée par les
sels de sodium est de 52°,6 à droite :

$$[\alpha]_D = + 52°,6 \ (1).$$

Cela veut dire que si l'on fait traverser sous
une épaisseur de 1 décimètre, une solution de
glycose qui contiendrait 1 gramme de glycose par
centimètre cube, par un rayon de lumière (monochromatique obtenue par la flamme sodique) polarisée, on constaterait une rotation du plan de polarisation vers la droite, rotation égale à 52°,6 (2).

Supposons qu'une liqueur contenant en solution de la
glycose et ne contenant pas d'autre substance capable de
faire tourner le plan de polarisation de la lumière, examinée sous une épaisseur de 1 décimètre, fasse tourner
le plan de polarisation d'un angle β. Soit x la quantité

---

(1) $[\alpha]_D$ représente le pouvoir rotatoire pour une lumière qui occupe
dans le spectre la place de la raie D du spectre solaire. Le signe +
indique que la rotation se fait vers la droite.

(2) Ce nombre s'applique aux solutions contenant de 1 à 15 p. 100 de
glycose et à la température de 20°.

de glycose contenue dans 1 centimètre cube de cette liqueur, nous pourrons écrire la proportion :

$$\frac{1 \text{ gr.}}{x} = \frac{[\alpha]_D}{\beta}$$

d'où :

$$x = \frac{\beta}{[\alpha]_D} \text{ grammes.}$$

Pour fixer les idées, supposons que β soit égal à $5°,26$

$$x = \frac{5,26}{52,6} = 0^{gr},1.$$

La glycose jouit de *propriétés réductrices* : lorsque des solutions de glycose sont bouillies en présence d'alcalis caustiques avec des sels de bismuth, de mercure, d'argent, ces sels sont réduits : le métal est précipité. Notamment, si dans une solution de glycose, additionnée d'une forte proportion de soude caustique (20 à 30 p. 100 par exemple), on met en suspension du sous-nitrate de bismuth, et si on porte à l'ébullition, on voit le sous-nitrate de bismuth blanc passer au noir : ce sel a été réduit à l'état de bismuth métallique pulvérulent noir (*Réaction de Böttger*).

Les sels cuivriques, en présence d'alcalis caustiques, sont réduits par la glycose, surtout à la température d'ébullition, à l'état d'oxyde cuivreux (oxydule de cuivre), précipité rougeâtre, insoluble dans les alcalis caustiques fixes (potasse et soude caustiques). Par conséquent, lorsqu'on fait bouillir une solution alcaline d'un sel cuivrique, solution transparente d'un beau bleu, après l'avoir additionnée de glycose, on voit la liqueur devenir rougeâtre et opaque par suite de la réduction du sel cuivrique et de la formation d'un précipité d'oxyde cuivreux. Lorsqu'on abandonne au repos cette liqueur réduite, le précipité cuivreux se dépose au fond d'une liqueur transparente, décolorée si la réduction a été totale, c'est-à-dire si la quantité de glycose ajoutée a été grande, — bleue si la réduction a été partielle, c'est-à-dire si la quantité de glycose ajoutée a été petite. (*Réaction de Trommer*.)

La solution cuivrique généralement employée par les physiologistes est la *liqueur de Fehling* : c'est essentiellement une solution de tartrate cuivrique et de tartrate potassique, fortement alcalinisée par la soude caustique : on l'appelle quelquefois liqueur cupropotassique (1) ou liqueur bleue.

Pour une même solution de glycose, la quantité de liqueur de Fehling réduite est proportionnelle à la quantité de solution de glycose ajoutée. Pour deux solutions contenant des proportions différentes de glycose, le physiologiste peut admettre, tout en n'oubliant pas qu'il commet par là une légère erreur, que la quantité de liqueur de Fehling réduite est proportionnelle à la quantité de glycose ajoutée. Inversement, le physiologiste peut admettre,

---

(1) Pour préparer cette liqueur de Fehling, on dissout 34gr,65 de sulfate de cuivre cristallisé pur dans 200 centimètres cubes d'eau d'une part ; — on dissout 173 grammes de tartrate de sodium et de potassium (sel de Seignette) dans 480 centimètres cubes de lessive de soude de densité 1,14 (contenant 12 p. 100 de soude caustique), d'autre part. On mélange les deux solutions, et on ajoute de l'eau pour faire 1 litre, à la température de 15°.

tout en n'oubliant pas qu'il commet par là une légère erreur, que pour réduire une même quantité de liqueur de Fehling il faut ajouter des volumes de deux solutions de glycose, contenant la même quantité de glycose.

Ces faits permettent de doser la quantité de glycose contenue dans une liqueur, pourvu que cette liqueur ne contienne pas de substances, autres que la glycose, capables de réduire la liqueur de Fehling.

Dans un volume déterminé de liqueur de Fehling maintenue à l'ébullition, faisons tomber goutte à goutte la solution de glycose jusqu'à ce que la liqueur dans laquelle flotte le précipité d'oxyde cuivreux formé soit complètement décolorée. La quantité de la solution de glycose ajoutée renferme une quantité de glycose suffisante pour réduire le volume employé de la liqueur de Fehling. — Si nous savons le titre de cette liqueur de Fehling, c'est-à-dire si nous avons déterminé la quantité de glycose pure qu'il faut ajouter à un volume donné de cette liqueur de Fehling pour en produire la réduction totale, nous pourrons savoir quelle est la quantité de glycose contenue dans la liqueur analysée.

Supposons, par exemple, que 10 centimètres cubes de liqueur de Fehling soient totalement réduits par $0^{gr},05$ de glycose pure. Supposons d'autre part que, pour réduire totalement ces 10 centimètres cubes, il faille ajouter 20 centimètres cubes d'une solution de glycose analysée : ces 20 centimètres cubes contiennent $0^{gr},05$ de glycose;

— 100 centimètres cubes contiennent $0^{gr},05 \times \dfrac{100}{20}$, soit

$0^{gr},25$ de glycose ; — la solution contient donc $0^{gr},25$ pour 100 de glycose.

Mais il est difficile de déterminer rigoureusement la quantité exacte de solution de glycose qu'il faut ajouter à un volume donné de liqueur de Fehling pour en produire la réduction totale : le précipité d'oxyde cuivreux rouge masque la coloration bleue du liquide dans lequel il se forme : il faut, par conséquent, laisser ce précipité se déposer en supprimant l'ébullition du liquide tout en maintenant la température voisine de 100°, pour pouvoir observer la coloration du liquide ; le faire bouillir de nouveau, ajouter une petite quantité de la solution de glycose, laisser déposer, etc., jusqu'à décoloration complète (1).

On simplifie cette manœuvre en employant une *liqueur de Fehling ferrocyanurée*, obtenue en faisant dissoudre dans 100 centimètres cubes de liqueur de Fehling, 2 grammes de ferrocyanure de potassium. Lorsqu'on porte à l'ébullition cette liqueur additionnée d'un excès de glycose, on observe une décoloration de la liqueur ; mais il ne se produit pas de précipité d'oxyde cuivreux : la liqueur reste constamment d'une transparence parfaite. Il est par conséquent facile de saisir exactement le moment où, par addition goutte à goutte d'une solution de glycose, un volume donné de la liqueur bleue titrée est exactement décoloré. En opérant ainsi le dosage de la glycose dans une liqueur on gagne en rapidité et en exactitude. La réaction doit se faire à l'abri de l'air, car l'air fait passer au noir la liqueur bleue ferrocyanurée additionnée de glycose. Il convient donc de faire tomber la solution de glycose dans un ballon où la liqueur bleue ferrocyanurée est maintenue à l'ébullition continue.

La glycose *fermente sous l'influence de la levure de bière*. Lorsqu'on met de la levure de bière dans une solution de glycose, on voit bientôt se dégager des bulles de gaz carbonique. Sous l'influence de cette levure, la glycose est décomposée fournissant essen-

---

1) Pour s'assurer que la totalité du sel de cuivre a bien été précipitée, on peut filtrer quelques gouttes de liquide, l'aciduler, et ajouter du ferrocyanure de potassium. Si la liqueur contient une trace de sel de cuivre, elle se colore en rouge (ferrocyanure de cuivre).

tiellement mais non exclusivement de l'*alcool éthy-
ique* et du *gaz carbonique* (boissons fermentées) :

$$C^6(H^2O)^6 = 2(C^2H^6O) + 2CO^2.$$

La décomposition de la glycose se poursuit jusqu'à disparition totale : si donc on connaît la quantité d'alcool, ou la quantité de gaz carbonique produits, lorsque la décomposition est terminée, on
peut calculer la quantité de glycose contenue dans
la liqueur : en effet 100 grammes de glycose fournissent théoriquement 50^{gr},111 d'alcool et 48^{gr},888 de
gaz carbonique (1).

Pratiquement, on se sert d'un appareil disposé comme
l'indique la figure ci-contre : 2 ballons, l'un A contenant
la solution de glycose et la levure, l'autre B contenant de
l'acide sulfurique con-
centré. Au moment où
l'on mélange la levure
et la solution de gly-
cose, on pèse l'appa-
reil. Le tube *a* étant
fermé, on laisse fer-
menter ; le gaz car-
bonique se dégage par
le tube *t*, barbote dans
l'acide sulfurique B qui
retient la vapeur d'eau

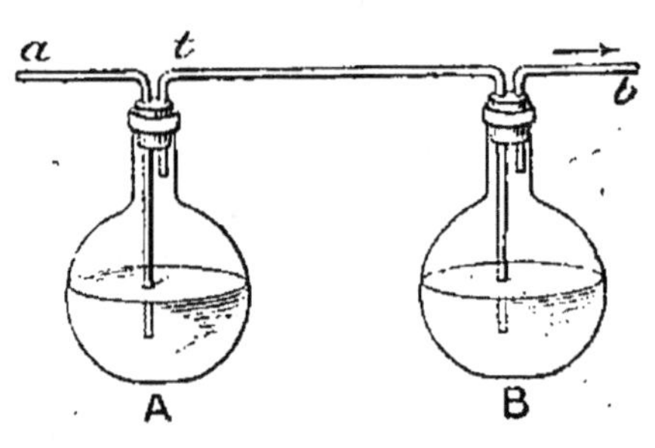

Fig. 1.

entrainée, et s'échappe par *b*. Lorsque la fermentation est
terminée, on fait passer par *a* dans tout l'appareil un courant
d'air desséché ; ce courant d'air entraîne tout le gaz carboni-

(1) Ceci n'est qu'approximativement vrai, parce que l'alcool et le gaz
carbonique ne sont pas les seuls produits dérivant de la transformation
de la glycose. Il y a production notamment de petites quantités de glycérine, d'acide succinique, etc.

que contenu encore dans les ballons et dans le liquide A. On pèse de nouveau l'appareil : la perte de poids p correspond à la perte de gaz carbonique produit dans la fermentation de la glycose. La quantité de glycose contenue dans la liqueur A est calculée au moyen de l'expression :

$$P = a \times \frac{100}{43,888}.$$

2. La *lévulose* ou *fructose* ou *sucre de fruits* comme la glycose est soluble dans l'eau, soluble dans l'alcool absolu, insoluble dans l'éther. C'est un sucre doué du *pouvoir rotatoire*, un sucre *réducteur*, un sucre *fermentescible*.

Elle agit sur la lumière polarisée : elle fait tourner le plan de polarisation de la lumière vers la gauche, c'est une substance *lévogyre*, d'où son nom de *lévulose*. Son *pouvoir rotatoire*

$$[\alpha]_D = -89°,9.$$

La lévulose réduit la liqueur de Fehling, mais son *pouvoir réducteur* n'est pas aussi grand que celui de la glycose. Si, par définition, on représente par 100 le pouvoir réducteur de la glycose, le pouvoir réducteur de la lévulose est représenté par 96. Cela veut dire que si un poids donné de glycose peut réduire totalement 100 centimètres cubes de liqueur de Fehling, le même poids de lévulose ne peut réduire que 96 centimètres cubes de cette liqueur.

Enfin la lévulose *fermente par la levure de bière*, fournissant de l'*alcool* et du *gaz carbonique*, comme la glycose.

3. La *galactose* est un sucre soluble dans l'eau, solu-

ble dans l'alcool absolu, insoluble dans l'éther. C'est un sucre *dextrogyre, réducteur* et *fermentescible.*

Son *pouvoir rotatoire* est :

$$[\alpha]_D = +83°.$$

Son *pouvoir réducteur* est égal à 93, en supposant égal à 100 celui de la glycose.

Elle *fermente par la levure de bière* en donnant de l'*alcool* et du *gaz carbonique.*

—

II. Classe des saccharoses $C^6(H^2O)$ 1/2 ou $C^{12}(H^2O)^{11}$. — Parmi les *saccharoses*, nous en considérerons trois :

> la *saccharose* ou *sucre de canne,*
> la *lactose* ou *sucre de lait,*
> la *maltose.*

Lorsqu'on fait bouillir une solution de l'un quelconque de ces sucres en présence d'un *acide minéral dilué*, en présence de 1 p. 100 d'acide chlorhydrique par exemple, la molécule du sucre se *dédouble* en fixant une molécule d'eau : il se produit deux molécules de sucres appartenant à la classe des glycoses :

$$C^{12}(H^2O)^{11} + H^2O = C^6(H^2O)^6 + C^6(H^2O)^6.$$

La *saccharose* se dédouble en *glycose* et *lévulose.*
La *lactose*   —   en *glycose* et *galactose.*
La *maltose*   —   en *glycose* et *glycose.*

1. La *saccharose* est soluble dans l'eau en toutes proportions, mais insoluble dans l'alcool absolu.

La saccharose est un sucre *dextrogyre* ; son *pouvoir rotatoire* est :

$$[\alpha]_\text{D} = + \ 66°,5$$

la saccharose étant supposée anhydre.

Lorsqu'on fait bouillir la saccharose avec un acide minéral dilué, on obtient, nous venons de le dire, un mélange à poids égaux de glycose et de lévulose, c'est-à-dire un mélange à poids égaux de deux substances dont l'une, dextrogyre, a un pouvoir rotatoire égal à $+ \ 52°,6$; dont l'autre, lévogyre, a un pouvoir rotatoire égal à $- \ 89°,9$. Le mélange à poids égaux de ces deux sucres a donc un pouvoir rotatoire gauche. Par conséquent, lorsqu'on fait bouillir avec un acide minéral dilué une solution de saccharose, *solution dextrogyre*, on obtient une *solution lévogyre*. Le *sens de la rotation* de la lumière polarisée a été *interverti*. La saccharose, dit-on, soumise à la température d'ébullition à l'action des acides minéraux dilués est *intervertie*, ou, comme on dit encore, est transformée en *sucre interverti*. Le *sucre interverti*, il convient d'insister sur ce point, n'est pas une substance chimiquement unique : c'est un *mélange à poids égaux de glycose et de lévulose*.

Les solutions aqueuses de saccharose peuvent être bouillies avec la liqueur de Fehling sans la réduire : *la saccharose n'est pas un sucre réducteur.* — *Le sucre interverti*, résultant de l'action des acides minéraux dilués à l'ébullition sur la saccharose, étant un mélange de sucres réducteurs, *réduit la liqueur de Fehling*. Si donc on veut doser dans une liqueur la

saccharose, on doit commencer par faire l'interversion, puis on procède au dosage par réduction de
la liqueur de Fehling. Pour calculer la quantité de
saccharose, il suffit de savoir que 100 parties de
saccharose, après interversion, ont un pouvoir réducteur égal à 95, celui de la glycose étant égal à
100, c'est-à-dire que 100 parties de saccharose intervertie réduisent la même quantité de liqueur de
Fehling que 95 parties de glycose.

La saccharose enfin *n'est pas un sucre directement
fermentescible*. Sans doute, lorsqu'on introduit de la
levure de bière dans une solution de saccharose, il
se développe une fermentation donnant lieu à la
production d'alcool et de gaz carbonique ; mais cette
fermentation comprend *deux phases successives*: 1° un
dédoublement, avec fixation d'eau, de la saccharose
en glycose et lévulose, une *interversion* de la saccharose par conséquent, produite par un *ferment soluble*
engendré par la levure de bière, ferment auquel on
a donné le nom de *ferment inversif* ou *invertine*,
parce qu'il possède la propriété d'intervertir la saccharose ; — 2° une *fermentation* de la glycose et de
la lévulose produites par le ferment figuré. La
saccharose ne fournit donc pas directement l'alcool
et l'acide carbonique ; elle doit être préalablement
intervertie.

Le *dosage de la saccharose* peut se faire : 1° par *détermination du pouvoir rotatoire* dans les liqueurs ne contenant pas de substances autres que la saccharose, capables
d'agir sur la lumière polarisée ; — 2° par *réduction de la
liqueur de Fehling*, après interversion de la saccharose,

par un acide dilué, dans les liqueurs ne contenant pas
d'autres substances réductrices ; — 3° enfin dans les liqueurs ne contenant pas d'autres substances fermentescibles par *détermination de la quantité de gaz carbonique
produit dans la fermentation par la levure de bière*, car,
en ne tenant pas compte de l'interversion produite par
le ferment inversif, la réaction peut être représentée par
la formule :

$$C^{12}(H^2O)^{11} + H^2O = 4(C^2H^6O) + 4CO^2.$$

A 100 parties de saccharose correspondent 51,45 parties de gaz carbonique.

2. La *lactose* est soluble dans l'eau, insoluble dans
l'alcool absolu. C'est un sucre *dextrogyre, réducteur*,
mais *non fermentescible*.

Son *pouvoir rotatoire*

$$[\alpha]_D = + 55°,2.$$

la lactose étant supposée anhydre.

Son *pouvoir réducteur*, en supposant celui de la
glycose égal à 100, est égal à 70.

Ls ferment inversif de la levure n'agit pas sur la
lactose ; la levure ne peut faire fermenter la lactose
ni directement, ni indirectement. Pour obtenir une
fermentation alcoolique de la lactose, il faut, ou
bien employer certaines levures autres que les
espèces vulgaires de levure de bière, capables de
sécréter un ferment soluble, la *lactase*, pouvant
dédoubler la lactose en glycose et galactose, ou bien
dédoubler préalablement la lactose en glycose et
galactose par ébullition en présence d'acides minéraux étendus.

Sous l'influence de divers microorganismes, nommés *ferments lactiques*, la lactose subit une transformation : elle donne de l'*acide lactique de fermentation* :

$$C^{12}(H^2O)^{11} + H^2O = 4(C^3H^6O^3).$$

Le *dosage de la lactose* peut se faire : 1º dans les liqueurs qui ne contiennent pas d'autres substances actives sur la lumière polarisée, *par détermination polarimétrique*; 2º dans les liqueurs qui ne contiennent pas d'autres substances réductrices que la lactose, par *réduction de la liqueur de Fehling*.

3. La *maltose* est soluble dans l'eau, soluble dans l'alcool absolu. C'est un sucre *dextrogyre, réducteur* et *fermentescible*.

A la température d'ébullition la maltose est transformée par les acides minéraux dilués en glycose. La même transformation peut être obtenue par l'action d'un ferment soluble, que produit notamment la levure de bière, et qu'on nomme la *maltose*.

La maltose possède au moins *qualitativement toutes les réactions principales de la glycose* : elle est dextrogyre, réductrice et fermentescible. La séparation et même la détermination de ces deux sucres présentent pour cette raison d'assez grandes difficultés.

La maltose peut être *distinguée de la glycose par son pouvoir rotatoire et par son pouvoir réducteur.*

La maltose, sucre dextrogyre, a un *pouvoir rotatoire*

$$[\alpha]_D = + 144º,$$

la maltose étant supposée anhydre.

Supposons qu'on fasse bouillir la maltose avec un acide minéral dilué, de façon à la dédoubler avec fixation d'eau en 2 molécules de glycose :

$$C^{12}(H^2O)^{11} + H^2O = C^6(H^2O)^6 + C^6(H^2O)^6$$
$$342 \text{ gr.} + 18 \text{ gr.} = 180 \text{ gr.} + 180 \text{ gr.}$$

342 grammes de maltose fournissent 360 grammes de glycose ; — par conséquent 100 grammes de maltose fournissent $105^{gr},26$ de glycose. Or le pouvoir rotatoire de la glycose est $+ 52°,6$; donc, après dédoublement de la maltose, son pouvoir rotatoire sera devenu :

$$+144 \times \frac{105,26}{100} \times \frac{52,6}{144}$$

ou

$$\frac{105,26}{100} \times 52,6 \text{ soit } 53,8.$$

Lorsqu'on soumet à l'ébullition en présence d'acides minéraux étendus une solution de maltose, le pouvoir rotatoire de la solution se trouve réduit dans le proportion de 144 à 53,8 — ou approximativement, très approximativement, du triple au simple.

La maltose, sucre réducteur, a un *pouvoir réducteur* égal à 66, le pouvoir réducteur de la glycose étant égal à 100. Après ébullition en présence d'acides minéraux dilués, 100 grammes de maltose se sont transformés en $105^{gr},26$ de glycose ; le pouvoir réducteur qui était 66 est devenu 105,26. Lors donc qu'on soumet à l'ébullition en présence d'acides minéraux étendus une solution de maltose, le pouvoir réducteur de la solution se trouve augmenté dans la proportion de 66 à 105 — ou approximativement, très approximativement, du simple au double.

Application des notions précédentes. — Une solution contenant un seul sucre est dextrogyre, réductrice et fermentescible : cette solution contient-elle de la glycose ou de la maltose?

Si, après ébullition de la solution avec un acide minéral étendu, le pouvoir rotatoire et le pouvoir réducteur ne sont pas modifiés, le sucre est de la glycose. Si, après ébullition avec un acide minéral étendu, le pouvoir rotatoire est diminué du triple au simple, et le pouvoir réducteur augmenté du simple au double, le sucre est de la maltose.

On conçoit aisément qu'il soit possible, en se fondant sur ces modifications des pouvoirs rotatoires et réducteurs, de reconnaître dans une liqueur ne contenant pas d'autres substances réductrices ou douées de pouvoir rotatoire la présence simultanée de glycose et de maltose, et de doser ces deux sucres.

—

III. Classe des amyloses $C^6(H^2O)^5$. — Parmi les *amyloses*, nous en étudierons 3 :

$$\left\{ \begin{array}{l} \text{l'}amidon, \\ \text{le } glycogène, \\ \text{les } dextrines. \end{array} \right.$$

Ces hydrates de carbone, sous l'influence de *acides minéraux dilués*, par exemple de l'acide chlorhydrique à 1 p. 100, à la température d'ébullition, fixent de l'eau, et se transforment en sucres du groupe des glycoses.

Les amyloses peuvent être dissoutes par l'eau. Elles ne dialysent pas : c'est là un caractère qui les sépare des sucres, lesquels dialysent très facilement ; les amyloses sont des *substances colloïdes* (voir p. 65 ce qu'est une substance colloïde).

1. L'*amidon* existe dans les végétaux sous forme de grains ovoïdes formés de couches concentriques. Ces *grains*, examinés au microscope en lumière polarisée, présentent le *phénomène de la croix de polarisation*, c'est-à-dire une croix noire sur fond blanc, ou une croix blanche sur fond noir, suivant la position relative de l'appareil polarisateur et de l'appareil analyseur.

Bouilli avec de l'eau, l'amidon se gonfle, se transforme en *empois d'amidon*, un peu soluble dans l'eau. Les solutions obtenues sont opalescentes, visqueuses ; elles traversent difficilement les filtres de papier. Ces solutions sont précipitées par l'alcool ; l'amidon est insoluble dans l'alcool.

Les solutions d'empois d'amidon *ne réduisent pas* la liqueur de Fehling et *ne fermentent pas* par la levure de bière. Bouillies avec des acides minéraux étendus, par exemple avec de l'acide chlorhydrique à 1 p. 100, elles donnent une série de produits de transformation et d'hydratation, des dextrines, de la maltose, de la glycose. Lorsque l'ébullition a été prolongée pendant un temps suffisant, la liqueur ne renferme plus que de la glycose, les dextrines et la maltose étant elles-mêmes transformées en glycose par l'action des acides minéraux dilués à la température d'ébullition.

Si l'on ajoute à une solution d'empois d'amidon une *solution aqueuse d'iode*, ou une *solution d'iode dans l'iodure de potassium* (1), on obtient une coloration bleue intense (*iodure d'amidon*) (2). Lorsqu'on porte cette liqueur bleue à 70°, la coloration bleue disparaît, la liqueur devient incolore : par refroidissement, la coloration bleue reparaît pour disparaître de nouveau à 70° et ainsi de suite. De même, quand on fait agir l'eau iodée sur l'amidon solide, et même sur les grains naturels d'amidon, on obtient la coloration bleue d'iodure d'amidon.

2. Le *glycogène* ou *amidon animal*, est une substance soluble dans l'eau, insoluble dans l'alcool, insoluble dans l'éther, non dialysable. Les solutions aqueuses de glycogène sont des liqueurs opalescentes.

Le glycogène *ne réduit pas* la liqueur de Féhling, et *ne fermente pas* sous l'influence de la levure de bière.

Bouilli avec les acides minéraux étendus, par exemple avec de l'acide chlorhydrique à 1 p. 100, le glycogène subit des transformations analogues à celles que subit, dans les mêmes conditions, l'amidon : il se produit d'abord des dextrines et de la maltose, puis de la glycose.

(1) Une telle solution est obtenue en dissolvant dans 200 grammes d'eau distillée, 2 grammes d'iodure de potassium et 1 gramme d'iode (*liqueur iodo-iodurée*).

(2) Cela ne veut pas dire que la coloration bleue correspond à une combinaison d'amidon et d'iode comparable aux iodures ; — cela ne veut même pas dire qu'il y ait combinaison chimique de l'amidon et de l'iode ; — mais simplement qu'on obtient la coloration bleue par l'action de l'iode sur l'amidon.

Bouilli avec les alcalis caustiques, le glycogène ne subit aucune modification.

Lorsqu'on ajoute à une solution de glycogène un peu de liqueur iodo-iodurée la solution prend une coloration *brun acajou*. Le glycogène en poudre ou les dépôts de glycogène dans les tissus se colorent de même par cette liqueur. Cette coloration brun acajou disparaît vers 70° pour reparaître pendant le refroidissement. L'eau iodée ne donne pas cette réaction colorée au moins avec les solutions de glycogène.

3. Les *dextrines* sont solubles dans l'eau, insolubles dans l'alcool absolu ; leurs solutions aqueuses ne sont pas opalescentes.

Les dextrines *réduisent* la liqueur de Fehling, mais leur pouvoir réducteur est faible ; — elles *ne fermentent pas* par la levure de bière.

Les acides dilués, à l'ébullition, les transforment. Il se produit d'abord de nouvelles dextrines et de la maltose ; — et finalement de la glycose, et rien que de la glycose, tous les produits intermédiaires étant transformables en glycose dans ces conditions.

Parmi les dextrines, les unes se colorent en rouge par l'eau iodée ou par la liqueur iodo-iodurée : on leur a donné le nom d'*érythrodextrines* ; les autres ne se colorent pas par ce réactif : on les a appelées *achroodextrines*.

CHAPITRE IV

LES SUBSTANCES PROTÉIQUES

ALBUMINOÏDES. — PROTÉÏDES. — ALBUMOÏDES.

Sommaire. — I. Substances albuminoïdes. — Qu'est-ce qu'une substance albuminoïde ? Homogénéité du groupe albuminoïde : constitution et réactions de coloration. Quelques réactions de coloration des substances albuminoïdes : réaction xanthoprotéique; réaction du biuret; réaction de Millon. Les substances albuminoïdes sont des substances colloïdes. Qu'est-ce qu'une substance colloïde? Dialyse. Classification physiologique des substances albuminoïdes : substances albuminoïdes naturelles, substances albuminoïdes de transformation. — A. *Substances albuminoïdes naturelles :* réactions de précipitations, acides minéraux, sels neutres, ferrocyanure de potassium acétique, alcool, tannin acétique, acides phosphomolybdique et phospholungstique, liqueur de Brücke chlorhydrique, réactif de Tanret, acide picrique, acide trichloracétique. Choix du réactif précipitant. Les substances albuminoïdes naturelles sont coagulables. Qu'est-ce qu'une coagulation? Précipitation et coagulation. Caractères distinctifs des albumines et des globulines. Valeur de ces caractères. Applications : une substance albuminoïde naturelle est-elle une albumine ou une globuline? Comment peut-on séparer une albumine d'une globuline? — B. *Substances albuminoïdes de transformation.* Trois groupes intéressants ; a. Substances albuminoïdes coagulées. b. Alcalialbuminoïdes et acidalbuminoïdes. c. Protéoses. α. Propriétés des protéoses : solubilités et précipitations. β. Propeptones et peptones. Les trois réactions propeptoniques. γ. Protéoses vraies et peptone de Kühne. Les stades de la peptonisation.

II. *Protéides.* — Qu'est-ce qu'une protéide? Trois groupes intéressants : hémoglobine, glycoprotéides, nucléoalbuminoïdes. a. Qu'est-ce qu'une glycoprotéide? Mucines et mucoïdes. Propriétés principales des mucines. b. Qu'est-ce qu'une nucléoalbuminoïde et une paranucléoalbuminoïde? Leurs principales propriétés. Qu'est-ce qu'une nucléine et une paranucléine? — Nucléoprotéides et paranucléoprotéides. Diprotéides. — Acides nucléiques et bases nucléiniques ou xanthiques — Acides paranucléiques. — Protamines. — Les phosphoglycoprotéides.

III. *Albumoïdes.* — Gélatine.

On désigne sous le nom de substances protéiques un grand nombre de corps essentiellement composés de carbone, d'hydrogène, d'oxygène, d'azote et de soufre, entrant dans la constitution des organismes vivants. Donner une définition précise du groupe protéique n'est pas chose possible dans l'état actuel de la science. Mais nous pouvons admettre qu'ils constituent une famille naturelle : physiologiquement, car ils dérivent les uns des autres dans l'organisme ; chimiquement, car on trouve les mêmes substances dans leurs produits de décomposition par certains réactifs.

Nous étudierons d'abord comme types de ce groupe de substances les *albuminoïdes* qui constituent une classe naturelle ; — et nous indiquerons ensuite les principales propriétés des autres substances protéiques en les comparant à celles des substances albuminoïdes.

I. — SUBSTANCES ALBUMINOÏDES.

1. Ce sont des substances *essentiellement constituées de carbone, hydrogène, oxygène, azote et soufre* (1). La proportion de ces différents éléments varie d'une substance albuminoïde à l'autre, mais dans des limites étroites :

$$
\begin{array}{llllll}
C & de\ 50 & à & 55 & p.\ 100. \\
H & de\ 6,5 & à & 7,3 & — \\
Az & de\ 15 & à & 18 & — \\
O & de\ 20 & à & 23,5 & — \\
S & de\ 0,3 & à & 2,2 & — \\
\end{array}
$$

(1) Nous avons indiqué au chapitre I, page 2, les méthodes à employer pour reconnaître si une substance organique est azotée, sulfurée.

Les substances albuminoïdes possèdent un pouvoir rotatoire gauche.

2. Les différentes substances dites albuminoïdes donnent, sous l'influence de certains agents destructeurs, *les mêmes produits de décomposition.*

C'est ainsi que la vapeur d'eau sous pression à haute température, les alcalis et les acides minéraux dilués (10 p. 100 par exemple), à la température d'ébullition, décomposent la molécule albuminoïde et donnent de l'ammoniaque, de l'hydrogène sulfuré et des acides amidés qui sont la leucine (ou acide amido-capronique), la tyrosine (ou acide paraoxyphénylamidopropionique) et l'acide aspartique (ou acide amidosuccinique). — C'est ainsi que la baryte caustique, à température élevée et en vase clos, décompose les substances albuminoïdes en ammoniaque, gaz carbonique, acide acétique, acide oxalique, leucines, leucéines, tyrosine, etc. — C'est ainsi que les alcalis caustiques (potasse par exemple) détruisent les substances albuminoïdes en donnant de l'ammoniaque, du gaz carbonique, de l'acide acétique, de l'acide oxalique, du phénol, de l'indol, du scatol. — C'est ainsi que, par la putréfaction, toutes les substances albuminoïdes se décomposent, en donnant de l'ammoniaque, du gaz carbonique, de l'hydrogène sulfuré, de la leucine, de la tyrosine, de l'indol, du scatol, etc.

3. Enfin, toutes les substances dites albuminoïdes, qu'elles soient en solution ou qu'elles soient à l'état solide, présentent une même série de *réactions de coloration.* Parmi ces réactions de coloration nous

indiquerons les suivantes, qui sont le plus fréquemment employées par les physiologistes :

a. *Réaction xanthoprotéique.* — Sous l'influence de l'acide nitrique à froid déjà, mais mieux à l'ébullition, les substances albuminoïdes ou leurs solutions se colorent en jaune serin très clair. — Sous l'influence des alcalis caustiques, ajoutés jusqu'à réaction alcaline, les substances albuminoïdes ou leurs solutions jaunies par l'acide nitrique, prennent une coloration jaune orangé foncé, à la température ordinaire ou à l'ébullition.

Supposons une substance albuminoïde à l'état solide ; mettons-la en suspension dans l'eau ; additionnons cette eau de quelques centièmes d'acide nitrique et portons à l'ébullition : les flocons albuminoïdes prennent rapidement la coloration jaune. — Faisons refroidir, et laissons couler sur les parois du tube, dans lequel s'est produite la réaction, une solution d'ammoniaque caustique, nous verrons les flocons albuminoïdes flottant dans les couches supérieures du liquide, alcalinisées par la solution d'ammoniaque, prendre la coloration jaune orangé, tandis que les flocons albuminoïdes flottant dans les couches inférieures conservent leur coloration jaune serin très clair.

Supposons une solution d'une substance albuminoïde : ajoutons quelques centièmes d'acide nitrique : tantôt il se produit un précipité, tantôt il ne s'en produit pas, peu importe. Portons à l'ébullition ; tantôt le précipité formé à froid se dissout, tantôt il ne se dissout pas, peu importe. Lorsque l'ébullition aura duré quelques instants les flocons albuminoïdes en suspension, ou le liquide albuminoïde prennent une coloration jaune serin. — Après refroidissement, l'addition d'alcalis caustiques, d'ammoniaque caustique par exemple, détermine la production d'une coloration orangée soit des flocons, soit du liquide. En versant l'ammoniaque avec précaution, dans le tube à essai, les parties supérieures seules deviennent alcalines car la solution d'ammoniaque très légère ne se mélange que lentement et difficilement au liquide sous-jacent : les parties inférieures restent acides, et on observe très nettement dans les couches supérieures des flocons ou une liqueur jaune orangé foncé, dans les couches inférieures des flocons ou une liqueur jaune serin pâle.

b. *Réaction du biuret.* — Lorsqu'on traite les substances albuminoïdes ou leurs solutions par un très grand excès d'une lessive concentrée d'alcali caustique fixe (potasse ou soude), et par une très petite quantité d'une solution très diluée de sulfate de cuivre, la substance albuminoïde ou la solution albuminoïde se colorent en bleu violacé ou rosé. Cette réaction permet de déceler la présence de substances albuminoïdes dans des liqueurs qui n'en renferment que 1 p. 10.000.

Supposons une substance albuminoïde solide, plongeons-la pendant quelques instants dans une solution de sulfate de cuivre à 1 p. 100 : elle prend une très légère coloration d'un bleu très pur (sans mélange de rose ou de violet). Retirons cette substance de la solution cuivrique, et plongeons-la dans une lessive de soude caustique à 30 p. 100 : nous voyons la coloration bleu pur passer au bleu violacé ou rosé en augmentant d'intensité.

Supposons une solution albuminoïde; ajoutons à cette solution au moins un égal volume, ou mieux encore 4 à 5 volumes d'une lessive de soude caustique à 30 p. 100 et quelques gouttes d'une solution de sulfate de cuivre à 1 p. 100 : nous verrons la liqueur prendre une coloration bleu violacé ou rosé. On peut encore opérer d'une autre façon : Dans un tube à essai, ajoutons à une lessive de soude caustique à 30 p. 100 quelques gouttes d'une solution de sulfate de cuivre à 1 p. 100 : nous obtenons une liqueur très dense, d'un bleu pur. Versons au-dessus de cette liqueur la solution albuminoïde : celle-ci, beaucoup moins dense en général, ne se mélange pas avec la liqueur bleue. Après quelques instants de contact, on voit au niveau de la séparation des deux liqueurs une zone d'un bleu violacé ou rosé d'autant plus facile à reconnaître qu'elle est en contact avec une liqueur d'un bleu pur.

c. *Réaction de Millon.* — Le *réactif de Millon* (solution d'azotate de mercure dans l'acide nitrique nitreux) détermine dans les solutions de substances albuminoïdes la formation d'un précipité blanc. Ce précipité, abandonné dans la liqueur où il a pris naissance, se colore en rouge brique, lentement à la température ordinaire, rapidement à la température d'ébullition. Les substances albuminoïdes à l'état solide, plongées dans le réactif de Millon, se colorent en brun rougeâtre, lentement à la température ordinaire, rapidement à l'ébullition. La réaction de coloration de Millon se manifeste encore dans les liqueurs contenant 1 p. 2500 de substances albuminoïdes. La réaction colorée de Millon est en rapport avec le groupement tyrosine contenu dans la molécule albuminoïde.

Pour obtenir le réactif de Millon on dissout 1 partie de mercure en poids dans 2 parties d'acide nitrique de densité 1,42 d'abord à froid, puis en élevant légèrement la température. Après dissolution totale du mercure, on ajoute à 1 volume de cette solution 2 volumes d'eau.

Le réactif de Millon ne doit être employé que dans des

liquides qui ne précipitent pas le sel mercurique. Si, par exemple, on traitait par la liqueur de Millon une solution albuminoïde contenant une forte proportion d'un sel qui, comme le chlorure de sodium, donne un précipité insoluble avec les sels de mercure, la réaction ne se produirait plus avec la même netteté.

Les substances albuminoïdes sont des *substances colloïdes*. — Qu'est-ce qu'une substance colloïde ?

Certaines substances, telles que les sels métalliques, le chlorure de sodium par exemple, telles que les sucres, la glycose par exemple, possèdent la propriété de traverser les membranes de papier parchemin, de *dialyser* : supposons séparées par une lame de papier parchemin de l'eau distillée d'une part et une solution de sel ou de sucre d'autre part ; le sel ou le sucre ne tardent pas à traverser la lame parcheminée pour se répandre dans l'eau distillée. Comme les substances qui possèdent la propriété de dialyser peuvent en général être facilement obtenues sous forme cristalline, on les appelle *cristalloïdes*.

D'autres substances, telles que l'empois d'amidon, le glycogène, les substances albuminoïdes, etc., *ne dialysent pas* : elles ne peuvent traverser une membrane de parchemin pour se dissoudre dans le liquide qui baigne l'autre face de cette membrane. Ces substances, qui, contrairement aux précédentes, ne peuvent en général être obtenues sous forme cristalline (1), sont dites *substances colloïdes*.

(1) Ceci n'est pas vrai d'une façon absolue, car les pigments du sang (hémoglobine et oxyhémoglobine) ne sont pas dialysables et sont assez

Les substances colloïdes donnent en général des solutions opalescentes : telles sont les solutions de glycogène, d'empois d'amidon, de certaines substances albuminoïdes.

Les substances colloïdes sont-elles vraiment dissoutes, comme est dissous le chlorure de sodium dans les solutions salées? Peut-être non. Car si on filtre sur porcelaine dégourdie une solution d'une substance colloïde, une proportion plus ou moins considérable de cette substance est retenue par le filtre poreux, comme si la substance colloïde était simplement en suspension dans la liqueur. Ne cherchons pas d'ailleurs à trancher cette question : admettons que les substances colloïdes peuvent être réellement dissoutes, mais n'oublions pas que leurs solutions ne se comportent pas toujours comme les solutions typiques, comme les solutions de sels par exemple.

On a proposé de nombreuses *classifications des substances albuminoïdes* : aucune d'elles n'est une classification naturelle; aucune ne repose sur une étude de la constitution moléculaire de ces substances et de leurs affinités chimiques.

Le *physiologiste* peut, *a priori*, établir *deux groupes* de substances albuminoïdes : les *substances albuminoïdes naturelles* et les *substances albuminoïdes de*

facilement cristallisables. — Parmi les substances albuminoïdes non dialysables, il en est qui ont pu être obtenues sous forme cristalline, difficilement il est vrai.

transformation. Les substances albuminoïdes naturelles se trouvent dans les tissus et les liquides des organismes vivants; — les substances albuminoïdes de transformation sont les produits de transformation des substances albuminoïdes naturelles sous l'influence de différents agents; acides, alcalis, ferments digestifs, etc.

A. *Substances albuminoïdes naturelles.* — Les substances albuminoïdes naturelles présentent un certain nombre de réactions communes : ce sont des *réactions de précipitation.* Supposons que nous ayons dissous dans une liqueur convenablement choisie une substance albuminoïde naturelle. La solution est précipitée par les *acides minéraux*, par certains *sels de métaux lourds*, par le *ferrocyanure de potassium acétique*, par le *sulfate d'ammoniaque* dissous à *saturation*, par l'*alcool*, par le *tannin acétique*, par les *acides phosphomolybdique* et *phosphotungstique*, par la *liqueur de Brücke chlorhydrique* ou par le *réactif de Tanret*, par l'*acide picrique*, par l'*acide trichloracétique.*

Lorsqu'on verse goutte à goutte dans une solution d'une substance albuminoïde naturelle un *acide minéral*, de l'acide chlorhydrique par exemple, on voit se produire un précipité blanc, floconneux, au contact des gouttes d'acide : le précipité produit par les premières gouttes se redissout par agitation; mais si l'on continue à ajouter l'acide, il ne tarde pas à se produire un précipité persistant de plus en plus abondant. Si l'on continue encore à ajouter de l'acide, le précipité se redissout peu à peu, et pour une addition suffisante d'acide, la redissolution est totale. Les acides minéraux déterminent donc dans les solutions de substances albuminoïdes naturelles la production d'un *précipité soluble dans un excès d'acide.*

On emploie souvent l'acide nitrique fort, et on procède généralement de la façon suivante : Dans un verre à réaction, ou verse une certaine quantité d'acide nitrique concentré : au-dessus de cette couche acide on fait arriver la solution albuminoïde, en la versant lentement sur les parois du verre de façon que la solution albuminoïde plus légère que la solution acide, se répande à sa surface sans se mélanger avec elle. Il se forme au niveau de la séparation des deux liquides un nuage albuminoïde.

Certains *sels minéraux* en solution aqueuse précipitent les substances albuminoïdes naturelles de leurs solutions : les solutions salines les plus généralement et les plus avantageusement employées sont les solutions de *sulfate cuivrique, des acétates neutre et basique de plomb,* de *chlorure mercurique, d'acétate de fer* (1), etc. Le précipité produit est un composé métallo-organique résultant de la combinaison du sel métallique avec la substance albuminoïde. Pour des quantités suffisantes de sels minéraux la précipitation peut être totale.

Lorsqu'on ajoute à une solution de substances

(1) Il est souvent avantageux d'avoir recours à l'acétate de fer ; car à l'ébullition l'excès d'acétate de fer est décomposé en acide acétique, volatil et sous-acétate de fer insoluble, de sorte que la liqueur ne contient pas d'excès de réactif. Au lieu d'employer l'acétate directement, on ajoute, ce qui revient au même, du chlorure de fer et un excès d'acétate de soude.

albuminoïdes naturelles une certaine proportion (par exemple 1 p. 10 de son volume) d'une solution aqueuse étendue de *ferrocyanure de potassium* à 5 p. 100 par exemple, et quelques gouttes d'*acide acétique glacial*, on détermine la production d'un précipité. L'addition de ferrocyanure seul ne produit pas de précipitation, l'addition d'acide acétique seul ne produit pas toujours de précipitation; l'addition des deux liqueurs produit toujours une précipitation des solutions de substances albuminoïdes naturelles.

Le précipité obtenu par le ferrocyanure de potassium et l'acide acétique ajoutés à la solution albuminoïde peut, lorsqu'il a été séparé de la liqueur dans laquelle il a pris naissance et lorsqu'il a été lavé à l'eau, donner les réactions colorées générales des substances albuminoïdes, c'est-à-dire la réaction xanthoprotéique, la réaction du biuret et la réaction de Millon. Ainsi pourra-t-on s'assurer que le précipité déterminé par le ferrocyanure de potassium et l'acide acétique est bien réellement un précipité d'une substance albuminoïde.

Lorsqu'on dissout à la température ordinaire dans une solution d'une substance albuminoïde naturelle du *sulfate d'ammoniaque* jusqu'à refus, ou, comme on dit en général, *à saturation*, la substance albuminoïde naturelle est précipitée de sa solution et *totalement précipitée* : la liqueur séparée par filtration du précipité ne donne plus la réaction du biuret.

L'*alcool* précipite les substances albuminoïdes naturelles de leurs solutions : il les précipite surtout bien dans les liqueurs contenant en solution une faible proportion de sels neutres (1).

Pour précipiter au moyen du *tannin* les substances albuminoïdes naturelles de leurs solutions, il convient d'employer une solution obtenue en dissolvant 4 grammes de tannin dans 190 centimètres cubes d'alcool à 45 p. 100, et ajoutant à la solution 2 centimètres cubes d'acide acétique glacial. — Pour des quantités suffisantes de la solution de tannin, la précipitation albuminoïde peut être totale : par exemple, en mélangeant volumes égaux d'une solution albuminoïde et de la solution de tannin acétique, on obtient en général une précipitation totale. Cette précipitation des substances albuminoïdes par le tannin s'accomplit surtout bien dans les liqueurs qui contiennent en solution une petite quantité de sels neutres.

Les *solutions sulfuriques des acides phosphomolybdique et phosphotungstique* et en général les solutions de ces acides en présence d'acides minéraux forts, précipitent les substances albuminoïdes naturelles, et, pour une quantité convenable de réactif, les précipitent totalement. On emploie généralement une solution obtenue en dissolvant 1 partie d'acide phosphomolybdique ou phosphotungstique cristallisé dans 5 parties d'eau, et ajoutant à cette solution 2 p. 100 d'acide sulfurique concentré.

La *liqueur de Brücke* est une solution aqueuse d'iodure double de mercure et de potassium. On peut

____

(1) Une solution d'albumine débarrassée de ses sels par une dialyse prolongée n'est pas précipitée par l'alcool.

préparer cette liqueur de la façon suivante : on dissout dans l'eau distillée à saturation du chlorure mercurique (sublimé) et on verse dans cette solution une solution saturée d'iodure de potassium : il se forme d'abord un précipité rouge d'iodure mercurique soluble dans un excès d'iodure de potassium : on ajoute la solution d'iodure de potassium goutte à goutte jusqu'à dissolution totale du précipité rouge d'iodure mercurique. La liqueur de Brücke ajoutée aux solutions albuminoïdes ne les précipite pas lorsqu'elles sont neutres ; elle les précipite au contraire lorsqu'elles ont été acidifiées par l'*acide chlorhydrique*, et pour des proportions convenables de liqueur de Brücke et d'acide chlorhydrique la précipitation peut être totale. On obtient cette précipitation totale en ajoutant d'abord une petite quantité de liqueur de Brücke, puis goutte à goutte de l'acide chlorhydrique concentré tant qu'il se forme un précipité, — puis goutte à goutte la liqueur de Brücke tant qu'il se forme un précipité, puis l'acide chlorhydrique, etc., en alternant l'addition des deux réactifs, jusqu'à ce que ni l'un ni l'autre ne produise plus de précipité.

Pour préparer le *réactif de Tanret*, on ajoute à 20 centimètres cubes d'acide acétique cristallisable, $3^{gr},32$ d'iodure de potassium pur et $1^{gr},35$ de bichlorure de mercure ; et on additionne d'eau distillée pour faire 60 centimètres cubes. Ce réactif précipite les substances albuminoïdes de leurs solutions, et le précipité est insoluble à froid ou à chaud dans un excès de réactif, insoluble dans l'alcool, insoluble dans l'éther — caractères qui permettent de le distinguer des précipités produits par le même réactif dans des liqueurs contenant soit certaines substances albuminoïdes de transformation, soit certains alcaloïdes.

L'*iodure double de bismuth et de potassium* précipite les solutions albuminoïdes acidifiées par l'acide chlorhydrique comme le fait la liqueur de Brücke chlorhydrique ou le réactif de Tanret.

Les *solutions aqueuses concentrées d'acide picrique* précipitent également les solutions des substances albuminoïdes naturelles, surtout après acidulation par l'acide acétique.

Enfin l'*acide trichloracétique* en solution aqueuse à 2,5 et 10 p. 100 précipite les substances albuminoïdes, et dans certaines circonstances, mais non pas toujours, peut les précipiter totalement.

Mais si ces différents réactifs précipitent les substances albuminoïdes naturelles de leurs solutions, il ne faudrait cependant pas considérer comme démontrée la présence de substances albuminoïdes dans une liqueur lorsque l'un quelconque de ces réactifs précipite cette liqueur. En effet les substances albuminoïdes ne sont pas les seules substances que ces différents réactifs peuvent précipiter. En d'autres termes, ces différents réactifs ne sont pas indifféremment applicables à toutes les liqueurs : il faut savoir choisir. Ainsi, pour n'en citer que quelques exemples : on ne peut employer l'alcool lorsque la solution contient des substances précipitables par l'alcool, telles que des sulfates d'alcalis, le sulfate d'ammoniaque par exemple ; — on ne peut employer les acides phosphomolybdique et phosphotungstique dans les liqueurs contenant des sels ammoniacaux, parce qu'il se formerait des phosphomolybdate et phosphotungstate d'ammoniaque insolubles ; — on ne peut employer l'acide picrique dans les liqueurs contenant des sels ammoniacaux ou de la créatinine, ou de l'acide urique, ces différents corps étant précipités par l'acide picrique, etc.

Les *substances albuminoïdes naturelles sont coagulables*.

Qu'est-ce donc qu'une *substance albuminoïde coagulable?* Qu'est-ce que la *coagulation?* Quelle différence y a-t-il entre la *coagulation* et la *précipitation* des substances albuminoïdes?

Quelques exemples vont nous renseigner sur ces questions :

Supposons qu'on ait préparé une solution de blanc d'œuf dans l'eau. Ajoutons à 1 volume de cette solution plusieurs volumes, 10 volumes par exemple, d'une solution saturée de sulfate d'ammoniaque, nous déterminons l'apparition de flocons albuminoïdes. Ces flocons, séparés par filtration du liquide dans lequel ils ont pris naissance, peuvent être redissous dans l'eau, comme le blanc d'œuf lui-même pouvait être dissous dans l'eau, et cette solution présente toutes les propriétés de la solution primitive de blanc d'œuf. On dit que le blanc d'œuf a été précipité de sa solution par le sulfate d'ammoniaque.

Supposons qu'on chauffe cette même solution de blanc d'œuf à une température de 80 à 100°, il se produira un dépôt floconneux albuminoïde ; mais, ces flocons, séparés du liquide dans lequel ils se sont produits, ne peuvent plus être dissous dans l'eau.

On dit que le blanc d'œuf est coagulé par la chaleur.

La *précipitation* est un *simple changement d'état physique* : la substance précipitée passe de l'état dissous à l'état solide. La *coagulation* est à la fois un *changement d'état* et *un changement de propriétés* et probablement un *changement de constitution chimique*. Nous nous garderons toutefois d'affirmer que dans une coagulation il y a modification chimique de la molécule; car on n'en a point donné de démonstration. Nous admettons que cette transformation chimique est possible ; mais nous reconnaissons également qu'il ne s'agit peut-être là que de modifications d'ordre physique, comparables à celles que présente la silice soluble se transformant en silice gélatineuse.

Lorsqu'on ajoute à une solution de blanc d'œuf de l'alcool en quantité suffisante, on provoque l'apparition de flocons albuminoïdes. Si, aussitôt après leur apparition, on sépare par le filtre ces flocons de la liqueur dans laquelle ils se sont formés, et si, par expression entre deux lames de papier filtre, on les débarrasse de la plus grande partie de la liqueur alcoolique qu'ils retiennent, on peut les redissoudre dans l'eau et obtenir une solution analogue, quant à ses propriétés, à la solution primitive de blanc d'œuf. L'alcool, d'après nos définitions, a donc précipité le blanc d'œuf de sa solution. — Mais si, après avoir produit par addition d'alcool des flocons albuminoïdes, on laisse pendant plusieurs jours, ou mieux pendant plusieurs semaines, ces flocons en contact avec l'alcool fort, ils deviennent absolument insolubles dans l'eau. L'alcool, en nous reportant à nos définitions, par un contact prolongé avec le blanc d'œuf précipité, le coagule.

Les substances albuminoïdes naturelles sont coagulables par la chaleur : lorsqu'on élève progressivement la température de leurs solutions, on voit, à partir d'une température variable suivant la substance considérée, se produire un *louche*, puis des *flocons* qui deviennent plus volumineux et plus abondants à mesure qu'on élève la température (1). Si la liqueur a une réaction neutre, la coagulation n'est pas totale, même si l'on porte la température à 100°. Pour que la coagulation soit totale, il faut aciduler légèrement (à 1 ou 2 p. 1 000 en général) la liqueur au moyen de l'acide acétique.

On distingue deux groupes de substances albuminoïdes naturelles, les *albumines* les *globulines*.

Les albumines se distinguent des globulines par les caractères suivants :

Les *albumines* sont solubles dans l'eau distillée, — dans les solutions étendues de sels neutres d'alcalis ou de terres alcalines (chlorure de sodium, sulfate de soude, sulfate de magnésie, etc.) ; — dans les solutions étendues d'alcalis caustiques. Leurs solutions salines peuvent être diluées ou soumises à une dialyse prolongée sans précipiter ; leurs solu-

(1) Lorsque par une dialyse prolongée en présence d'eau distillée on débarrasse une solution d'albumines des sels minéraux qu'elle contient, on lui fait perdre la propriété de coaguler par la chaleur. Elle recouvre cette propriété par l'addition de petites quantités de matières salines.

tions dans les alcalis peuvent être diluées et saturées de gaz carbonique sans précipiter. Les solutions d'albumines ne sont pas précipitées par l'acide acétique : elles ne sont pas précipitées par le chlorure de sodium ou par le sulfate de magnésie dissous à saturation à la température ordinaire, 15 à 20° ; — elles sont, au contraire, précipitées par ces sels lorsqu'elles ont été acidulées par l'acide acétique.

Les *globulines* sont insolubles dans l'eau distillée ; elles sont solubles dans les solutions étendues (à 1 p. 100 par exemple) de sels neutres d'alcalis ou de terres alcalines (chlorure de sodium, sulfate de soude, sulfate de magnésie, etc.); elles sont solubles dans les solutions très étendues d'alcalis caustiques (de 1 pour 1000 à 1 p. 100 par exemple). Leurs solutions salines sont précipitées partiellement par dilution par l'eau distillée, et par la dialyse : la dilution diminuant la proportion du sel dissolvant, la dialyse éliminant ce sel dissolvant. Leurs solutions dans les alcalis sont précipitées partiellement lorsqu'après dilution elles sont saturées de gaz carbonique. Les solutions de globulines sont précipitées partiellement par l'acide acétique. Elles sont précipitées, les unes partiellement, les autres totalement, par le chlorure de sodium dissous à saturation à la température ordinaire ; elles sont précipitées et *totalement précipitées par le sulfate de magnésie dissous à saturation* à la température ordinaire, et mieux encore à 30°.

Dans le groupe des globulines, nous distinguerons la famille des *Vitellines* qui diffèrent des globulines typiques par un seul caractère : leur non-précipitabilité par le chlorure de sodium dissous à saturation à la température ordinaire. Est-ce une raison suffisante pour faire des vitellines un groupe différent des globulines et pour opposer ces deux groupes, comme on l'a proposé? nous ne le croyons pas. Les vitellines sont des globulines.

Quelle valeur doit-on attribuer aux caractères différentiels des deux groupes albumines et globulines? Ne sont-ils pas bien superficiels? Des différences d'ordre physique (solubilité et précipitation) sont-elles suffisantes pour instituer deux grands groupes? Nous disons que les albumines et les globulines forment deux groupes naturels et bien distincts, car jamais on n'a pu, en partant d'une albumine, obtenir une substance présentant les propriétés d'une globuline; jamais, en partant d'une globuline on n'a pu obtenir une substance ayant les caractères d'une albumine. On peut transformer une albumine ou une globuline en quelque chose qui n'est plus albumine ou globuline (substance coagulée, acidalbuminoïde, alcalialbuminoïde, protéose); on ne peut pas transformer une albumine en globuline, ou une globuline en albumine.

Applications. — 1. Une substance albuminoïde naturelle coagulable est-elle une albumine ou une globuline?
Si la solution ne précipite ni par dilution, ni par dialyse, ni par acidification acétique, ni par saturation par le chlorure de sodium ou le sulfate de magnésie, la substance en solution est une albumine. Si la solution précipite par dilution, par dialyse, par acidification acétique, par saturation par le chlorure de sodium ou le

sulfate de magnésie, la substance en solution est une globuline.

2. D'une solution contenant un mélange d'albumines et
de globulines comment peut-on retirer l'albumine pure
et la globuline pure ?

Soumettons ce mélange à la dialyse, ou diluons-le par
10 à 20 volumes d'eau distillée, ou acidifions-le par l'acide
acétique, ou saturons-le de sulfate de magnésie ou de chlorure de sodium, le précipité est un précipité de globuline
sans albumine. — Saturons le mélange de sulfate de
magnésie pour précipiter la totalité des globulines,
jetons sur le filtre pour retenir le précipité formé, et
acidulons la liqueur par l'acide acétique, il se produit un
précipité d'albumines.

3. Dans une solution contenant un mélange d'albumines et de globulines, comment peut-on séparer
les albumines des globulines et les doser ?

La liqueur est saturée de sulfate de magnésie. On
jette sur le filtre pour retenir le précipité de globulines. On lave ce précipité sur le filtre avec une
solution saturée de sulfate de magnésie, tant que cette
solution entraîne des substances albuminoïdes ; on porte
ensuite le filtre et le précipité qu'il contient à 100° pour
coaguler les globulines retenues et on lave à l'eau distillée pour enlever le sulfate de magnésie. Les globulines
sont ainsi isolées à l'état coagulé. — La liqueur saturée
de sulfate de magnésie et les eaux magnésiennes de lavage
sont réunies et portées à l'ébullition : les albumines sont
coagulées, et, en présence de cet excès de sulfate de
magnésie, totalement coagulées. Il suffit alors de jeter
sur le filtre et de laver à l'eau distillée pour enlever le
sulfate de magnésie : les albumines restent isolées à
l'état coagulé.

En étudiant l'œuf, le lait, le sang, le muscle, nous
apprendrons à connaître plus spécialement quelques-
unes des albumines et des globulines : parmi les

albumines : l'ovalbumine, la lactalbumine, la sérumalbumine ; — parmi les globulines, la lactoglobuline, la sérumglobuline, le fibrinogène, la fibrine, la myosine, l'ovovitelline.

B. *Substances albuminoïdes de transformation.* — Ces substances présentent les réactions colorées des substances albuminoïdes naturelles. Ce sont des substances colloïdes, donnant, sous l'influence des mêmes réactifs, les mêmes produits de décomposition que les substances albuminoïdes naturelles.

Nous considérons 3 groupes de substances albuminoïdes de transformation :

> *Substances albuminoïdes coagulées.*
> *Alcalialbuminoïdes et acidalbuminoïdes.*
> *Protéoses.*

a. *Les substances albuminoïdes coagulées.* — Les substances albuminoïdes naturelles coagulées (albumines et globulines), sous l'influence de la chaleur, ou par l'action de l'alcool, sont des corps insolubles dans l'eau, insolubles dans les alcalis très étendus, insolubles dans les solutions de sels neutres. Ces produits sont encore de nature albuminoïde, car ils présentent toutes les réactions colorées des substances albuminoïdes, notamment celles que nous avons décrites, la réaction xanthoprotéique, la réaction du biuret, la réaction de Millon.

b. *Alcalialbuminoïdes* et *acidalbuminoïdes.* — Lorsqu'on fait agir sur les albumines et sur les globulines un acide ou un alcali, on transforme la substance albuminoïde naturelle en *acidalbuminoïde* ou *alcalialbuminoïde*.

Ces substances sont insolubles dans l'eau et dans les solutions salines neutres. Elles sont solubles dans les alcalis et dans les acides ; elles sont précipitées de ces solutions alcalines ou acides par neutralisation de la solution. Leurs solutions ne sont pas précipitées par la chaleur, même à la température d'ébullition. Elles sont précipitées par le sulfate de magnésie dissous à saturation à froid.

c. *Protéoses.* — Lorsqu'on fait agir sur les substances albuminoïdes naturelles, ou coagulées, le suc gastrique ou le suc pancréatique à une température convenable, 40° par exemple ; — ou la vapeur d'eau surchauffée, — ou les acides et les alcalis étendus à la température d'ébullition, on obtient une série de produits qu'on doit désigner sous le nom général de *protéoses*. Suivant que la substance albuminoïde qui a servi de matière première est une albumine, une globuline (myosine, vitelline, par exemple), on donne à la protéose le nom d'*albumose*, de *globulose* (*myosinose*, *vitellose*, par exemple).

Les protéoses sont des substances non coagulables.

La plupart des protéoses sont solubles dans l'eau distillée (celles seulement que nous apprendrons à connaître sous le nom d'hétéroprotéoses ne sont pas solubles dans l'eau distillée) ; — toutes sont solubles dans les solutions salines neutres étendues (chlorure de sodium, sulfate de soude, sulfate de magnésie, etc., à 1 p. 100 par exemple). Leurs solutions peuvent être bouillies sans précipiter.

Toutes sont précipitées mais non pas totalement précipitées de leurs solutions par les réactifs suivants :

> *Alcool.*
> *Solution aqueuse de sublimé.*
> *Solution de tannin acétique.*
> *Solution sulfurique d'acide phosphomolybdique.*
> *Solution sulfurique d'acide phosphotungstique.*

Elles ne sont pas précipitées par les acides minéraux, tels que l'acide chlorhydrique, l'acide sulfurique, soit à froid, soit à la température d'ébullition.

On divisait autrefois les protéoses en 2 groupes de substances :

> Les *propeptones.*
> Les *peptones.*

Les propeptones étaient caractérisées par 3 réactions dites *réactions propeptoniques :*

α. Les solutions de propeptones additionnées *d'acide nitrique* donnent à froid un précipité : ce précipité disparaît à chaud pour se reformer par refroidissement.

β. Les solutions de propeptones donnent à froid un précipité par le *ferrocyanure de potassium* et *l'acide acétique*; ce précipité disparaît à chaud pour se reformer par refroidissement.

γ. En acidulant fortement à froid par *l'acide acétique* un mélange à volumes égaux d'une solution de propeptones et d'une solution saturée de *chlorure de sodium*, on détermine la production d'un précipité, soluble à chaud, réapparaissant par refroidissement.

Les peptones ne donnaient aucune de ces réactions.

On divise aujourd'hui les protéoses en 2 groupes de substances :

> Les *protéoses vraies*.
> Les *peptones* (*peptones de Kühne*).

Les *protéoses vraies* sont précipitées et totalement précipitées de leurs solutions par saturation de ces solutions à la température d'ébullition par le sulfate d'ammoniaque, d'abord en réaction neutre, puis en réaction alcaline et enfin en réaction acide : c'est là leur caractère spécifique.

Les *peptones* (*peptones de Kühne*) ne sont pas précipitées de leurs solutions par le sulfate d'ammoniaque dissous à saturation à la température d'ébullition, quelle que soit la réaction du milieu : c'est là leur caractère spécifique. Elles ne sont précipitées que par l'alcool, le tannin acétique, le sublimé, les acides phosphomolybdique et phosphotungstique.

Les protéoses vraies donnent un précipité par l'acide picrique ou par la liqueur de Brücke chlorhydrique ou par l'acide trichloracétique. Les peptones vraies ne précipitent ni par l'acide picrique, ni par la liqueur de Brücke chlorhydrique, ni par l'acide trichloracétique.

Les protéoses vraies comprennent elles-mêmes
3 groupes de substances :

> Les *hétéroprotéoses*.
> Les *protoprotéoses*.
> Les *deutéroprotéoses*.

Les hétéroprotéoses et les protoprotéoses forment
le groupe des *protéoses primaires*, groupe qui correspond à peu près à l'ancien groupe des propeptones ;
— les deutéroprotéoses forment le groupe des
protéoses secondaires.

Les *protéoses primaires* présentent très nettement
les 3 réactions propeptoniques. — Les *hétéroprotéoses*
sont insolubles dans l'eau, solubles dans les solutions
salines neutres étendues ; leurs solutions salines
sont précipitées par la dialyse, totalement précipitées par le chlorure de sodium dissous à saturation
à froid. — Les *protoprotéoses* sont solubles dans l'eau
distillée, partiellement précipitées de leurs solutions
par le chlorure de sodium dissous à saturation à
froid, totalement précipitées par saturation par le
chlorure de sodium et acidification à 30 pour 100 par
l'acide acétique.

Les *protéoses secondaires* ou *deutéroprotéoses* ne
présentent plus ou tout au moins ne présentent plus
nettement les réactions propeptoniques. Elles sont
solubles dans l'eau. Elles ne sont pas précipitées de
leurs solutions par le chlorure de sodium dissous à
saturation ; elles sont partiellement précipitées par
le chlorure de sodium dissous à saturation et l'acide
acétique ajouté à raison de 30 p. 100.

Il ne faut pas considérer les divers groupes de protéoses comme des individus chimiques définis. Ce sont peut-être des mélanges complexes. Les caractères indiqués sont de simples points de repère, nous permettant de juger à quel stade de transformation en est arrivée la matière albuminoïde dans son évolution de la forme substance albuminoïde naturelle à la forme peptone.

Applications. — Une liqueur renferme-t-elle des protéoses? Sont-ce des protéoses vraies ou des peptones?

La solution albuminoïde que nous supposons neutre est acidulée par l'acide acétique et portée à l'ébullition : les substances albuminoïdes naturelles (albumines et globulines) sont coagulées. La liqueur filtrée renferme les protéoses. Neutralisons la liqueur et saturons-la de sulfate d'ammoniaque à la température d'ébullition (1): s'il se produit un précipité, la liqueur contient des protéoses. La liqueur saturée de sulfate d'ammoniaque, séparée du précipité de protéoses vraies, s'il y a lieu, renferme-t-elle des peptones, on peut s'en convaincre par 2 réactions : la présence de peptone vraie est indiquée soit par la réaction du biuret, soit par précipitation par le tannin acétique ; la réaction du biuret peut se faire directement sur la liqueur saturée de sulfate d'ammoniaque ; — le tannin ne doit être ajouté qu'après dilution de la solution salée par un égal volume d'eau.

---

(1) La saturation se fait d'abord en milieu neutre ; puis la liqueur refroidie débarrassée du précipité de sulfate d'ammoniaque et de protéoses est alcalinisée par l'ammoniaque et le carbonate d'ammoniaque, puis saturée de nouveau par le sulfate d'ammoniaque à la température d'ébullition, abandonnée une seconde fois au refroidissement, débarrassée par filtration des dépôts qui se sont formés; enfin acidulée par l'acide acétique, et saturée une dernière fois de sulfate d'ammoniaque à la température d'ébullition.

II. — Protéides.

On désigne sous le nom de *protéides* des substances qui peuvent être considérées comme résultant de la combinaison d'une substance albuminoïde et d'une autre substance organique non albuminoïde.

Tantôt cette dernière substance est une matière ferrugineuse, l'hématine ; tantôt c'est un hydrate de carbone ; tantôt c'est une nucléine, ou une paranucléine, etc.

Nous considérerons 3 groupes principaux de protéides intéressant le physiologiste :

1. L'*hémoglobine*, résultant de la combinaison d'une substance albuminoïde et de l'hématine, substance métallo-organique ferrugineuse.

2. Les *glycoprotéides*, résultant de la combinaison de substances albuminoïdes et d'hydrates de carbone.

3. Les *nucléoalbuminoïdes* et les *paranucléoalbuminoïdes*, résultant de la combinaison de substances albuminoïdes et de nucléines ou de paranucléines.

L'hémoglobine sera étudiée en même temps que le sang. Nous nous bornerons ici à faire rapidement l'histoire des glycoprotéides et des nucléoalbuminoïdes et paranucléoalbuminoïdes.

a. Les *glycoprotéides*. — Les *glycoprotéides* sont des substances colloïdes, dont les solutions sont filantes et mousseuses. Soumises à l'action de la vapeur d'eau surchauffée sous pression, les glycoprotéides sont dédoublées en substances albuminoïdes transformées (protéoses) et hydrate de carbone (gomme animale, achrooglycogène). La même transformation se produit par l'action des acides minéraux dilués à la température d'ébullition.

On distingue 2 groupes de glycoprotéides :

Les *mucines*.

Les *mucoïdes*.

Les *mucines* les mieux étudiées sont : la mucine de l'escargot, la mucine de la glande et de la salive sous-maxillaires, la mucine des tendons.

Leur composition centésimale (1) diffère notablement de celle des substances albuminoïdes, ainsi qu'on peut le prévoir d'après leur constitution.

Ces mucines présentent les propriétés suivantes :

Elles donnent les réactions colorées des substances albuminoïdes, réaction xanthoprotéique, réaction du biuret, réaction de Millon, etc.

Elles sont insolubles dans l'eau; mais elles peuvent se dissoudre dans les solutions alcalines très étendues, par exemple dans des solutions de carbonate de soude à 1 p. 1 000, dans l'eau de chaux saturée, en donnant des liqueurs à réaction neutre. Ces solutions neutres de mucines ne sont pas coagulées à l'ébullition. Elles sont précipitées par l'alcool, si elles contiennent une petite quantité de sels minéraux (absolument débarrassées de matières salines, elles ne sont pas précipitées par l'alcool).

L'acide acétique précipite les mucines de leurs

(1) Voici une analyse de mucine C $= 50,30$ — H $= 6,84$ — Az $= 13,62$ = S $= 1,71$ et O $= 27,53$ p. 100.

solutions neutres (1), et les précipite complètement. Le précipité est insoluble dans un excès d'acide acétique. L'acide chlorhydrique et l'acide nitrique, ajoutés en petites quantités, précipitent les mucines, mais le précipité est soluble dans un petit excès de l'acide précipitant.

Le chlorure de sodium, le sulfate de magnésie, le sulfate d'ammoniaque, dissous à saturation, précipitent les mucines de leurs solutions neutres. Il en est de même si l'on emploie les sels de métaux lourds et notamment le sulfate de cuivre, le sublimé, le tannin acétique, la liqueur de Brücke chlorhydrique et en général les réactifs précipitants des substances albuminoïdes.

Ces notions permettent de caractériser une mucine contenue dans une liqueur.

1° La liqueur est *filante* et *visqueuse* :

2° La liqueur est *précipitée par l'alcool* : le précipité obtenu, lavé, est insoluble dans l'eau, insoluble dans l'acide acétique, soluble dans l'acide chlorhydrique, soluble dans les solutions diluées (1 p. 1000 par exemple) d'alcalis et de carbonates d'alcalis, et dans les solutions des terres alcalines.

3° La liqueur est *précipitée par l'acide acétique* : le précipité est *insoluble dans l'acide acétique* ajouté

<hr>

(1) Toutefois, en présence des sels neutres, l'acide acétique ne précipite pas les mucines : si, par exemple, on mélange une solution de mucine avec 1/4 de son volume d'une solution saturée de chlorure de sodium, on ne peut plus la précipiter par l'acide acétique. De même, le ferrocyanure de potassium acétique et le sublimé ne précipitent les solutions de mucines que si elles ne contiennent pas un excès de sel neutre.

en excès, mais soluble dans l'acide chlorhydrique, soluble dans les alcalis dilués.

4° Le précipité obtenu par l'alcool, ou par l'acide acétique, ou les solutions de mucines dans les alcalis ou les acides, donnent les *réactions colorées des substances albuminoïdes*.

5° Les solutions de ce précipité dans les acides minéraux sont décomposées par une ébullition prolongée : elles renferment alors une substance appartenant au groupe des hydrates de carbone et en général capable de réduire la liqueur de Fehling.

Les *mucoïdes* ou *mucinoïdes* diffèrent des mucines par leur composition élémentaire, leurs solubilités et leurs précipitabilités. C'est ainsi que la métalbumine ou pseudomucine des kystes ovariens est soluble dans l'eau et non précipitable par l'acide acétique. Mais, comme les mucines, elles sont dédoublées par la vapeur d'eau surchauffée ou par les acides minéraux dilués à la température d'ébullition, en substances albuminoïdes et hydrates de carbone ; — comme les mucines, elles donnent des solutions visqueuses et filantes.

b. Les *nucléoalbuminoïdes* et les *paranucléoalbuminoïdes*. — Ces substances peuvent être considérées comme résultant de la combinaison d'une *substance albuminoïde* et d'une *nucléine* ou *paranucléine*, corps phosphorés.

Les *nucléoalbuminoïdes* sont insolubles dans l'eau ; elles sont solubles dans les solutions diluées d'alcalis

---

(1) Avec la mucine salivaire, on obtient la gomme animale ; — avec la mucine de l'escargot, on obtient de l'achrooglycogène, — l'un et 'autre hydrates de carbone réducteurs répondant à la formule $C^6(H^2C)^5$.

(à 1 p. 100 par exemple) donnant des liqueurs à réaction neutre (pourvu qu'on n'ait pas employé un excès d'alcali); ces solutions neutres plus ou moins visqueuses de nucléoalbuminoïdes ne coagulent pas par la chaleur à la température d'ébullition. — Elles sont insolubles ou très peu solubles dans les solutions salines neutres diluées (à 1 p. 100) ; mais elles se dissolvent bien dans les solutions salines fortes (à 10 p. 100), et ces solutions sont coagulables à la température d'ébullition.

Les *paranucléoalbuminoïdes* sont également insolubles dans certaines solutions salines neutres étendues. Elles donnent avec les alcalis des solutions qui peuvent avoir une réaction neutre. Ces solutions sont en général beaucoup moins visqueuses que celles des nucléoalbuminoïdes ; elles ne coagulent pas à l'ébullition.

Les nucléoalbuminoïdes et paranucléoalbuminoïdes présentent les réactions colorées des substances albuminoïdes ; elles sont précipitées par l'acide acétique, le tannin acétique, l'acide phosphomolybdique, l'acide picrique, la liqueur du Brücke chlorhydrique, le réactif de Tanret, etc.

Les nucléoalbuminoïdes et les paranucléoalbuminoïdes sont précipitées par de petites quantités d'acide chlorhydrique ou d'acide acétique ; mais le précipité ainsi formé est soluble dans un très petit excès d'acide chlorhydrique ou dans un très grand excès d'acide acétique. Si à une solution chlorhydrique parfaitement limpide de nucléoalbuminoïde ou paranucléoalbuminoïde on ajoute de la pepsine, on constate qu'il se produit un dédoublement de la substance dissoute. Il se forme aux dépens de la substance albuminoïde, qui entre dans la constitution de sa molécule, des protéoses solubles ; — et il se dépose un très léger précipité constitué par une substance phosphorée insoluble dans le suc gastrique : une *nucléine* ou une *paranucléine*.

Les *nucléines* et les *paranucléines* sont insolubles dans l'eau, dans l'alcool, dans l'éther, dans les acides dilués ; elles ne sont transformées ni par le suc gastrique, ni par le suc pancréatique. Elles se dissolvent très facilement dans les solutions diluées d'alcalis caustiques, dans la soude caustique à 1 p. 1000 par exemple, et un peu dans les solutions diluées de carbonates d'alcalis. Les acides acétique et chlorhydrique, ajoutés en petite quantité, les précipitent de ces solutions ; un excès, mais seulement un très grand excès d'acide chlorhydrique concentré, ou d'acide acétique concentré peut redissoudre ce précipité.

Les nucléines et paranucléines présentent les réactions de coloration des substances albuminoïdes.

Les nucléines et paranucléines ne sont pas stables en présence des alcalis. Leurs solutions dans les alcalis dilués sont dédoublées en substance albuminoïde (alcalialbuminoïde), d'une part, et en *acides nucléiques* et *paranucléiques*, d'autre part. Donc les nucléines et paranucléines sont elles-mêmes des protéides, puisqu'elles sont formées par l'union d'une molécule albuminoïde et d'un noyau nucléique ou paranucléique. Les nucléoalbuminoïdes et paranucléoalbuminoïdes sont donc des *diprotéides* ;

c'est-à-dire résultent de l'union de deux molécules albuminoïdes et d'un noyau nucléique ou paranucléique. Ces deux molécules albuminoïdes ne sont pas également fixées dans la molécule ; l'une est plus faiblement fixée, c'est celle qu'on enlève, dans le premier dédoublement, par le suc gastrique ; l'autre est plus fortement fixée, c'est celle qu'on enlève, dans le second dédoublement, par les alcalis dilués.

On réunit quelquefois en un même groupe les nucléoalbuminoïdes et les nucléines : ce sont les *nucléoprotéides* ; de même qu'on réunit en un même groupe les paranucléoalbuminoïdes et les paranucléines : ce sont les *paranucléoprotéides*.

Les *acides nucléiques* sont des composés phosphorés, mais non sulfurés. Les nucléines au contraire sont à la fois phosphorées et sulfurées. Ils contiennent de 9 à 10 p. 100 de phosphore ; les nucléines n'en contiennent que 3 à 4 p. 100. Ils sont facilement solubles dans les alcalis étendus ; mais ne sont pas précipités de ces solutions par l'acide acétique comme le sont les nucléines ; ils en sont seulement précipités par les acides minéraux étendus, par l'acide chlorhydrique à 5 p. 1000 par exemple, un excès d'acide minéral redissolvant le précipité (1).

Les acides nucléiques en solution acide possèdent

(1) Ces propriétés permettent de préparer facilement les acides nucléiques. De la solution des nucléines dans les alcalis, on précipite l'alcali albuminoïde, formée par addition d'acide acétique ; on sépare par filtration le précipité, et, dans la liqueur filtrée, on précipite les acides nucléiques par addition de 3 p. 1000 d'acide chlorhydrique et de 50 p. 100 d'alcool.

la remarquable propriété de précipiter les albuminoïdes de leurs solutions sous forme de composés que nous pouvons considérer comme des nucléines régénérées, car ils rappellent les nucléines par toutes leurs propriétés.

Soumis à l'action des acides minéraux dilués à la température d'ébullition, les acides nucléiques sont décomposés et, parmi les produits de leur décomposition, on trouve de l'*acide phosphorique* et des *bases nucléiniques*. Abandonnés à la putréfaction, les acides nucléiques sont décomposés, et, parmi les produits de leur décomposition, on retrouve l'acide phosphorique et des bases nucléiniques. Les acides nucléiques ne constituent pas toutefois une classe absolument homogène, car parmi les produits de décomposition de ces corps, tantôt on trouve des hydrates de carbone, et tantôt on n'en rencontre pas.

Les *bases nucléiniques* ou *bases xanthiques* sont la *xanthine* et la *guanine*, l'*hypoxanthine* (ou *sarcine*) et l'*adénine* (1).

La décomposition des acides nucléiques fournit-elle pour un seul acide nucléique plusieurs bases nucléiniques ? Ou bien faut-il admettre qu'à chaque base nucléinique correspond un acide nucléique, de sorte que tout acide nucléique donnant par sa décomposition plusieurs bases nucléiniques serait un mélange ? On ne le peut dire actuellement.

______

(1) Nous groupons ainsi les bases nucléiniques : on peut, en effet, passer par oxydation nitreuse de l'adénine à l'hypoxanthine, et de la guanine à la xanthine, par substitution de O à AzH. L'adénine est une imidohypoxanthine ; la guanine est une imidoxanthine.

Les bases nucléiniques présentent un grand intérêt pour le physiologiste, en raison de leur parenté chimique avec l'acide urique. Sous l'influence de l'acide chlorhydrique fumant ou de l'acide iodhydrique, les bases nucléiniques sont décomposées avec hydratation et fournissent de l'ammoniaque, de l'acide carbonique, du glycocolle et de l'acide formique. Dans les mêmes conditions l'acide urique donne comme produits de décomposition de l'ammoniaque, de l'acide carbonique et du glycocolle ; mais pas d'acide formique.

Les *acides paranucléiques* sont des composés riches en phosphore : ils en contiennent 8 pour 100 environ ; les paranucléines n'en contiennent que 2 à 3 pour 100. Ils sont décomposés par les acides minéraux dilués ou par les lessives alcalines à la température d'ébullition. Leurs produits de décomposition n'ont pas été méthodiquement étudiés ; on sait seulement qu'ils contiennent de l'acide phosphorique, mais qu'ils ne contiennent jamais de bases nucléiniques. C'est pour cette raison, qu'au point de vue chimique, il faut séparer les acides paranucléiques des acides nucléiques, et les paranucléines des nucléines.

Parmi les nucléoalbuminoïdes, il faut ranger un grand nombre de substances, dont la plupart sont encore mal connues, entrant dans la constitution du protoplasma. Citons notamment la *nucléohistone* qu'on a extraite du thymus du veau. Les cellules, ou tout au moins certaines d'entre elles, contiennent, outre des nucléoalbuminoïdes qui sont surtout dans le protoplasma, des nucléines qui se rencontrent plus particulièrement dans le noyau. — On a même admis qu'on pouvait trouver dans les cellules de l'acide nucléique libre (1). C'est ainsi qu'on croyait que le sperme de certains poissons contient cet acide nucléique. On sait aujourd'hui qu'il n'en est rien : dans ce sperme, l'acide nucléique est combiné à des substances très intéressantes, les *protamines*. On tend à admettre aujourd'hui que ces protamines sont des substances albuminoïdes élémentaires, et que les substances albuminoïdes vraies sont constituées par des noyaux protaminiques autour desquels se grouperaient des noyaux d'acides amidés. En décomposant les substances albuminoïdes par l'acide chlorhydrique en présence d'étain, on a obtenu, comme produits de décomposition, des acides amidés, leucine, tyrosine, etc., et des substances basiques, la *lysine*, l'*histidine* et l'*arginine*. En décomposant de même les protamines, on n'obtient point d'acides amidés, mais seulement une ou plusieurs de ces substances basiques.

Parmi les paranucléoalbuminoïdes, citons celle du lait (caséine) et celle du jaune de l'œuf. Cette dernière résulte de la combinaison d'une vitelline avec une paranucléine ferrugineuse, l'hématogène.

Signalons pour mémoire un groupe de substances encore peu étudiées, les *phosphoglycóprotéides*, dont un représentant, l'ichtuline, se trouve dans l'œuf de certains poissons.

(1) On a malheureusement désigné sous le nom de nucléines bien des corps très différents. Ce mot a été appliqué aux nucléoalbuminoïdes, aux nucléines et même à l'acide nucléique. C'est ce dernier composé qui, le premier de cette série de corps, a été préparé et étudié par Miescher, qui l'avait appelé nucléine.

Ce sont des protéides qui, sous l'influence du suc gastrique, se dédoublent, en déposant une paranucléine (incapable de fournir des bases nucléiniques); et qui, sous l'influence des acides dilués bouillants, se décomposent en fournissant un hydrate de carbone.

III. — Substances albumoïdes.

On range dans ce groupe des albumoïdes toutes les substances protéiques qui n'appartiennent ni au groupe des substances albuminoïdes ni au groupe des protéides.

Parmi les albumoïdes, les physiologistes ont à considérer 3 groupes de substances :

> 1° Les *gélatines.*
> 2° Les *élastines.*
> 3° Les *kératines.*

La *gélatine* (colle ou glutine) et la *substance collagène,* sa *génératrice,* sont composées de carbone, hydrogène, oxygène et azote. Comme les substances albuminoïdes, elles donnent sous l'influence des acides ou des alcalis à l'ébullition, ou par la putréfaction, différents produits de décomposition, parmi lesquels il convient de signaler l'eau, l'ammoniaque, le gaz carbonique et des acides amidés, leucine et glycocolle ; on ne trouve pas de glycocolle parmi les produits de décomposition des substances albuminoïdes ; par contre, la tyrosine qui est un produit constant de la décomposition des substances albuminoïdes ne se retrouve pas parmi les produits de décomposition des gélatines.

Les gélatines donnent la réaction colorée du biuret, mais ne donnent ni la réaction de Millon (1), ni la réaction xanthoprotéique.

La gélatine est un produit artificiel résultant d'une transformation de la substance collagène : c'est cette dernière qu'on trouve dans le tissu conjonctif, cartilagineux, osseux, etc. La substance collagène est transformée en gélatine par l'action de l'eau surchauffée dans l'autoclave.

La gélatine est insoluble dans l'eau froide ; elle s'y gonfle seulement et s'y ramollit. Elle se dissout fort bien dans l'eau chaude, donnant une solution visqueuse et filante, se prenant en gelée par refroidissement.

La gélatine perd facilement cette propriété de se gélifier par refroidissement : ses solutions soumises à l'action d'acides très dilués ou d'alcalis très dilués à la température d'ébullition, restent parfaitement liquides après refroidissement.

Les solutions de gélatine ne sont pas dialysables. Elles ne sont pas coagulées à l'ébullition. Elles ne sont précipitées ni par l'acide acétique, ni par les acides minéraux, ni par le ferrocyanure de potassium en liqueur acétique ; mais elles sont précipitées par l'alcool, par le tannin, par le chlorure de sodium dissous à saturation, par le sulfate de magnésie dissous à saturation, par l'acide picrique par la liqueur de Brücke et l'acide chlorhydrique, par l'acide phosphomolybdique.

(1) On sait que la réaction colorée de Millon est liée à la présence du noyau tyrosine dans la molécule.

CHAPITRE V

FERMENTATIONS

Tous les êtres vivants ont besoin d'emprunter au
monde extérieur de la matière et de l'énergie. Les
êtres pourvus de chlorophylle empruntent la plus
grande partie de l'énergie qui leur est nécessaire
aux radiations solaires ; les êtres dépourvus de chlorophylle l'empruntent aux composés chimiques,
dont ils provoquent la décomposition exothermique.
Selon que cette décomposition est accompagnée
d'une grande ou d'une faible libération d'énergie,
la quantité de substance décomposée par l'être
vivant est, toutes choses égales, petite ou grande.
Lorsque la quantité de substance décomposée, pour
satisfaire aux besoins énergétiques d'un être, est
très grande ; lorsque, en particulier, le rapport de la

quantité de substance matériellement fixée par l'être
vivant, à la quantité de substance, par lui décomposée, est très petit, — on dit qu'il se produit une
fermentation, et que l'être vivant possède la *propriété-
ferment*, exerce la *fonction-ferment* ou plus simplement est un *ferment*. On dit encore en précisant que
le phénomène de décomposition est une *fermentation vitale*, et que l'être qui la provoque est *ferment
figuré*.

Supposons, pour fixer les idées, que dans une solution convenable de glycose on ensemence ces êtres
unicellulaires, connus sous le nom de *levure de bière*,
et que la liqueur soit soumise à une aération énergique ; une partie du sucre en dissolution est utilisée par la levure pour la fabrication de son protoplasma et pour la production de réserves ; une autre
partie est brûlée par l'oxygène atmosphérique et
l'énergie libérée dans cette combustion est utilisée
par l'être vivant. Dans ce cas la quantité de substance brûlée est petite, la quantité de substance
fixée est grande. Supposons maintenant que cette
même levure soit ensemencée dans la même solution de glycose, mais que la liqueur ne soit pas convenablement aérée, que l'oxygène manque ; une
partie du sucre sert encore à la constitution des
tissus, mais cette partie est petite ; l'accroissement
de la levure est lent ; une autre partie du sucre est
dédoublée en alcool et acide carbonique, car l'absence d'oxygène ne permet plus à l'oxydation de la
glycose de se faire complète, et comme ce dédoublement ne libère qu'une quantité d'énergie infini-

ment moindre que celle qui provient de l'oxydation totale, la quantité de sucre dédoublé est nécessairement très grande. La levure se comporte comme un ferment ; la décomposition alcoolique de la glycose est un phénomène de fermentation vitale.

Tout récemment encore, on admettait que ces phénomènes de fermentations vitales sont une manifestation directe, immédiate de l'activité vitale d'êtres organisés : entre l'être vivant et la substance à décomposer, on ne plaçait aucune substance intermédiaire, sécrétée par l'être vivant, et capable, par sa composition et ses propriétés chimiques, de provoquer le dédoublement. La fermentation n'était pas un phénomène chimique, mais un phénomène vital. On en trouvait la preuve dans l'action des antiseptiques sur les ferments : tous les agents capables de tuer ou de désorganiser la levure, tels que le phénol, le thymol, le fluorure de sodium, l'acide prussique, arrêtent la transformation de la glycose. Nous indiquerons à la fin de ce chapitre les réserves qu'il convient de faire au sujet de cette proposition.

Cette transformation de la glycose par la levure de bière est le type de toute une série de transformations chimiques produites par des êtres vivants, levures, bactéries, bacilles ; c'est le type des fermentations par ferments figurés ; c'est le type des fermentations vitales : citons comme autres exemples la transformation du sucre de lait en acide lactique par le *ferment lactique*, la transformation de l'alcool en acide acétique par le *mycoderma aceti*, etc.

Lorsqu'on introduit dans une solution de saccharose insuffisamment aérée de la levure de bière, on constate, comme dans le cas de la glycose, une production d'alcool et un dégagement de gaz carbonique, aux dépens de la saccharose. Mais cette transformation se fait en 2 temps : dans un premier temps, la saccharose est transformée en sucre interverti ; dans un second temps, le sucre interverti est transformé en alcool et gaz carbonique. Si on ajoute à la solution de saccharose un agent antiseptique, phénol, thymol, fluorure de sodium, acide prussique, etc., la levure ajoutée est encore capable d'intervertir la saccharose ; mais elle est incapable de produire une transformation du sucre interverti en alcool et gaz carbonique. Par conséquent, l'interversion de la saccharose par la levure de bière n'est pas une manifestation de l'activité vitale de la levure, puisqu'elle se produit encore après la mort de la levure ; ce n'est pas un phénomène de fermentation vitale. Cette interversion est produite par quelque chose engendré par la levure de bière, séparable de la levure de bière, agissant indépendamment de la levure de bière. *Ce quelque chose est un ferment soluble, ou diastase, ou enzyme*; l'interversion de la saccharose par ce ferment soluble est un phénomène de *fermentation par ferment soluble*, un phénomène de *fermentation diastasique*.

Ce ferment soluble est le type d'une série d'agents de même nature, capables de produire des actions chimiques dans les mêmes conditions que le ferment soluble que nous venons de signaler. Parmi ces ferments solubles, ou enzymes, ou diastases, se rangent la ptyaline de la salive, la pepsine du suc gastrique, la trypsine du suc pancréatique, l'invertine du suc intestinal, etc.

Cette fermentation est le type d'une série de fermentations de même nature, de fermentations par ferments solubles, de fermentations diastasiques. Telles sont la saccharification de l'amidon par la salive, la peptonisation des substances albuminoïdes par la pepsine et par la trypsine, l'interversion de la saccharose par le suc intestinal.

Ces ferments solubles, ces fermentations diastasiques, présentent pour le physiologiste un intérêt capital parce qu'ils permettent de ramener à des phénomènes purement chimiques, quelques-uns tout au moins des phénomènes intimes de la vie.

Les ferments solubles, diastases, ou enzymes, sont fort mal connus quant à leur nature ; — on admet le plus souvent que ce sont des substances chimiquement définissables par leur composition et leurs propriétés, mais qu'on n'a pas pu préparer à l'état de pureté suffisante, et en quantité assez grande pour procéder à l'analyse. Certains physiologistes tendent aujourd'hui à les considérer comme des propriétés de liquides et tissus d'origine animale ou végétale, de même que la lumière, la chaleur, l'électricité, le magnétisme sont, non pas des substances définissables, mais des propriétés de substances.

Quelle que soit la nature des ferments solubles, quelle que soit la conception qui prévaudra dans l'avenir, peu importe. Nous nous bornerons ici à indiquer leurs propriétés caractéristiques.

Les fermentations diastasiques, nulles aux températures voisines de 0°, lentes à s'accomplir aux températures basses, 10 à 15° par exemple, deviennent de plus en plus actives à mesure que s'élève la *température* jusqu'à une limite *optima*, variable avec la fermentation considérée, mais généralement voisine de 40°; au delà de cette température optima, la fermentation diastasique devient de moins en moins active, à mesure qu'augmente la température, jusqu'à une limite, toujours inférieure à 100°, à partir de laquelle la fermentation est arrêtée et définitivement arrêtée, alors même qu'on viendrait à ramener la température à l'optimum. On traduit généralement ces faits par les formules suivantes : *Les ferments solubles n'agissent pas au voisinage de 0°; leur activité* ne peut s'exercer qu'entre des limites de température peu étendues, et *présente un maximum pour une température voisine de 40°. Ils sont détruits* par la chaleur *à une température élevée, toujours inférieure à la température d'ébullition de l'eau.*

En admettant que les ferments solubles soient des substances réelles, pondérables et chimiquement analysables, *la quantité de cette substance active pourrait être infiniment petite par rapport à la quantité de substance transformée* : on a pu préparer en effet des liqueurs diastasiques ne renfermant que de très petites quantités de substances dissoutes, et cependant capables de produire des transformations chimiques très grandes : le poids du ferment, en admettant que ce soit une substance pondérable, est dans certain cas, 1 000 fois, 10 000 fois, 100 000 fois, 1 000 000 de fois et plus, plus petit que le poids de substance transformée dans un temps relativement court.

L'activité des ferments solubles ne diminue pas au fur et à mesure qu'ils provoquent des transformations : *une liqueur diastasique demeure indéfiniment active*, quel que soit le poids de substance transformée ; de telle sorte qu'on peut dire qu'*une quantité infiniment petite de ferment peut déterminer des transformations chimiques infiniment grandes.*

Il convient toutefois de faire une réserve : la transformation diastasique diminue et s'arrête lorsque s'accumulent dans la liqueur les produits de transformation ; la transformation n'est indéfinie qu'à la condition d'éliminer ces produits.

Ces différents caractères des ferments solubles que nous venons de signaler : leur *destruction par la chaleur* à une température élevée, mais inférieure à la température d'ébullition, lorsqu'on opère sur des solutions ou sur des produits humides (1) : leur *activité croissant avec la température jusqu'à une température optima* ; leur *conservation indéfinie* dans les liqueurs diastasiques, quelque grande que soit la transformation chimique accomplie par elles ; leur propriété de *déterminer sous un poids infiniment petit des transformations infiniment grandes*, ces propriétés des ferments solubles sont *caractéristiques.*

A côté de ces propriétés caractéristiques, nous devons encore signaler les suivantes :

(1) Les poudres diastasiques parfaitement desséchées à température peu élevée, supportent sans perdre leur propriété diastasique, des températures égales et même supérieures à 100°.

Lorsqu'on met à macérer dans *l'eau* ou dans la *glycérine* une glande sous-maxillaire hachée, on obtient une liqueur possédant les propriétés diastasiques de la salive : on dit que le ferment soluble de la glande sous-maxillaire est soluble dans l'eau et dans la glycérine. D'une façon générale, *toutes les diastases sont solubles dans l'eau et dans la glycérine* : cela veut dire que si l'on met à macérer dans l'eau ou dans la glycérine un tissu ou une susbtance diastasique, ce tissu ou cette substance communiquent à la liqueur aqueuse ou glycérinée leur propriété diastasique ; cela ne veut pas dire plus.

Lorsqu'on traite par *l'alcool fort* un liquide doué de propriétés diastasiques, que ce liquide soit une liqueur naturelle, comme la salive, ou une liqueur artificielle, comme une macération de glandes salivaires, on détermine la formation d'un précipité. Si on sépare ce précipité par filtration, si on le lave à l'alcool fort et à l'éther, si on le dessèche dans le vide au-dessus de l'acide sulfurique, à température peu élevée, 15 à 20° par exemple, et si on vient à broyer ce résidu sec dans de l'eau, on communique à cette eau les propriétés diastasiques que possédaient la liqueur ou la macération d'origine. On dit que les *diastases sont précipitées par l'alcool fort, sont insolubles dans cet alcool fort et solubles dans l'eau après traitement par l'alcool.* Cela veut dire simplement que les précipités produits par l'alcool dans les liqueurs diastasiques possèdent la propriété, après avoir subi les traitements que nous avons indiqués, de communiquer à la solution avec laquelle ils sont mis en contact, des propriétés diastasiques.

Si dans une liqueur douée de propriétés diastasiques on détermine la production de certains précipités, surtout la production de précipités gélatineux ou floconneux, tels que les précipités de savons de chaux, de phosphate de chaux, de substances protéiques, de cholestérine, etc., et si on redissout ces précipités dans une liqueur convenablement choisie, dans l'eau légèrement acidulée, par exemple, dans le cas du phosphate de chaux, on communique à cette liqueur la propriété diastasique. On dit que les *ferments solubles sont mécaniquement entraînés et fixés par les précipités floconneux.* Cela veut dire que le précipité floconneux produit dans une liqueur diastasique et débarrassé par lavages de la liqueur qui le souille, communique aux liqueurs dans lesquelles on le dissout la propriété diastasique.

Enfin les diastases *ne sont que peu dialysables.* Si dans un dialyseur on introduit une solution diastasique, et si l'on plonge ce dialyseur dans l'eau, on trouve dans celle-ci au bout d'un certain temps des traces de diastase ; mais cette dialyse, dont on ne saurait contester l'existence, ne s'accomplit ni rapidement, ni abondamment. Ce n'est souvent qu'après une dialyse de vingt-quatre heures qu'on peut manifester, par des procédés délicats, la présence de traces de diastases dans le liquide extérieur, même dans les cas où la liqueur diastasique soumise à la dialyse est riche en diastase. Et même après 8 à 10 jours de dialyse ininterrompue la quantité de diastase contenue dans le liquide extérieur est toujours infiniment plus petite que celle contenue dans le liquide intérieur. Cette propriété des diastases est intéressante à signaler, car elle permet d'affirmer que ces diastases, tout en étant douées de propriétés colloïdes, ne sont pas des colloïdes typiques, et particulièrement ne sont pas de même nature que les substances albuminoïdes naturelles.

La distinction que nous avons admise entre les ferments figurés et les ferments solubles n'est pas aussi nette qu'on l'avait supposé. On a démontré en effet récemment que le dédoublement de la glycose en alcool et acide carbonique, que nous avons cité comme type des fermentations vitales, est en réalité lui-même une fermentation diastasique. On a pu en triturant la levure de bière, pour la désorganiser et la détruire, et la soumettant à une pression de 500 atmosphères, pour en extraire le jus, obtenir une liqueur qui ne contient point de cellules vivantes, et qui, même après filtration sur porcelaine, peut provoquer le dédoublement alcoolo-carbonique.

Cette diastase nouvelle, cette *alcoolase*, ne diffère des diastases connues et décrites que par son union plus intime avec le protoplasma de la cellule : les diastases que nous connaissons diffusent plus ou moins facilement dans le milieu extérieur ; l'alcoolase n'y diffuse point ; mais ce n'est pas là un caractère différentiel absolu, car entre l'invertine, type des *diastases extracellulaires*, et l'alcoolase, type des *diastases intracellulaires*, nous avons toute une série de diastases intermédiaires plus ou moins fixées et retenues sur le protosplasma.

Les antiseptiques, avons-nous dit, suppriment les fermentations vitales, et permettent les fermentations diastasiques. Mais nous devons remarquer que si les fermentations diastasiques se produisent en présence des antiseptiques, elles sont plus ou moins retardées et diminuées par eux. Entre les diastases dont l'action est peu modifiée par les antiseptiques et l'alcoolase dont l'action est par eux suspendue au moins lorsqu'elle est fixée sur le protoplasma, nous trouvons tous les degrés intermémédiaires, de sorte qu'ici encore nous ne saisissons point de séparation nette entre les deux groupes de phénomènes.

Le jour approche peut-être où nombre de phénomènes chimiques de l'organisme considérés comme essentiellement vitaux seront ramenés à des phénomènes diastasiques.

On tend actuellement à grouper les diastases suivant la nature des modifications physiques ou chimiques qu'elles provoquent : c'est ainsi qu'on distingue des *diastases de coagulation* : ce sont le fibrinferment qui détermine la coagulation de la fibrine, le labferment qui provoque la coagulation du caséum, la pectase qui fait coaguler la pectine ; — des *diastases hydratantes* : telles sont la trypsine, la papaïne, la pepsine qui peptonisent les substances albuminoïdes ; l'invertine, la maltase, la lactase, la tréhalase qui hydratent, en les dédoublant, des sucres de la série de la saccharose ; l'émulsine, la myrosine qui hydratent et dédoublent des glycosides ; la stéapsine qui saponifie les graisses neutres ; — des *diastases oxydantes* :

la laccase qui agit sur le laccol et la tyrosinase qui agit sur la tyrosine ; — enfin des *diastases dédoublantes* plus particulièrement appelées *zymases*, dont le type est l'alcoolase.

A côté des diastases, il convient de placer dès maintenant ces poisons énergiques qui, sécrétés par les microbes, provoquent, lorsqu'ils pénètrent dans l'économie, les symptômes des diverses maladies infectieuses ; les *toxines microbiennes*.

De même que les diastases agissent en quantité infiniment petite pour provoquer des transformations chimiques infiniment grandes, de même les toxines agissent en quantité infiniment petite pour provoquer dans l'organisme des troubles physiologiques infiniment grands.

Comme les diastases, les toxines sont détruites par la chaleur ; elles sont solubles dans l'eau et dans la glycérine, précipitées par l'alcool fort ; entraînées par les précipités floconneux, extrêmement peu diffusibles.

A côté de ces toxines microbiennes, il convient de placer certaines *toxines végétales* et les *venins* divers, sécrétés dans des appareils particuliers par les animaux dits venimeux.

CHAPITRE VI

LE SANG

Le sang circulant dans les vaisseaux est constitué par un liquide, le plasma sanguin, tenant en suspension des éléments figurés qui sont de trois sortes : les *globules rouges*, les *globules blancs* et les *hémato-blastes*.

Retiré des vaisseaux et abandoné au repos, le sang reste liquide pendant un temps variable suivant l'espèce animale, suivant les conditions physiologiques, etc., de 5 à 10 minutes en général chez les mammifères, il *coagule* alors assez brusquement, c'est-à-dire se transforme en une gelée cohérente, se rompant assez facilement en fragments irréguliers, sous la pression du doigt. Au moment de la coagulation, toute la masse est gélifiée, mais bientôt et spontanément cette masse se rétracte et expulse un liquide clair, de telle sorte qu'au bout de quelques heures la gelée sanguine est remplacée par un bloc rouge assez ferme, rétracté, le *caillot*, entouré d'un liquide transparent, très légèrement jaunâtre, le *sérum*. Dans certains sangs, dont la coagulation se fait lentement, et dont les globules ont une densité notablement plus grande que le plasma (par exemple le sang de cheval), le dépôt des globules est déjà partiel au moment où la coagulation se produit : les couches supérieures du caillot, ne contenant que fort peu de globules rouges, sont blanches ou jaunâtres, et constituent ce qu'on appelle la *couenne* du caillot.

Le *caillot* est formé par les globules sanguins, englobés dans les mailles d'un réticulum dont les filaments sont constitués par une substance que nous apprendrons à connaître sous le nom de *fibrine*, substance qui n'existait pas en suspension dans le sang circulant.

Le *sérum* diffère donc du plasma par de la fibrine en moins. Nous verrons ultérieurement comment il faut modifier cet énoncé pour rester dans la vérité.

SANG DANS LES VAISSEAUX.	SANG COAGULÉ.	
Plasma	{ Sérum.	Sérum.
	{ Fibrine. }	Caillot.
Globules....................	Globules. }	

N'oublions pas que *sérum* et *plasma* ne sont pas des expressions synonymes : dans les vaisseaux il y a du plasma et non pas du sérum.

Pour *obtenir du plasma sanguin*, deux conditions doivent être réalisées : il faut empêcher le sang de coaguler, il faut opérer la séparation des éléments figurés et du plasma dans lequel ils sont en suspension.

Différents procédés permettent d'avoir du sang non spontanément coagulable : il y en a 6 principaux :

1º Procédé de la *jugulaire*.
2º — du *refroidissement*.
3º — du *sang des ovipares*.
4º — des *sels neutres*.
5º — des *décalcifiants*.
6º — des *protéoses*.

1. Le sang est fluide et reste fluide dans les vaisseaux. Si donc on isole entre deux ligatures, sur l'animal vivant, un fragment de vaisseau rempli de sang, on pourra conserver ce sang liquide. Si on suspend verticalement ce fragment de vaisseau, les globules plus lourds se déposent au fond. L'expérience ne peut pratiquement être réalisée que sur

la *jugulaire* du cheval, parce le sang du cheval est le seul dans lequel les globules soient notablement plus lourds que le plasma et par conséquent le seul dans lequel les globules se déposent réellement bien. Le cheval ne possède de chaque côté du cou qu'une veine jugulaire très longue, très grosse, dans laquelle viennent s'ouvrir seulement deux ou trois petites veines.

Par une incision cutanée, on met à nu la jugulaire, on pose des ligatures sur les quelques petites veines qui s'y ouvrent, on isole la jugulaire des tissus voisins en la disséquant, et on pose sur cette veine deux ligatures ; une à la base du cou, puis, après que la veine s'est gonflée de sang, une autre au voisinage de la tête. On sectionne au delà des ligatures, et on suspend la veine verticalement par l'une de ses extrémités. Les globules se déposent rapidement et, après quelques minutes, on voit par transparence à travers les parois vasculaires, les deux cinquièmes inférieurs ou la moitié inférieure du vaisseau occupés par les globules rouges, surmontés d'une petite zone de globules blancs, — les trois cinquièmes supérieurs ou la moitié supérieure du vaisseau occupés par un liquide translucide, fortement coloré en jaune, le plasma. En posant sur le vaisseau une ligature au niveau des couches profondes du plasma, on peut isoler un segment de jugulaire rempli de plasma.

Ainsi obtenu, le plasma est pur, mais il est instable. Dès qu'on le retire du vaisseau, il coagule.

2. Si l'on *refroidit* le sang rapidement au moment

où il est extrait du vaisseau, jusqu'à une température voisine de 0°, on peut le maintenir liquide. Si le sang refroidi est du sang de cheval, les globules se déposent rapidement, le plasma refroidi surnage. On obtient de bons résultats en employant 3 vases métalliques cylindriques, à parois minces, de diamètre croissant, introduits les uns dans les autres. Le vase intérieur est rempli de glace ; l'espace annulaire qui existe entre le vase intérieur et le vase moyen, espace qui doit être très réduit, est laissé vide ; l'espace annulaire qui existe entre le vase moyen et le vase extérieur est rempli de glace. On fait arriver le sang dans l'espace annulaire compris entre les deux enceintes de glace. Si cet espace est suffisamment mince, le sang peut être rapidement refroidi et la coagulation empêchée. Avec le sang de cheval, les globules se déposent : le plasma occupe les parties supérieures.

Comme le précédent, ce plasma est pur, mais il est instable. Dès qu'il est réchauffé, vers 10 à 12°, il coagule.

3. Si on pratique une saignée, chez un oiseau, un reptile ou un batracien, le sang qui s'échappe coagule comme le sang des mammifères, complètement et rapidement. Mais si on recueille leur sang au moyen d'une canule introduite dans l'artère, et si l'on prend soin que le sang ne vienne point en contact avec la surface de la plaie, le sang obtenu reste non coagulé pendant très longtemps (8 jours et plus) à la température ordinaire. — Si l'on dispose d'un procédé permettant de séparer les glo-

bules du plasma (et nous verrons qu'on en possède un), on obtient un *plasma pur et stable* à la température ordinaire.

Les procédés qui nous restent à décrire fournissent des plasmas impurs, mais stables.

4. Lorsqu'on reçoit le sang, au sortir du vaisseau dans une solution de *sel neutre* (*chlorure de sodium, sulfate de soude, sulfate de magnésie*, etc.) suffisamment abondante et suffisamment concentrée, on obtient des mélanges salés, des sangs salés non spontanément coagulables.

On recevra, par exemple, le sang dans un égal volume d'une solution saturée de sulfate de soude, dans un égal volume d'une solution à 10 p. 100 de chlorure de sodium, dans un quart de son volume d'une solution saturée de sulfate de magnésie. Dans le sang de cheval ainsi salé les globules se déposent assez rapidement, mais bien plus lentement que dans le sang refroidi; on le comprend d'ailleurs sans peine, l'addition d'une forte proportion de sel au sang ayant notablement augmenté la densité du plasma.

Dans le sang salé de chien abandonné au repos, les globules ne se déposent plus d'une façon sensible : au bout d'un temps très long, il n'y a qu'une couche très petite du plasma. On doit alors soumettre ce sang salé à l'action de la *force centrifuge*. Lorsqu'on soumet à une rotation rapide autour d'un axe un liquide tenant en suspension des éléments figurés un peu plus denses que ce liquide, ces élé·ments sont chassés vers la partie du vase la plus éloignée de l'axe de rotation. Si donc on imagine que du sang soit placé dans un tube disposé dans le plan de rotation, suivant un rayon du cercle de rotation, par la rotation les globules se rendront au fond du tube, se séparant du plasma. Il existe des *machines* dites *centrifuges* qui permettent d'opérer facilement et assez rapidement cette séparation.

En abandonnant au repos du sang salé de cheval, ou en centrifugeant un autre sang salé, on obtient des *plasmas salés stables*, *mais impurs*, et très impurs, car la proportion des sels ajoutés est très grande.

5. Lorsqu'on ajoute au sang sortant des vaisseaux une proportion convenable d'un sel d'alcali capable de précipiter les sels de chaux, on rend ce sang non spontanément coagulable : le *sang* est alors dit *décalcifié*. Les sels à employer sont les *oxalates neutres d'alcalis*, les fluorures d'alcalis et les savons d'alcalis. Il convient d'employer surtout les oxalates neutres (1).

Faisons arriver dans un vase, contenant 1 volume d'une solution d'un oxalate neutre d'alcali à 1 p. 100, 10 volumes de sang ; ou faisons arriver dans un vase contenant 1 partie en poids d'oxalate neutre d'alcali pulvérisé, 1 000 parties de sang sortant du vaisseau, et agitons vigoureusement pour dissoudre rapidement le sel ; nous obtenons des sangs non coagulés ;

(1) On peut employer également les citrates d'alcalis à la dose de 2 à 3 p. 1 000. Ces sels ne précipitent pas les sels de calcium, et par suite ne peuvent pas être à proprement parler considérés comme décalcifiants ; toutefois, il est probable qu'ils agissent à la façon des sels décalcifiants en fixant les sels de calcium, c'est-à-dire en les rendant incapables d'accomplir leur fonction normale dans la coagulation du sang.

les sangs oxalatés à 1 p. 1000 ne coagulent pas spontanément. De même, les sangs fluorés à 1,5 ou 2 p. 1000 sont non spontanément coagulables. Les savons permettent également d'obtenir des sangs non spontanément coagulables, mais la quantité de savon qu'il faut ajouter est grande, en tout cas assez grande pour rendre le sang visqueux. Il convient dès lors d'employer seulement les deux premières sortes de sels, fluorures et oxalates, surtout les oxalates.

Les sangs décalcifiés, abandonnés au repos, laissent déposer leurs globules. Avec le sang de cheval, la séparation est terminée en un quart d'heure ou une demi-heure ; — avec le sang de chien, la séparation se fait aussi en général rapidement; cependant, quelquefois il est nécessaire de favoriser la séparation par la centrifuge ; avec le sang de bœuf il est nécessaire d'avoir toujours recours à la centrifuge. On obtient ainsi un *plasma décalcifié* (oxalaté ou fluoré) impur, mais stable. Ce plasma présente sur le plasma salé le double avantage d'être peu chargé d'impuretés puisqu'il suffit de 1 p. 1000 de sel décalcifiant, — et d'avoir une densité sensiblement égale à la densité normale, ce qui facilite le dépôt rapide des globules.

6. Lorsqu'on injecte dans le système veineux du chien une solution de *protéoses* (1) (par exemple, le

---

(1) Parmi les protéoses, les hétéroprotéoses et les protoprotéoses seules sont actives ; les deutéroprotéoses et les peptones n'ont pas d'action sur la coagulation du sang. Les protéoses dérivées de la fibrine peuvent être remplacées par les caséoses, ou par des gélatoses ; toute-

produit obtenu par digestion gastrique de la fibrine, notamment le produit commercial connu sous le nom de peptone de Witte) on rend le sang non spontanément coagulable.

On injecte, en général, 3 décigrammes (1) de protéoses pesées sèches par kilogramme de chien ; ces protéoses étant dissoutes dans une solution de chlorure de sodium à 7 p. 1 000, à raison de 1 partie de protéoses pour 10 parties de solution ; l'injection se fait par la veine jugulaire vers le cœur, en une seule fois, et en 2 à 3 minutes. Déjà 1 minute après la fin de l'injection, et, pendant 1 à 2 heures, pour les doses indiquées, on recueille un sang qui n'est plus spontanément coagulable. En soumettant ce sang à la centrifuge, on en sépare les globules et le *plasma peptoné*.

Substances protéiques du plasma. — Le plasma tient en solution une très forte proportion de substances protéiques : 70 à 80 p. 1 000 chez l'homme, le cheval, le bœuf, etc.

Le plasma renferme 3 substances albuminoïdes et 1 protéide.

1 Albumine..........	La *sérumalbumine*.
2 Globulines	{ La *sérumglobuline*. { La *substance fibrinogène*.
1 Protéide..........	La *nucléoalbuminoïde du plasma*.

Dans le plasma humain la proportion des sub-

fois ces dernières doivent être employées, surtout les gélatoses, à une dose notablement supérieure.

(1) Ce nombre convient lorsqu'on emploie la peptone de Witte.

stances albuminoïdes oscille autour des nombres suivants :

45 parties sérumalbumine,
30   —   sérumglobuline,   }   pour 1 000 de plasma.
4   —   fibrinogène,

et comme on peut admettre, au moins d'une façon sensiblement exacte, que le sang humain normal contient, pour 1 volume de plasma, 1 volume de globules, on peut admettre qu'il y a

22 parties sérumalbumine,
15   —   sérumglobuline,   }   dans 1 000 de sang.
2   —   fibrinogène,

La *sérumalbumine* présente les propriétés générales des albumines (voir chap. IV, p. 75). Il suffira d'ajouter que la sérumalbumine coagule à une température voisine de 75° et présente un pouvoir rotatoire gauche.

$$[\alpha]_D = -63°.$$

Les globulines du plasma, la sérumglobuline et le fibrinogène présentent les propriétés générales des globulines (voir chap. IV, p. 76). Elles se distinguent l'une de l'autre par les caractères suivants :

La *sérumglobuline* (appelée aussi *paraglobuline, substance fibrinoplastique*) coagule à une température comprise entre 68 et 75° : lorsqu'on élève progressivement la température d'une solution de sérumglobuline, on constate que cette solution reste transparente jusqu'à 68° ; à cette température, apparaît un louche qui augmente avec la tempéra ture jusqu'à 75° en se transformant en flocons ; la liqueur débarrassée des flocons produits à 75° peut alors être bouillie sans précipiter ni louchir. On résume ces faits en disant que la sérumglobuline coagule à 68-75°.

Les solutions de sérumglobuline peuvent être additionnées de sel marin à la température ordinaire jusqu'à en contenir 15 p. 100 sans précipiter. Lorsqu'elles sont saturées de sel marin à la température ordinaire, elles précipitent une partie, mais seulement une partie de leur sérumglobuline.

Le *fibrinogène* coagule à 56°. Lorsqu'on élève progressivement la température d'une solution de fibrinogène jusqu'à 55°, la liqueur reste claire ; — on voit un louche apparaître vers 55° et augmenter rapidement pour une élévation de température de quelques dixièmes de degré. A 56° il se forme de volumineux flocons : séparons par filtration ces flocons du liquide dans lequel ils ont pris naissance et continuons à élever la température de la liqueur au-dessus de 56° : la liqueur reste claire jusqu'à 64° ; — à 64° apparaît un nouveau trouble qui augmente jusqu'à 72° environ. On résume ces faits en disant que le fibrinogène est dédoublé à 56° en deux substances : une coagulée à cette température, l'autre coagulable à 64-72° (1).

____

(1) Ici deux explications sont possibles : ou bien les solutions de fibrinogène contiennent une seule substance dédoublée à 56° ; ou bien elles contiennent deux substances que met en évidence leur tempéra-

Les solutions de fibrinogène sont précipitées, mais seulement en partie précipitées, lorsqu'à la température ordinaire, elles sont additionnées de 15 p. 100 de chlorure de sodium. Elles sont au contraire totalement précipitées par le chlorure de sodium dissous à saturation à froid.

Si une liqueur contient à la fois du fibrinogène et de la sérumglobuline, on peut en retirer facilement du fibrinogène pur et de la sérumglobuline pure, Ajoutons 15 p. 100 de chlorure de sodium à la liqueur : il se produit un précipité uniquement composé de fibrinogène. — Saturons de chlorure de sodium, il se produit un précipité comprenant la totalité du reste du fibrinogène et une partie de la sérumglobuline ; — la liqueur débarrassée de ce précipité ne contient plus que de la sérumglobuline qu'on précipitera par exemple par le sulfate de magnésie dissous à saturation à froid.

On peut avoir intérêt à savoir si une liqueur renferme du fibrinogène, ou si ce fibrinogène est · pur ou mélangé de paraglobuline.

Une liqueur contenant du fibrinogène coagule en général (1) à 56°. Supposons une telle liqueur ; saturons-la de chlorure de sodium ; séparons par filtration le précipité : si la liqueur filtrée précipite par saturation de sulfate de ma-

ture de coagulation. Il faut se rattacher à la première explication, parce que jamais la quantité du coagulum à 64-72° n'est égale ou supérieure à celle du coagulum à 56° et que le rapport de ces deux quantités ne varie pas considérablement. En serait-il ainsi s'il s'agissait d'un mélange ? Sans doute, ce rapport varie suivant la nature et la composition du liquide dissolvant ; mais ces variations sont des faits constants quand il s'agit de coagulation de substances albuminoïdes.

(1) Il faut dire : en général, et non pas toujours, parce que certains liquides qui contiennent du fibrinogène, ne coagulent pas à une température inférieure à 60-61°. Tels sont la plupart des liquides des transsudats. Cela tient à la présence dans ces liquides de certaines substances mal définies, qui ont la propriété d'augmenter la température de coagulation du fibrinogène.

gnésie, elle renferme de la sérumglobuline (non totalement précipitée, nous l'avons dit, par le chlorure de sodium à saturation) ; — si elle ne précipite pas par saturation de sulfate de magnésie, elle ne renfermait que du fibrinogène (totalement précipité, nous l'avons dit, par le chlorure de sodium à saturation).

On peut démontrer la présence de fibrinogène dans le plasma sanguin contenu dans les vaisseaux. Si une jugulaire de cheval, isolée pleine de sang, est suspendue verticalement, et si, après dépôt des globules, elle est chauffée, on voit se produire à 56° un précipité floconneux dans le plasma, précipité qui témoigne de l'existence de fibrinogène dans ce plasma.

Le plasma sanguin, ou tout au moins le plasma sanguin hors des vaisseaux, contient une *nucléoalbuminoïde* en petite quantité. Supposons qu'à un plasma oxalaté, débarrassé par centrifugation des éléments figurés qu'il tenait en suspension, on ajoute deux volumes d'eau et une quantité d'acide acétique suffisante pour lui donner une réaction très légèrement acide ; supposons qu'on abandonne ensuite cette liqueur pendant quelques heures à une température voisine de 0° ; on voit se déposer un précipité peu abondant. Ce précipité peut être redissous soit par une solution alcaline diluée, soit par une solution chlorhydrique très étendue. La solution chlorhydrique parfaitement claire et transparente, additionnée de pepsine, se trouble légèrement au bout d'un certain temps ; et le précipité ainsi engendré est un précipité phosphoré présentant les propriétés des nucléines : il provient d'une nucléoalbuminoïde contenue dans la liqueur soumise à l'action de la pepsine.

Le caractère le plus intéressant de cette nucléo-albuminoïde, et en même temps le plus important, c'est de se précipiter à froid dans les liqueurs très légèrement acétiques, beaucoup mieux qu'à la température du laboratoire, et de se redissoudre, au moins partiellement, quand on ramène la température à 15°.

Coagulation du sang. — 1. Le sang extrait des vaisseaux coagule. Pourquoi coagule-t-il ?

On a cherché autrefois la *cause de la coagulation du sang* dans l'une des conditions nouvelles dans lesquelles se trouve le sang :

> *Refroidissement.*
> *Repos.*
> *Contact de l'air.*
> *Suppression du contact vasculaire.*

a. Le *refroidissement* ne peut expliquer la coagulation du sang. En effet, si l'on maintient le sang à la température du corps, la coagulation se produit, et se produit plus rapidement que dans le sang abandonné au refroidissement naturel. — Si au contraire on refroidit rapidement le sang à une température voisine de 0°, il ne coagule pas, tant qu'il reste à cette température.

b. Le *repos* ne peut expliquer le coagulation du sang. Sans doute, lorsqu'on bat le sang vigoureusement pendant quelques minutes après son extraction, il peut être conservé liquide; toutefois la fibrine qui constitue les mailles du caillot, la fibrine dont la production est le phénomène caractéristique de la coagulation, la fibrine s'est produite. Mais, sous l'influence du battage, au lieu de se précipiter en filaments fins, courts, tendus dans toutes les directions, elle s'est agglomérée en filaments gros et longs formant de grandes masses fibreuses.

c. Le *contact de l'air* ne peut expliquer la coagulation du sang ; — car, si l'on fait arriver du sang directement dans le vide barométrique, sans qu'il soit en contact avec l'air, il coagule.

d. Le sang coagule hors des vaisseaux, parce qu'il *n'est plus en contact avec la paroi vasculaire normale saine*. Toutes les fois que le sang est en contact avec cette paroi saine, il reste liquide ; dès qu'il n'est plus en contact avec elle, il coagule. Pourquoi ? Quelques expériences semblent indiquer que la paroi vasculaire saine doit cette propriété remarquable de maintenir le sang liquide à *l'état lisse de sa surface interne*. On a constaté en effet que si l'on fait écouler dans un vase bien vaseliné et sous une couche d'huile, au moyen d'un tube de caoutchouc bien vaseliné intérieurement, le sang pris directement dans une artère par une canule vaselinée intérieurement, ce sang ne coagule pas : on peut l'agiter avec des baguettes vaselinées sans déterminer la formation de la fibrine. Mais si l'on fait écouler ce sang dans un vase non vaseliné, ou si on plonge dans ce sang des baguettes de verre non vaselinées, la coagulation se produit. L'état lisse de la paroi vasculaire serait donc la cause de la liquidité du sang dans les vaisseaux ; l'état plus ou moins rugueux des parois des vases dans lesquels est reçu le sang serait la cause de la coagulation extravasculaire du sang.

Mais pourquoi cet état rugueux des vases détermine-t-il la coagulation? Nous n'en savons rien; nous constatons le fait, rien de plus.

Ne nous arrêtons pas à chercher la cause de la coagulation du sang : disons que le sang a la propriété de coaguler lorsqu'il est hors des vaisseaux. *Ne cherchons pas pourquoi il coagule, cherchons comment il coagule.*

1. Nous avons dit précédemment que le sang abandonné dans un vase coagule en une masse gélatineuse, qui, en se rétractant, ne tarde pas à exsuder un liquide clair, le sérum. La masse rétractée est constituée par un réseau fibrillaire fin, englobant dans ses mailles les éléments figurés du sang. La substance qui constitue ce réseau est appelée *fibrine*.

Nous avons dit également que, par le battage du sang extrait des vaisseaux au moyen de baguettes ou de brindilles, on obtient une masse filamenteuse blanchâtre, adhérente aux brindilles, opaque et élastique. Cette masse est la même substance que celle dont les filaments fins constituent la trame du caillot : par le battage ces filaments se sont soudés, et agglomérés. L'identité de la fibrine du caillot et de la fibrine de battage n'est pas facile à saisir de prime abord. Elle devient manifeste, si on considère la fibrine du caillot du plasma débarrassé des globules rouges : bien que se formant sans battage, elle a tous les caractères de la fibrine de battage.

Si on laisse coaguler un plasma additionné de quantités croissantes de globules rouges jusqu'à repro-
duire un mélange identique au sang, on trouve
toutes les formes de caillot intermédiaires au caillot
du plasma et au caillot du sang total.

La quantité de fibrine du sang est très variable,
mais, d'une façon générale, on peut dire qu'on
recueille de 1 à 2 grammes de fibrine pesée sèche
par litre de sang.

Pour doser la fibrine qu'on peut retirer d'un sang
déterminé, on peut recueillir le sang dans un flacon
de verre, contenant quelques fragments de verre, ou
mieux quelques fragments métalliques, taré avant
l'expérience. On ferme le flacon aussitôt après y avoir
fait arriver le sang; on agite vigoureusement pour
que la fibrine se dépose en gros paquets. On pèse le
flacon et son contenu; on en déduit le poids du sang
qu'on a défibriné. On décante le sang défibriné; on
lave à l'eau légèrement salée (1 p. 100) pour enlever
le sang défibriné qui imbibe la fibrine, jusqu'à décoloration complète; on jette sur un filtre taré; on
lave à l'eau, à l'alcool, à l'éther; on dessèche à
105-110° jusqu'à poids constant; on pèse.

2. *Quelles sont les propriétés de cette fibrine?*

La fibrine, telle qu'on l'obtient par battage, est
une substance blanchâtre, opaque, dure, élastique,
filamenteuse. Elle est insoluble dans l'eau pure;
elle est très peu soluble dans les solutions salines
neutres étendues, de chlorure de sodium, de sulfate
de soude, de sulfate de magnésie, etc., à 1 p. 100,
par exemple. Mais elle se dissout bien et abon-

damment dans le fluorure de sodium à 1 p. 100,
dans le chlorure de sodium à 5 et 10 p. 100, etc.
Les fibrines qu'on peut extraire du sang des diverses
espèces animales ne sont vraisemblablement pas
identiques : elles diffèrent notamment par leurs
solubilités ; la fibrine du cheval est très facilement soluble ; celle du bœuf l'est beaucoup moins ;
celle du chien l'est moins encore. Considérons
une solution fluorée à 1 p. 100 de fibrine. Cette
solution est coagulable par la chaleur ; elle est
précipitée par la dialyse, par la dilution, par le
chlorure de sodium à saturation et par le sulfate
de magnésie à saturation. Le sulfate de magnésie à
saturation la précipite totalement de sa solution.
Ces propriétés appartiennent également aux autres
solutions salines de fibrine, notamment aux solutions dans le chlorure de sodium. La *fibrine* doit
donc être considérée comme une *globuline*.

Élevons progressivement la température d'une solution chlorurée ou fluorée de fibrine : elle reste
claire jusqu'au voisinage de 56°. Vers cette température, et dans un intervalle de 1° environ, elle
louchit et coagule. La liqueur débarrassée de ce
coagulum floconneux peut être chauffée au-delà
de 56°, jusqu'à 64°, sans se troubler. A 64°, nouveau
trouble qui augmente avec la température jusque
vers 72°. La fibrine, comme le fibrinogène, est
donc dédoublée à 56° en deux substances albuminoïdes, l'une coagulée à 56°, l'autre coagulable à
64-72°.

La fibrine, par ses propriétés, se rapproche donc

du fibrinogène. Elle s'en distingue en ce que ses solutions ne sont que partiellement précipitées par le chlorure de sodium dissous à saturation à froid.

Le sérum sanguin, c'est-à-dire le liquide exsudé par le caillot, ou le liquide qui, après défibrination du sang par battage, tient les globules en suspension et peut en être séparé par le repos ou par centrifugation, le sérum est un liquide clair, qu'on peut chauffer jusqu'à 65° environ sans le faire louchir. Il ne renferme donc plus de fibrinogène. Il renferme 3 substances albuminoïdes et 1 protéide.

1 Albumine.........	La *sérumalbumine.*
2 Globulines	{ La *sérumglobuline.* { La *fibringlobuline.*
1 Protéide..........	La *nucléoalbuminoïde du sérum.*

La sérumalbumine et la sérumglobuline existent dans le plasma; la fibringlobuline coagulable à 65° n'existe pas dans le plasma : elle apparaît pendant la coagulation dans le sang; elle est difficile à isoler et à caractériser; qu'il nous suffise d'avoir signalé son existence.

Ce qui coagule dans le sang c'est le plasma; ce ne sont pas les globules, car si l'on sépare le plasma des globules (sang de cheval), soit par le procédé du refroidissement, soit par le procédé de la jugulaire, le plasma réchauffé, ou extrait de la veine, se prend en caillot; les globules forment une masse visqueuse, ne contenant pas de fibrine.

3. *La fibrine préexiste-t-elle dans le plasma?*

Non, car le plasma ne possède pas la propriété de maintenir en dissolution la fibrine, et qu'il ne contient pas en suspension des particules solides capables par une simple agglomération de donner de la fibrine. Non, car toutes les substances qu'on peut extraire du plasma diffèrent de la fibrine; en particulier les différentes globulines qu'on en peut retirer diffèrent de la fibrine, soit par leur précipitabilité totale par le chlorure de sodium à saturation (substance fibrinogène), soit par leur point de coagulation (sérumglobuline) plus élevé.

4. Quelle est dans le plasma la substance albuminoïde aux dépens de laquelle se produit la fibrine?

C'est le fibrinogène. Le plasma renferme du fibrinogène. Le sérum n'en renferme plus, car il peut être porté à 56° sans coaguler; ce n'est qu'à partir de 64° que commence à se manifester un trouble : le fibrinogène a donc disparu pendant la coagulation du sang et totalement disparu. D'autre part, si l'on prépare un jugulaire de cheval, et si l'on porte cette jugulaire à 56°, le plasma extrait du vaisseau débarrassé du coagulum floconneux produit à 56°, ne donne plus de fibrine. Enfin les solutions de fibrinogène, ne contenant pas d'autres substances protéiques, peuvent fournir, dans des conditions données, de la fibrine.

Rappelons encore à ce propos que la fibrine et le fibrinogène présentent des propriétés assez voisines: ces deux substances, qu'on peut obtenir facilement sous forme filamenteuse, appartiennent au groupe des globulines, et sont dédoublées à 56°

en une substance albuminoïde coagulée et une autre
substance albuminoïde, qui est encore une globuline, coagulable à 64-72°.

5. *Quelles sont les relations du fibrinogène et de la
fibrine?*

Trois hypothèses sont possibles : — 1° ou bien le
fibrinogène subit une simple transformation isomérique, changeant de propriétés sans changer de constitution centésimale; — 2° ou bien le fibrinogène
se combine avec quelque élément du plasma sanguin; — 3° ou bien le fibrinogène est dédoublé en
deux ou plusieurs substances.

On doit immédiatement écarter les deux premières hypothèses. En effet, si le fibrinogène et la
fibrine étaient des substances isomériques, les poids
de la fibrine engendrée et du fibrinogène générateur devraient être égaux; — si la fibrine résultait
de la combinaison du fibrinogène avec quelque
chose autre, le poids de la fibrine formée devrait
être supérieur au poids du fibrinogène générateur.
Il n'en est rien : le poids de la fibrine produite par
un plasma coagulant est plus petit que le poids
du fibrinogène contenu dans ce plasma, car il est
plus petit que le poids du coagulum obtenu en
portant à 56° le plasma, coagulum qui lui-même
ne représente qu'une partie du fibrinogène.

Cette infériorité du poids de la fibrine ne saurait
d'ailleurs être attribuée à une transformation
incomplète du fibrinogène en fibrine, car, après
coagulation, le sérum ne coagule plus à 56°; il ne
commence à louchir qu'à partir de 64°; par con=

séquent ne contient plus trace de fibrinogène.

Nous pouvons donc dire que dans la coagulation *le fibrinogène subit un dédoublement.*

Nous pouvons encore trouver une nouvelle preuve de ce dédoublement dans la présence dans le sérum d'une globuline coagulable à 64°, globuline qui ne preexistait pas dans le plasma. Dans la coagulation, le fibrinogène est dédoublé.

Est-ce à dire que la fibrine se produit par simple dédoublement de fibrinogène? En aucune façon. Il est possible qu'avant, ou pendant, ou après ce dédoublement il se produise quelque combinaison avec quelque élément du plasma, soit du fibrinogène, soit d'un de ses termes de dédoublement. Nous pouvons dire qu'il y a eu dédoublement, nous ne pouvons pas dire qu'il n'y a eu que dédoublement.

Nous avons constamment parlé de dédoublement et non de décomposition. En effet les caractères qui nous permettent de définir le fibrinogène, la fibrine et la fibringlobuline sont des caractères physiques; ils ne sauraient donc suffire pour établir qu'il existe une différence chimique entre ces substances. L'expression dédoublement, applicable aussi bien dans le cas de différences physiques que dans le cas de décompositions chimiques, doit seule être employée, si l'on ne veut pas aller au delà des faits observés. Il est possible que dans la formation de la fibrine il se soit produit un dédoublement purement physique, une partie de fibrinogène prenant les propriétés physiques de la fibrine, l'autre les propriétés physiques de la fibringlobuline, sans qu'il y ait eu changement de composition chimique.

6. *Sous quelle influence se produit cette transformation du fibrinogène? Est-elle spontanée? Est-elle provoquée? Et si elle est provoquée, par quoi est-elle provoquée?*

Le dédoublement du fibrinogène n'est pas spontané, car il existe des liquides organiques — tels que les liquides des transsudats péritonéal et péricardique, les liquides d'hydrocèle, etc. — qui présentent sensiblement la même constitution que le plasma sanguin, qui notamment contiennent du fibrinogène, sans jouir de la propriété de coaguler spontanément. On peut également obtenir au moyen du sang d'oiseau un plasma non spontanément coagulable, nous l'avons dit précédemment. Enfin les solutions de fibrinogène pur sont remarquablement stables et ne se transforment pas spontanément. Ces liquides (transsudats, solutions de fibrinogène ou plasma de sang d'oiseau) non spontanément coagulables, quoique renfermant du fibrinogène, coagulent lorsqu'on les additionne de sang défibriné ou de sérum sanguin. Le sang défibriné et le sérum sanguin renferment donc *un agent capable de provoquer la coagulation* des liquides contenant du fibrinogène. Quel est cet agent? C'est une *diastase*. Car si on précipite par l'alcool fort le sang défibriné ou le sérum sanguin, si on maintient en contact avec l'alcool pendant plusieurs semaines le précipité produit, et si, après avoir desséché dans le vide le résidu, on le broie dans une petite quantité d'eau, cette eau acquiert la propriété de faire coaguler les liquides contenant du fibrinogène et non spontanément coagulables. L'agent contenu dans le sang défibriné et dans le sérum, capable de provoquer la coagulation des transsudats non spontanément coagulables, est donc précipité par l'alcool et soluble dans l'eau ; il est en outre détruit par la chaleur, entraîné par les précipités floconneux, fixé par la fibrine, etc. ; en un mot il se comporte comme une diastase.

La transformation du fibrinogène en fibrine est provoquée par une diastase qu'on appelle *fibrinferment* (1). La coagulation du sang est un phénomène diastasique.

7. *Le fibrinferment existe-t-il dans le sang circulant? S'il n'y existe pas, d'où provient-il? Aux dépens de quels éléments du sang se produit-il? Pourquoi se pro duit-il?*

Si on recueille du sang d'oiseau au moyen d'une canule introduite dans le vaisseau, on peut le conserver pendant plusieurs jours non coagulé. Si à ce sang on ajoute soit du sérum sanguin, soit une solution de fibrinferment on le fait rapidement coaguler. C'est dire que le sang d'oiseau ne contient point de fibrinferment.

En est-il de même du sang des mammifères? Supposons qu'on fasse arriver le sang au moment de la prise directement dans un grand excès d'alcool (10 volumes d'alcool à 95 p. 100 et 1 volume de sang

____

(1) On lui donne encore les noms de *thrombine*, ou *thrombase*, ou *plasmase*.

par exemple), et qu'après avoir maintenu le précipité formé en contact avec l'alcool pendant plusieurs semaines, on cherche à en extraire du fibrinferment (par dessiccation dans le vide et épuisement par l'eau) on n'en trouve pas trace. Si au contraire on reçoit le sang dans un vase entouré de glace pour empêcher la coagulation de se produire, et si, après quelques minutes ou mieux encore après quelques heures, on le mélange à l'alcool, on peut obtenir du fibrinferment. C'est donc que le fibrinferment n'existe pas dans les vaisseaux, mais se produit hors de l'organisme.

On arrive à la même conclusion par les considérations suivantes.

Si le fibrinferment existait dans le sang circulant, il passerait dans les transsudats : le ferment amylolytique, dont la présence a été démontrée dans le sang, se retrouve dans tous les transsudats, dans les transsudats péricardique et péritonéal, dans le liquide d'hydrocèle. Pourquoi le fibrinferment, s'il existait dans le sang, ne passerait-il pas dans les transsudats ? Or il ne s'y trouve pas, puisque ces transsudats ne coagulent pas spontanément, mais coagulent seulement lorsqu'ils ont été additionnés de sérum ou de fibrinferment. Donc le sang circulant ne contient pas de fibrinferment.

Le *fibrinferment* n'est produit ni par le plasma, ni par les globules rouges ; il *est produit par les globules blancs*. Suspendons verticalement une jugulaire de cheval ; lorsque le dépôt des globules s'est produit, séparons par des ligatures une zone supérieure ne contenant que du plasma, une zone inférieure contenant des globules rouges, une zone moyenne contenant la couche des globules blancs, la partie inférieure du plasma et la partie supérieure des globules rouges. Ajoutons un peu du liquide contenu dans chacune de ces trois zones séparément à un liquide de transsudat non spontanément coagulable : les globules rouges se montrent absolument inactifs, le plasma se montre extrêmement peu actif, le liquide de la couche des globules blancs se montre extrêmement actif. C'est donc aux dépens des éléments de la couche des globules blancs du sang que se produit le fibrinferment.

Nous trouvons une vérification de cette conclusion en observant la marche de la coagulation du sang de cheval qu'on laisse se réchauffer après l'avoir laissé se déposer à la température de 0°. C'est au voisinage de la couche des globules blancs, dans les couches profondes du plasma qu'apparaissent les premiers filaments de fibrine.

8. *Le fibrinogène du plasma sanguin et les globules blancs sont-ils les seuls éléments du sang appelés à jouer un rôle dans la coagulation du sang ?*

Non, *la présence des sels de chaux* dissous dans le plasma est une *condition nécessaire* de la coagulation du sang.

Lorsqu'on précipite à l'état de composés insolubles les sels de chaux du sang, avant la coagulation, le sang ne coagule pas spontanément ; le sang additionné de 1 p. 1 000 d'oxalates d'alcalis ou de 2 p. 1 000 de fluorure de sodium (les oxalate et fluorure de calcium sont insolubles) ne coagule pas. Si on rend au sang décalcifié, non spontanément coagulable, les sels de chaux solubles, ce sang coagule, comme le sang normal, retiré directement des vaisseaux. Donc la présence de sels de chaux dissous dans le plama est une condition nécessaire de la coagulation.

Toutefois, une objection se présente. Pour précipiter les sels de chaux d'une liqueur, il faut ajouter un excès d'oxalate ou de fluorure, c'est-à-dire une quantité plus grande que celle qui est nécessaire pour former l'oxalate ou le fluorure de calcium précipités. Le sang décalcifié n'est donc pas seulement décalcifié, il est en même temps oxalaté ou fluoré, suivant le sel employé. Ce sang ne coagule pas, pourquoi? Est-ce parce qu'il est décalcifié? Est-ce parce qu'il est oxalaté ou fluoré? Sans doute on lui rend sa coagulabilité en lui rendant ses sels de chaux solubles; mais l'addition de ces sels de chaux a comme premier résultat de précipiter l'excès d'oxalate ou de fluorure, de sorte que le sang recalcifié est en même temps désoxalaté ou défluoré. L'objection subsiste.

Remarquons tout d'abord que tous les sels neutres capables de précipiter les sels de chaux (oxalates, fluorures et savons d'alcalis) sont anticoagulants à la dose pour laquelle ils sont décalcifiants; on ne connaît point de sel qui, étant décalcifiant, ne soit pas anticoagulant (1).

(1) Les propositions inverses ne sont pas vraies. On ne peut pas dire que pour être anticoagulant un sel doit être décalcifiant. C'est ainsi que les *citrates d'alcalis*, à la dose de 3 p. 1 000, rendent le sang non spontanément coagulable, bien qu'ils n'en précipitent point les sels de chaux. Ceci prouve simplement qu'il y a différents groupes de sels anticoagulants agissant différemment pour empêcher la coagulation du sang.

Supposons qu'on ait préparé un sang oxalaté à 1 p. 100. A ce sang non spontanément coagulable on ajoute 2 p. 1 000 de chlorure de magnésium : il n'y point précipitation de l'excès d'oxalate, et le sang reste non spontanément coagulable. Supposons maintenant qu'à ce sang oxalaté et magnésié, on ajoute des traces de sels de chaux dissous, insuffisantes pour précipiter l'excès d'oxalate de la liqueur (en présence du chlorure de magnésium des traces de sels de chaux ne précipitent point d'oxalate), on constate la coagulation du sang. Ainsi, voici un cas dans lequel le sang a pu coaguler malgré l'excès d'oxalate qu'il contient ; on ne saurait donc dire que c'est cet excès d'oxalate qui l'empêche de coaguler.

Supposons maintenant qu'on soumette à la dialyse en présence d'eau chlorurée sodique à 6 p. 1 000 du sang oxalaté à 1 p. 1 000, et qu'on renouvelle l'eau salée de dialyse fréquemment jusqu'à enlèvement de la totalité de l'oxalate du sang soumis à la dialyse ; on constate que ce sang ne coagule pas, bien qu'il ait été ainsi désoxalaté. Mais, il coagule très bien si on l'additionne de très petites quantités de sels de chaux dissous.

Donc le *sang décalcifié est non spontanément coagulable parce qu'il est décalcifié.*

9. Le phénomène de la coagulation du sang est un phénomène complexe : *il y a production de fibrinferment ; il y a transformation du fibrinogène par le fibrinferment ; il y a précipitation de la fibrine engendrée.*

Dans quelle phase, ou dans quelles phases interviennent les sels solubles de chaux ?

Ce n'est ni dans le transformation du fibrinogène en fibrine, ni dans la précipitation de la fibrine engendrée. Car si à une solution de fibrinogène, ne contenant pas de sels de chaux, on ajoute une solution de fibrinferment ne contenant pas de sels de chaux (et même oxalatée) on produit de la fibrine typique ; — car si à du sang oxalaté on ajoute du sérum (le sérum contient du fibrinferment) oxalaté, on détermine une coagulation typique.

Les sels de chaux interviennent donc dans la production du fibrinferment.

Supposons qu'on ait préparé un sang oxalaté et que, par centrifugation on ait séparé les globules du plasma oxalaté. Ce plasma n'est pas spontanément coagulable ; *donc il ne contient pas de fibrinferment.* Mais il coagule par addition d'un excès de sels de chaux solubles, donc il contient une substance capable de se transformer en fibrinferment par l'action des sels de chaux ; *il contient un profibrinferment* ou *prothrombine.*

Par conséquent, les sels de chaux du sang n'interviennent pas dans la production du profibrinferment excrété par les globules blancs hors des vaisseaux, mais seulement dans la transformation du profibrinferment en fibrinferment.

En résumé, *les globules blancs, hors des vaisseaux sanguins, possèdent la propriété d'abandonner au plasma une substance, le profibrinferment, transformée en fibrinferment par les sels de chaux dissous dans le plasma. Ce fibrinferment dédouble le fibrinogène dissous dans le plasma sanguin en deux substances : l'une qui se pré-*

cipite, la fibrine, l'autre qui reste en solution dans le sérum, la fibringlobuline.

10° *Il existe des substances capables d'empêcher l'action du fibrinferment sur le fibrinogène.*

Lorsqu'on injecte dans les vaisseaux veineux du chien certaines substances dont les principales sont les protéoses et certains extraits de tissus organiques, on rend le sang non spontanément coagulable. Des études d'ordre physiologique permettent d'établir que, sous l'influence des substances injectées, l'organisme a sécrété une substance douée de propriétés anticoagulantes, capable de s'opposer à l'action du fibrinferment, possédant des propriétés qui la rattachent au groupe des diastases, un *antifibrinferment* ou *antithrombine.*

Ces notions n'ont été acquises que lentement : plusieurs théories ont été tour à tour proposées. Nous ne voulons pas les décrire avec détails ; nous voulons seulement indiquer les principaux faits successivement établis.

Denis (de Commercy), traitant par le chlorure de sodium à saturation le plasma sanguin salé (plasma au sulfate de soude), détermine la précipitation d'une substance qu'il appelle *plasmine.* Cette plasmine se dissout dans l'eau, grâce au chlorure de sodium dont elle est souillée, et la solution ainsi obtenue possède la propriété de coaguler spontanément. Cette plasmine, dit Denis, n'est pas de la fibrine, puisqu'elle se dissout facilement et abondamment dans l'eau faiblement salée : la fibrine ne préexiste donc pas dans le sang. La liqueur dans laquelle la plasmine a coagulé spontanément renferme encore une substance albuminoïde en solution ; donc, dit Denis, par sa coagulation spontanée la plasmine se dédouble en fibrine concrète et en fibrine dissoute.

Nous savons aujourd'hui que la plasmine de Denis est

un mélange de fibrinogène et de sérumglobuline ; — c'est cette sérumglobuline que Denis retrouve en solution après coagulation de la solution de plasmine. Elle ne résulte pas du dédoublement de la plasmine ; elle préexiste dans la plasmine.

Alexander Schmidt démontre que les liquides de transsudats ne coagulant pas spontanément, coagulent quand on les additionne de sang défibriné, de sérum ou de sérumglobuline (la substance fibrinoplastique de Schmidt). Or Schmidt croyait que ces liquides de transsudats ne contiennent que du fibrinogène et pas de sérumglobuline. Les liquides qui ne contiennent que du fibrinogène, dit-il, ne coagulent pas spontanément ; lorsqu'on ajoute de la sérumglobuline, soit en solution pure, soit en solution dans le sang ou le sérum, on provoque la coagulation ; c'est donc que la fibrine résulte de la combinaison du fibrinogène et de la sérumglobuline (ou substance fibrinoplastique).

La sérumglobuline, répond Brücke, ne possède pas par elle-même la propriété de faire coaguler les liquides de transsudats, car, si l'on prépare cette substance aussi pure que possible, elle est absolument inactive : il faut attribuer à des impuretés entraînées par la sérumglobuline la propriété que Schmidt attribue à cette substance.

La remarque de Brücke, reprend Schmidt, est juste en partie : l'addition de sérumglobuline pure ne peut pas faire coaguler les liquides de transsudats ; il faut encore ajouter quelque chose, et ce quelque chose est un ferment soluble, le fibrinferment. Mais la sérumglobuline n'en est pas moins nécessaire à la coagulation : l'addition du fibrinferment aux solutions de fibrinogène ne détermine pas la coagulation ; l'addition de fibrinferment et de sérumglobuline en détermine toujours la coagulation. — Donc, dit Schmidt, la coagulation du sang nécessite comme matériaux de formation de la fibrine, deux substances, le fibrinogène et la sérumglobuline, et comme agent de transformation, le fibrinferment.

Hammarsten combat cette conclusion de Schmidt. Il prépare un fibrinogène non souillé de sérumglobuline :

il prépare un fibrinferment non souillé de sérumglobuline, mélange les deux solutions et constate une formation de fibrine. — La liqueur dans laquelle s'est produite
la fibrine tient en solution une substance albuminoïde
qui ne préexistait pas puisque le fibrinogène était pur.
Donc, dit Hammarsten, la production de la fibrine résulte
d'un dédoublement du fibrinogène sous l'action du
fibrinferment. C'est renouvelée, mais corrigée, la conception de Denis. Si Schmidt n'obtenait pas de coagulation
par l'action du fibrinferment sur le fibrinogène, c'est
qu'il opérait avec des solutions de ferment peu actives ;
s'il avait employé des solutions plus actives, il aurait
obtenu la coagulation. S'il obtient la coagulation en ajoutant de la sérumglobuline, c'est que cette substance favorise l'action du ferment et lui permet d'agir dans des
conditions où il eût été inactif.

Le rôle des sels de chaux dans la coagulation du sang
a donné lieu à de nombreuses recherches. *Arthus et
Pagès* démontrent que la présence de sels de chaux dissous dans le plasma est une condition essentielle de la
coagulation du sang. Ils admettent que ces sels ne
jouent aucun rôle dans la production du fibrinferment,
mais interviennent comme agents de constitution dans la
production de la fibrine. Sous l'influence du fibrinferment, disent-ils, le fibrinogène du plasma sanguin, en
présence des sels calciques solubles du plasma, subit un
dédoublement en deux substances dont l'une, la fibringlobuline, se retrouve dans le sérum, dont l'autre se
précipite sous forme de substance organo-calcique, la
fibrine. *Pekelharing* montre qu'Arthus et Pagès se sont
trompés en admettant que les sels de chaux ne jouent
aucun rôle dans la formation du fibrinferment. C'est
grâce à ces sels qu'un proferment exsudé par les globules
blancs du sang est transformé en fibrinferment actif.
Pekelharing arrive à cette conclusion que le proferment
issu des globules blancs se combine aux sels de chaux
du plasma pour former du fibrinferment, et que ce dernier cède des sels de chaux au fibrinogène, ou plus exactement à l'un des termes de son dédoublement pour

former de la fibrine, composé albuminoïdo-calcique; le ferment, redevenu ainsi proferment, fixe de nouveau des sels de chaux et agit sur une nouvelle quantité de fibrinogène. *Hammarsten* enfin vient rectifier la seconde proposition énoncée par Pekelharing en établissant que la fibrine n'est point un composé calcique et par conséquent que le rôle fibrinoplastique attribué aux sels de chaux par cet auteur est inexact.

Le sucre du sang. — Le sang renferme un sucre en solution dans le plasma.

Pour mettre en évidence le sucre du sang, on débarrasse ce liquide des substances albuminoïdes et des matières colorantes qu'il contient.

Supposons que nous portions à l'ébullition du sang additionné de 1 p. 1 000 d'acide acétique : les substances albuminoïdes sont coagulées, les matières colorantes sont décomposées et précipitées. La liqueur, débarrassée du coagulum qui s'est produit, est incolore et transparente : elle renferme toutes les substances non coagulables du sang.

Cette liqueur ramenée à un petit volume par évaporation possède un *pouvoir rotatoire droit*, elle *réduit la liqueur de Fehling;* elle *fermente par la levure de bière* en donnant de l'alcool et du gaz carbonique. Elle contient *un sucre;* ce sucre peut être de la glycose ou de la maltose, car ces deux sucres possèdent la triple propriété physique, chimique et biologique que nous venons de trouver à l'extrait de sang. Nous avons indiqué, dans l'étude des sucres, le moyen de distinguer la maltose de la glycose; une solution de maltose bouillie avec un acide dilué, 1 à 2 p. 100 d'acide sulfurique, par exemple, a son pouvoir réducteur augmenté sensiblement, dans le rapport de 1 à 2, et son pouvoir rotatoire réduit dans le rapport de 3 à 1 : — une solution de glycose bouillie avec un acide dilué conserve ses pouvoirs réducteur et rotatoire. L'extrait de sang se comporte comme la solution de glycose. *Le sucre du sang est donc de la glycose.*

On *dose*, en général, le *sucre du sang* par réduction de la liqueur de Fehling. Cette réduction doit se faire dans des liqueurs transparentes et non albumineuses : transparentes, parce qu'il n'est pas possible d'observer exactement la décoloration de la liqueur de Fehling dans une liqueur opaque en général, et surtout dans une liqueur rougeâtre; — non albumineuses, parce qu'en présence de l'alcali caustique de la liqueur de Fehling, les substances albuminoïdes pourraient donner de l'ammoniaque qui troublerait les résultats de l'analyse. Il faut donc préparer un extrait du sang : *deux procédés* ont été proposés : 1° le procédé par *ébullition avec du sulfate de soude*; — 2° le procédé par *ébullition avec de l'eau acidulée.*

Dans le *premier procédé*, le sang est reçu sur des cristaux de sulfate de soude : poids égaux de sulfate de soude et de sang; le mélange est porté à l'ébullition jusqu'à ce que la masse ne présente plus de coloration ou de reflet rouge; par addition d'une quantité convenable d'eau destinée à remplacer l'eau volatilisée, on ramène au poids primitif. On obtient ainsi une liqueur sulfatée qu'on retire du coagulum albuminoïde par pression. Des expériences directes ont appris que 25 centimètres cubes de sang donnent en moyenne 40 centimètres cubes de cette liqueur sulfatée. Connaissant la quantité de sucre contenue dans la liqueur sulfatée, on peut, par une proportion facile à établir, déterminer la quantité de sucre du sang.

Dans le *second procédé*, le sang est versé dans 6 à 8 volumes d'eau acidulée à 1 p. 1 000 par l'acide acétique, et le mélange est porté à l'ébullition ; — le coagulum produit à l'ébullition est bouilli à deux reprises avec le même vo lume d'eau acidulée à 1. p. 1 000 et les trois liquides sont réunis : ces liqueurs contiennent la totalité du sucre qu'on peut retirer du sang. On concentre par l'ébullition ; on achève la coagulation des substances albuminoïdes qu'elles peuvent encore renfermer, en les faisant bouillir avec une petite quantité d'acétate de fer (lequel à l'ébullition détermine la coagulation totale des substances albuminoïdes naturelles coagulables, et se décompose luimême en acide acétique et sous-acétate de fer insoluble). Enfin, après avoir neutralisé, s'il y a lieu, on ramène la liqueur à un petit volume : par exemple 4 fois le volume du sang employé.

Quel que soit le procédé employé, on a une liqueur contenant le sucre, et qui peut être soumise à l'analyse par réduction. Pour faire cette détermination, on se sert soit de liqueur de Fehling additionnée d'une forte proportion de potasse, soit plutôt de liqueur de Fehling ferrocyanurée à 2 p. 1 000 : dans l'un et dans l'autre cas l'oxyde cuivreux produit ne se précipite pas : la liqueur se décolore, passant du bleu au jaune pâle. On détermine la quantité de liqueur sucrée qu'il faut employer pour réduire exactement un volume donné de liqueur de Fehling ; on en conclut la quantité de sucre du sang.

La quantité de sucre contenu normalement dans le sang des mammifères et notamment de l'homme est comprise entre 1 gramme et 1 gr. 50 par litre de sang. Quand la quantité de sucre atteint 2 grammes, 3 grammes et plus par litre de sang, on dit qu'il y a *hyperglycémie* ; — quand la quantité de sucre du sang est moindre que 1 gramme par litre, on dit qu'il y a *hypoglycémie*.

Lorsqu'on veut connaître la quantité du sucre contenu dans le sang d'un animal, il faut pratiquer

le dosage du sucre aussitôt après la prise du sang.
Si, en effet on conserve le sang pendant quelque
temps hors des vaisseaux, le sucre disparaît peu à
peu : il y a *glycolyse*. Cette glycolyse se produit
dans le sang, hors de l'organisme, par l'action d'un
agent que ces propriétés rapprochent des diastases,
le *ferment glycolytique*, dérivé des éléments de la
couche des globules blancs du sang. On peut empêcher cette glycolyse de se produire par différents
procédés :

a. Par refroidissement du sang ;

b. Par addition d'une forte proportion de sels
neutres au sang (sulfate de soude, sulfate de magnésie, etc.) ;

c. Par addition au sang de 2 p. 1000 de fluorure
de sodium au moment de la sortie du sang des vaisseaux ;

d. Par ébullition du sang.

Si donc on veut conserver du sang, sans que son
sucre diminue, si par exemple on veut doser le sucre du sang longtemps après la prise, il faut avoir
recours à l'un de ces procédés.

Le sucre du sang provient-il de la décomposition
de combinaisons complexes, produite par les réactifs
employés pour extraire le sucre du sang? C'est peu
vraisemblable, car si l'on soumet à la dialyse du
sang défibriné, le sucre passe dans le liquide extérieur, comme s'il était libre. Nous admettrons donc
que le sucre existe dans le sang à l'état de liberté
chimique.

On a recherché dans le sang normal la présence

du *glycogène*. L'emploi des méthodes ordinaires de recherche de ce corps a donné des résultats négatifs. Ce n'est qu'en employant des procédés particulièrement longs et délicats qu'on a pu mettre en évidence dans le sang la présence de très petites quantités de glycogène, $0^{gr},010$ par litre de sang environ.

Ce glycogène ne serait pas dissous dans le plasma sanguin mais fixé sur les globules blancs.

Les *globules rouges* du sang sont essentiellement formés par une trame incolore, le stroma globulaire, imprégnée de pigment rouge.

Le stroma est constitué par une ou plusieurs substances de nature protéique appartenant au groupe des nucléoprotéides. Chez les mammifères dont les globules ne sont pas nucléés, on ne trouve dans ces stromas que des nucléoalbuminoïdes ; — chez les oiseaux, dont les globules sont nucléés, on y trouve à la fois des nucléoalbuminoïdes et des nucléines.

Le volume des globules sanguins est variable ; il dépend de la nature et de la composition du liquide dans lequel ils sont plongés : les solutions aqueuses de sels neutres très diluées gonflent les globules ; les solutions aqueuses de sels neutres concentrées les ratatinent.

Si donc on mélange du sang défibriné total avec des solutions aqueuses de sels neutres, on pourra, suivant la composition de ces solutions, augmenter, diminuer ou ne pas modifier le volume des globules sanguins. Les solutions qui ne modifient point le volume des globules (il existe une concentration, répondant à ce desideratum, variable pour chaque sel neutre) sont dites *isotoniques* au sérum sanguin. Les solutions qui diminuent le volume des globules sont dites *hyperisotoniques* au sérum : les solutions qui augmentent le volume des globules sont dites *hypoïsotoniques* au sérum.

Matières colorantes du sang. — Le sang est coloré en rouge par 2 substances colorantes, très voisines l'une de l'autre, l'*oxyhémoglobine*, de couleur rouge vif, et l'*hémoglobine*, de couleur rouge violet, la première pouvant être obtenue par oxydation de la seconde, la seconde par réduction de la première.

Ces matières colorantes, bien que solubles dans le plasma sanguin, n'y sont cependant pas normalement dissoutes : elles sont fixées sur les globules rouges, comme une teinture, et elles y sont assez solidement fixées pour que le plasma n'en contienne pas trace en solution.

On peut, par différents procédés, rompre cette union des globules et des matières colorantes, faire passer les matières colorantes en solution dans le plasma ; c'est ce qu'on appelle *laquer le sang*. Les procédés les plus généralement employés consistent :

1° A additionner le sang de quelques volumes d'eau distillée (2 à 5 volumes par exemple).

2° A ajouter de l'éther (1/20 à 1/10 du volume du sang) par petites portions et à agiter le mélange de sang et d'éther, après chaque addition d'éther.

3° A refroidir le sang jusqu'à congélation et à le réchauffer assez brusquement.

L'hémoglobine n'est stable qu'à l'abri de l'oxygène ; dès qu'elle est mise en contact avec une atmosphère contenant de l'oxygène, elle se transforme en oxyhémoglobine par fixation d'oxygène. Le sang retiré des vaisseaux, défibriné et agité à l'air, absorbe de l'oxygène ; son hémoglobine est oxydée, transformée en oxyhémoglobine. Cette dernière substance est stable en présence de l'air, à la pression ordinaire de l'atmosphère : aussi, est-ce sur l'oxyhémoglobine qu'ont porté les premières et surtout les plus nombreuses recherches.

A. *Oxyhémoglobine*. — L'*oxyhémoglobine* a pu être préparée pure et *cristallisée*.

Pour obtenir cette substance, il convient de séparer les globules du plasma ou du sérum par le repos, ou par la centrifugation, de les laver avec une solution de chlorure de sodium ou de sulfate de soude à 1 p. 100, tant que cette solution entraîne des substances albuminoïdes, et de les laquer par l'addition d'un peu d'eau et d'un peu d'éther. A la solution d'oxyhémoglobine ainsi obtenue, refroidie à 0°, on ajoute un quart de son volume d'alcool également refroidi à 0° et on abaisse la température du mélange à — 2° et même à — 10°. Après quelques heures ou quelques jours, on voit se déposer des cristaux d'oxyhémoglobine.

Les cristaux d'oxyhémoglobine ne sont jamais très volumineux : quelquefois ils sont visibles à l'œil nu, mais c'est généralement à la loupe, et souvent

au microscope qu'on examine leurs formes géomé-
triques.

Lorsqu'on ne veut pas obtenir l'oxyhémoglobine
pure, mais observer seulement les cristaux de cette
substance, il suffit de mélanger les volumes égaux de
sang défibriné et d'une solution de fluorure de sodium à 2 p. 100, et d'abandonner le mélange à la
température ordinaire pendant 8 à 10 jours. Lorsqu'on opère avec les sangs de cobaye, de rat, de
chien, de cheval, ces mélanges, qui sont imputrescibles grâce au fluorure de sodium (le fluorure de
sodium à 1 p. 100 empêche tout développement mi-
crobien), se remplissent de très beaux cristaux
d'oxyhémoglobine parfaitement réguliers.

Un autre procédé très recommandable consiste
à introduire dans un tube dialyseur des globules
laqués et à le plonger dans un vase contenant de
l'alcool à 25 à 40 p. 100. L'alcool se mélange à la
solution d'oxyhémoglobine en dialysant, et le précipité se forme cristallin.

L'oxyhémoglobine préparée pure est une substance
d'un rouge brun, soluble dans l'eau (en donnant des
solutions colorées en rouge foncé), insoluble dans
l'alcool.

L'oxyhémoglobine est une *substance ferrugineuse* ;
elle est formée de carbone, hydrogène, oxygène,
azote, soufre et fer.

*Les différentes oxyhémoglobines retirées des sangs des
différents animaux sont-elles identiques?*

Non, pour 5 raisons principales.

1. Les oxyhémoglobines des différents sangs *ne*

cristallisent pas avec la même facilité : les oxyhémoglobines des sangs de cobaye, d'écureuil, de chien, de

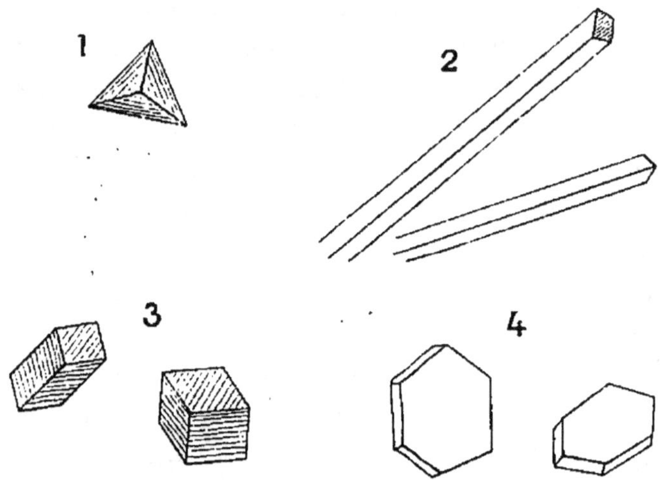

Fig. 2. — Cristaux d'oxyhémoglobine. — 1, cobaye ; 2, chat ;
3, cheval ; 4, écureuil.

cheval, cristallisent facilement ; les oxyhémoglobines des sangs d'homme, de veau, de porc, cristallisent difficilement.

2. Les oxyhémoglobines des différents sangs *ne
cristallisent pas sous la même forme* : les cristaux du
sang de cobaye sont des tétraèdres, les cristaux du
sang de rat sont des octaèdres, ceux des sangs de
chien et de chat sont généralement de longs prismes
à 4 faces latérales, ceux du sang de cheval sont parfois de courts prismes orthorhombiques. Les cristaux
de tous ces sangs sont du système du prisme ortho-
rhombique ; mais le sang d'écureuil donne des tablettes à 6 faces appartenant au système rhomboé-
drique. Donc, non seulement les différentes oxyhé-

moglobines ne cristallisent pas sous la même forme, mais elles appartiennent à deux systèmes cristallins.

3. Les différentes oxyhémoglobines *ne contiennent pas la même proportion d'eau de cristallisation* : c'est ainsi que les cristaux du sang de chien contiennent de 3 à 4 p. 100, ceux du cobaye 7 p. 100, ceux de l'écureuil 9,4 p. 100 d'eau de cristallisation.

4. La *solubilité* des différentes oxyhémoglobines *n'est pas la même*. Si les cristaux de l'oie sont très solubles dans l'eau, ceux du cheval sont moins solubles, ceux du chien et de l'écureuil sont encore moins solubles, et ceux du rat et du cobaye sont très difficilement et très peu solubles.

5. Enfin *la proportion de fer* contenu dans les différentes oxyhémoglobines, sans présenter des différences très grandes, *ne serait pas rigoureusement la même* : elle varierait de 0,34 à 0,48 p. 100.

Pour toutes ces raisons, nous conclurons que *les différentes oxyhémoglobines* retirées du sang des différents animaux *ne sont pas identiques*.

Cependant *les différentes oxyhémoglobines ne diffèrent pas profondément* les unes des autres, quant à leur constitution chimique. Nous en avons une double preuve :

1. Nous dirons ultérieurement que, sous l'influence de certains agents, l'oxyhémoglobine est *décomposée* en une substance albuminoïde et une substance ferrugineuse, l'*hématine*. Quelle que soit l'oxyhémoglobine considérée, l'hématine produite se présente toujours avec les mêmes propriétés (composition, solubilités, spectre d'absorption), et, par

conséquent, peut être considérée comme étant toujours la même substance. *Il y a plusieurs oxyhémoglobines, il n'y a qu'une seule hématine.*

2. L'oxyhémoglobine présente un *spectre d'absorption caractéristique, le même* pour toutes les oxyhémoglobines.

Lorsqu'on observe au spectroscope, sous une épaisseur de 1 centimètre, une solution d'oxyhémo-

Fig. 3. — Spectre d'absorption de l'oxyhémoglobine. — B, C, D, etc., représentent la position des raies du spectre solaire.

globine contenant 1 p. 1000 d'oxyhémoglobine, on constate que toute la portion violette du spectre est absorbée; en outre, on constate l'existence de deux bandes d'absorption très nettes, très sombres, comprises dans la région jaune vert du spectre, entre les raies D et E du spectre solaire : l'une un peu plus sombre et un peu moins large au voisinage de la raie D, l'autre un peu plus claire et un peu plus large au voisinage de la raie E.

En supposant la solution examinée sous une épaisseur de 1 centimètre, lorsque la teneur de la solution en oxyhémoglobine augmente progressivement on voit l'absorption porter peu à peu sur la région indigo, puis sur la région bleue du spectre; en même temps, les deux bandes d'absorption deviennent de plus en plus larges, s'étalent l'une vers l'autre, d'une part, et vers les raies D et E, d'autre part.

Lorsque la solution contient 3,7 p. 1000 d'oxyhémoglobine, les régions violelte et indigo, et la
moitié au moins de la région bleue (jusqu'au milieu
de l'espace séparant les raies F et G du spectre)

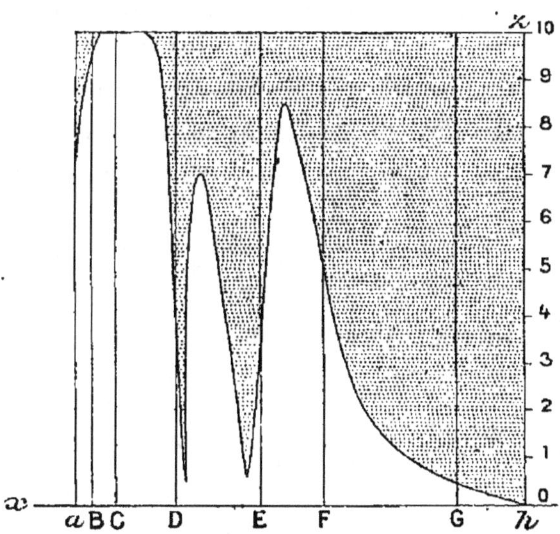

Fig. 4. — Tableau représentant les spectres d'absorption d'une solution
d'oxyhémoglobine examinée sous une épaisseur de 1 centimètre. —
BCD...., sont les raies du spectre solaire. Sur l'ordonnée hx on a
indiqué les teneurs en oxyhémoglobine de la solution examinée. Pour
avoir le spectre d'absorption d'une solution d'oxyhémoglobine contenant n pour 1 000 de pigment dissous, il suffit, par la division n de
l'ordonnée hx, de mener la parallèle à xy.

sont absorbées ; — les deux bandes d'absorption viennent exactement au contact, la première de la raie
D, la seconde de la raie E.

Lorsque la quantité d'oxyhémoglobine dissoute
augmentant encore atteint 6,5 p. 1000, toute la
région bleue, indigo et violette à partir de la
raie F est absorbée ; les deux bandes d'absorption
se sont confondues en une bande unique, dont les

bords s'étendent au delà de la raie D vers le rouge, au delà de la raie E vers l'extrême vert; en même temps l'extrême rouge est absorbé.

Enfin, si la solution renferme 8,5 p. 1000 d'oxyhémoglobine, on constate une absorption totale de toute la région du spectre, depuis l'orangé jusqu'au violet, et de toute la région de l'extrême rouge : seuls, le rouge et le rouge orangé ne sont pas absorbés.

Si nous avons décrit avec détails les spectres d'absorption des solutions d'oxyhémoglobine examinées sous une épaisseur toujours la même, 1 centimètre, c'est qu'on a coutume de dire que l'oxyhémoglobine est caractérisée par un spectre à deux bandes comprises entre les raies D et E du spectre solaire. Cela est vrai, mais seulement pour des solutions convenablement diluées, pour des solutions contenant de 0,5 à 6,0 p. 1000 d'oxyhémoglobine.

Comme toutes les oxyhémoglobines donnent, sous l'influence de certains agents destructeurs, la même hématine, et comme elles présentent toutes le même spectre d'absorption, on ne saurait admettre une grande dissemblance dans leur constitution chimique. Ce dernier caractère, la similitude absolue des spectres d'absorption, a une très grande valeur démonstrative, car on sait que des substances peuvent présenter des spectres d'absorption nettement dissemblables, tout en ne différant que fort peu, quant à leur constitution chimique.

On en peut conclure avec certitude que les différentes oxyhémoglobines possèdent toutes en commun au moins le groupement atomique auquel elles doivent leurs propriétés d'absorption.

La connaissance de ce spectre d'absorption de l'oxyhémoglobine présente un autre intérêt : elle permet de démontrer que *l'oxyhémoglobine préparée pure*, l'oxyhémoglobine dont nous venons d'indiquer quelques propriétés, *est bien réellement la matière colorante*, ou tout au moins une matière colorante extrêmement voisine de celle *qui teint les globules rouges du sang circulant*. Si, en effet, on examine au microspectroscope (microscope muni, comme oculaire, d'un petit spectroscope à vision directe), sur un animal vivant un vaisseau sanguin d'une membrane mince : un vaisseau de la langue, de la patte, du poumon de la grenouille, ou un vaisseau du mésentère du lapin, ou un vaisseau de l'aile ou de l'oreille de la chauve-souris, etc., on aperçoit, si le vaisseau a des dimensions convenables, les deux bandes d'absorption de l'oxyhémoglobine. Donc la matière colorante du sang circulant est la même que celle que nous avons étudiée après l'avoir préparée pure, ou, tout au moins, elle en diffère assez peu pour que le spectre d'absorption ne soit pas modifié.

L'oxyhémoglobine est remarquable en ce qu'elle possède à la fois des propriétés cristalloïdes et des propriétés colloïdes. Comme les cristalloïdes elle peut être obtenue sous forme cristalline ; — comme les colloïdes elle est indialysable ; comme les colloïdes encore elle est partiellement retenue sur la bougie filtrante de porcelaine dégourdie.

B. *Hémoglobine.* — Le sang, avons-nous dit grenferme deux matières colorantes, l'oxyhémoglobine, et l'hémoglobine. On peut passer de l'oxyhémoglobine à l'hémoglobine par réduction, et de l'hémoglobine à l'oxyhémoglobine, par oxydation. En soumettant à l'action du vide une solution d'oxyhémoglobine, on obtient une solution d'hémoglobine ; en réduisant par le sulfhydrate d'ammoniaque une solution d'oxyhémoglobine, on obtient une solution d'hémoglobine.

L'*hémoglobine* est une substance soluble dans l'eau, insoluble dans l'alcool, ne différant chimiquement de l'oxyhémoglobine que par de l'oxygène en moins.

On peut l'obtenir facilement sous forme cristalline en partant des globules du sang de cheval. On laque ces globules par addition de 2 volumes d'eau, et on abandonne ce mélange à la putréfaction. On ajoute alors $^1/_4$ de son volume d'alcool fort et on abandonne dans un lieu frais. Il se dépose des cristaux brillants noirâtres ayant la forme de tablettes hexagonales régulières, visibles à l'œil nu, se détruisant rapidement au contact de l'air, dont ils absorbent l'oxygène, pour donner de l'oxyhémoglobine.

L'hémoglobine est caractérisée par son *spectre*

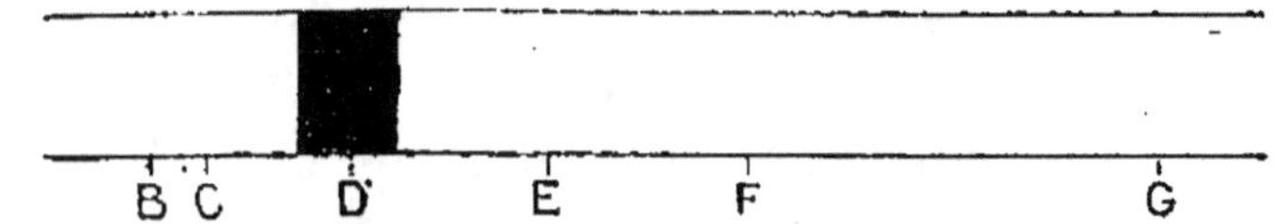

Fig. 5. — Spectre d'absorption de l'hémoglobine. — B, C, D, etc., représentent les raies du spectre solaire.

d'absorption. Une solution d'hémoglobine, contenant 1. p. 1000 d'hémoglobine, examinée sous une épaisseur de 1 centimètre, absorbe l'extrême rouge, d'une part, la moitié du bleu, l'indigo et le violet d'autre part ; enfin son spectre présente une bande d'absorption unique, large, comprise entre les raies D. E. du

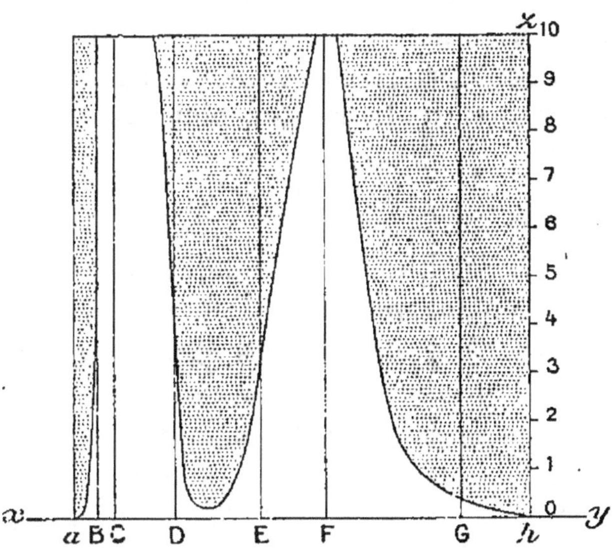

Fig. 6. — Tableau représentant les spectres d'absorption d'une solution d'hémoglobine examinée sous une épaisseur de 1 centimètre. — B, C, D...., sont les raies du spectre solaire. — Sur l'ordonnée *hz* on a indiqué les teneurs en hémoglobine de la solution examinée. — Pour avoir le spectre d'absorption d'une solution d'hémoglobine, contenant *n* pour 1 000 de pigment dissous, il suffit par la division *n* de l'ordonnée *hz* de mener la parallèle à *xy*.

spectre solaire, un peu plus voisine de D que de E.

En supposant les solutions examinées sous une épaisseur de 1 centimètre :

Pour une solution contenant 3 p. 1 000 d'hémoglobine, la bande d'absorption occupe tout l'espace compris entre les raies D et E.

Pour une solution contenant 10 p. 1 000 d'hémoglobine, le rouge est absorbé jusqu'à la raie B du spectre solaire ; le violet, l'indigo et la plus grande partie du bleu sont également absorbés ; enfin, la bande d'absorption s'étend de la raie D à la raie F du spectre solaire : il ne passe plus que 2 faisceaux lumineux compris, le premier, rouge orangé, entre les raies B et D, le second, bleu, au voisinage et peu au delà de la raie F.

Le spectre de l'hémoglobine est donc caractérisé par l'existence d'une bande d'absorption située dans la région D-E du spectre pour une concentration convenable de la solution, indépendamment des absorptions portant sur les deux extrémités du spectre.

On *dose*, en général, la matière colorante du sang *à l'état d'oxyhémoglobine*. Plusieurs procédés permettent de faire ce dosage. Il sont fondés sur les propriétés suivantes de l'oxyhémoglobine. L'oxyhémoglobine est :

1° Une matière *colorante*.

2° Une substance *absorbant* certaines radiations lumineuses.

3° Une substance oxygénée *dissociable*.

4° Une substance *ferrugineuse*.

1. Pour doser la quantité d'une matière *colorante* contenue dans une liqueur, on peut employer les *procédés* dits *colorimétriques*. — On prépare tout d'abord une série de solutions titrées de la substance colorante qu'on se propose de doser, solutions de plus en plus riches en substance dissoute, et on compare la solution analysée aux différents termes de cette série quant à l'intensité de sa coloration.

Des appareils dits *colorimètres* permettent de faire cette comparaison avec la plus grande facilité et avec une grande exactitude.

Supposons, par exemple, qu'on ait préparé une série de solutions d'oxyhémoglobine, contenant 1, 2, 3,... p. 1 000 d'oxyhémoglobine, et que la liqueur sanguine analysée (il convient de la laquer préalablement pour que la teinte soit la même) ait une coloration de même intensité que la solution, contenant 7 p. 1 000 d'oxyhémoglobine, on conclura que cette liqueur contient 7 p. 1 000 d'oxyhémoglobine. — Au lieu de préparer chaque fois une solution titrée d'oxyhémoglobine, on possède une série de verres rouge d'oxyhémoglobine, plus ou moins colorés, chacun des termes de cette série correspondant comme teinte à des solutions d'oxyhémoglobine contenant une proportion donnée de cette matière colorante, et examinée sous une épaisseur déterminée.

2. L'oxyhémoglobine, substance *absorbant* certaines radiations lumineuses, peut être dosée *spectrophotométriquement*. Les déterminations spectrophotométriques consistent essentiellement à déterminer la quantité d'une certaine lumière absorbée par la solution examinée sous une épaisseur donnée. Il existe des appareils de différents modèles, reposant sur différents principes, qui permettent de connaître la quantité de lumière absorbée : ce sont des *spectrophotomètres*. Étant connue la quantité de lumière absorbée par une solution donnée, on peut, par des formules simples, calculer la quantité de matière colorante contenue dans la solution, si l'on a une

fois pour toutes déterminé le coefficient d'absorption de cette substance.

Les procédés spectrophotométriques permettent même, dans un mélange d'hémoglobine et d'oxyhémoglobine, de calculer les quantités respectives d'hémoglobine et d'oxyhémoglobine. Ce sont les seuls procédés qui permettent de faire cette détermination. Il suffit de déterminer la quantité de lumière absorbée par la solution mixte pour deux radiations lumineuses différentes ; cela permet d'écrire 2 équations à 2 inconnues, suffisantes pour calculer les quantités d'hémoglobine et d'oxyhémoglobine.

3. Supposons que le sang soit vigoureusement agité au contact de l'air : la matière colorante passe à l'état d'oxyhémoglobine, à une fraction négligeable près. Supposons qu'on provoque par un procédé quelconque la *dissociation* de cette oxyhémoglobine et qu'on recueille l'oxygène mis en liberté ; on en conclura la quantité d'oxyhémoglobine, puisque 1 gramme d'oxyhémoglobine abandonne $1^{cc},58$ d'oxygène mesuré à $0°$. et à 760^{mm}.

Pour faire cette mesure, on soumet le sang battu à l'air à l'*action du vide à* $100°$, l'oxygène provenant de la dissociation de l'oxyhémoglobine est mis en liberté, ainsi que l'oxygène dissous dans le sang. Si l'on connaît la quantité normalement dissoute dans le sang (et le calcul a pu en être fait, d'une façon sensiblement exacte, une fois pour toutes), par différence on connaît la quantité d'oxygène provenant de la dissociation de l'oxyhémoglobine ; on pourra, par conséquent, calculer la quantité de cette dernière substance.

4. La matière colorante du sang est la seule substance *ferrugineuse* qui soit contenue dans ce liquide ; si donc on détermine la *quantité de fer* contenue dans un volume déterminé de sang, on pourra calculer la quantité d'oxyhémoglobine contenue dans ce volume de sang, si on a, une fois pour toutes, déterminé la proportion de fer contenu dans un poids donné d'oxyhémoglobine de l'animal considéré.

Pratiquement, il faudra dessécher le sang, incinérer le résidu, reprendre les cendres par l'eau acidulée par l'acide chlorhydrique, et doser le fer dans la solution obtenue.

En opérant par l'un ou l'autre de ces procédés, mais surtout par la *méthode spectrophotométrique*, ou par la *méthode de dosage du fer*, ou trouve que 100 grammes de sang humain contiennent de 12 à 15 grammes d'hémoglobine, en moyenne 13 grammes 1/2.

Cette matière colorante constitue la plus grande partie des globules rouges, puisque 100 parties en poids de globules rouges desséchés contiennent chez l'homme environ 90 parties d'hémoglobine : la matière colorante constitue ainsi les 9/10 du globule rouge, abstraction faite, bien entendu, de l'eau qui entre dans la constitution du globule.

L'oxyhémoglobine n'est pas le seul composé oxygéné de l'hémoglobine : il en existe un autre, la *méthémoglobine*.

La méthémoglobine se produit aux dépens de l'hémoglobine sous l'influence de certains agents oxydants, ferricyanure de potassium, permanganate de potasse, nitrite de potasse, nitrite d'amyle ; inversement, sous l'influence de certains agents réducteurs, la méthémoglobine fournit de l'hémoglobine. Mais, d'une part, la méthémoglobine ne se produit pas par action directe de l'oxygène atmosphérique, et, d'autre part, elle n'est pas dissociable.

La méthémoglobine se produit quand on ajoute à une solution d'oxyhémoglobine, ou à du sang laqué quelques gouttes d'une solution concentrée de ferricyanure (cyanure rouge) de potassium. Lorsqu'on opère avec une solution pure d'oxyhémoglobine, si, après addition de ferricyanure de potassium, on refroidit à 0°, et si on ajoute 1/4 de volume d'alcool refroidi, la méthémoglobine se dépose sous forme cristalline. La méthémoglobine de cobaye se présente sous forme de tétraèdres; celle de rat et d'écureuil sous forme de plaques hexagonales.

Fig. 7. — Spectre d'absorption des solutions alcalines de méthémoglobine.

Les *solutions aqueuses de méthémoglobine* présentent un *spectre d'absorption* à 3 bandes : l'une dans le rouge entre C et D, les deux autres entre les raies D et E du spectre solaire.

Les solutions de méthémoglobine, additionnées d'ammoniaque, présentent également 3 bandes situées sensiblement dans les mêmes régions du spectre : les deux premières étant toutefois un peu déplacées vers le violet.

L'*hémoglobine* forme avec l'*oxyde de carbone* une combinaison résultant de l'union directe d'une molécule d'hémoglobine et d'une molécule d'oxyde de carbone, ou de la substitution d'une molécule d'oxyde de carbone à une molécule d'oxygène dans l'oxyhémoglobine. C'est l'*hémoglobine oxycarbonée* ou *carboxyhémoglobine*.

Cette combinaison n'est pas dissociée soit à 15°, soit à 40° ; par conséquent le *sang oxycarboné* ou une solution d'*hémoglobine oxycarbonée* ne se décomposent pas au contact de l'air à ces températures. Cette combinaison, d'autre part, est plus stable que l'oxyhémoglobine ; de telle sorte que du sang ou une solution d'oxyhémoglobine, abandonnés au contact d'une atmosphère contenant la proportion normale d'oxygène (par conséquent une atmosphère en présence de laquelle l'oxyhémoglobine ne se dissocie pas) et de très petites quantités d'oxyde de carbone, absorbe ce gaz : l'oxyhémoglobine est transformée en hémoglobine oxycarbonée.

La connaissance de ces faits permet de comprendre comment un animal meurt dans une atmosphère contenant des quantités relativement faibles d'oxyde de carbone : l'oxyde de carbone est absorbé lentement par l'hémoglobine, mais comme l'hémoglobine donne avec lui une combinaison non dissociable, toute l'hémoglobine ainsi saturée d'oxyde de carbone est de l'hémoglobine perdue pour la fixation et le transport de l'oxygène, et définitivement perdue.

La fixation d'oxyde de carbone sur la matière

colorante du sang est physiologiquement équivalente à une saignée.

L'*hémoglobine oxycarbonée* s'obtient *cristallisée* par les procédés employés pour préparer l'oxyhémoglobine cristallisée, mais en partant du sang oxycarboné ; les formes cristallines sont les mêmes que celles de l'oxyhémoglobine correspondante.

L'*hémoglobine oxycarbonée* présente un *spectre d'absorption* très semblable au spectre d'absorption de l'oxyhémoglobine ; ce spectre présente 2 bandes d'absorption situées entre les raies D et E du spectre solaire, sensiblement dans les mêmes zones que les raies de l'oxyhémoglobine.

Traitée par les agents réducteurs et en particulier par le sulfhydrate d'ammoniaque, l'hémoglobine oxycarbonée n'est pas ramenée à l'état d'hémoglobine : elle conserve son spectre d'absorption. Dans les mêmes conditions, l'oxyhémoglobine est réduite, et son spectre à 2 bandes est remplacé par un spectre à bande unique.

L'*hémoglobine* donne avec le *bioxyde d'azote* une combinaison, l'*hémoglobine oxyazotée*, ou *azotoxyhémoglobine*. Cette combinaison est plus stable que l'hémoglobine oxycarbonée : elle se produit lorsqu'on fait passer un courant de bioxyde d'azote dans une solution d'hémoglobine oxycarbonée. On ne peut pas produire l'hémoglobine oxyazotée par action directe du bioxyde d'azote sur le sang oxygéné, car, en présence de l'oxygène, le bioxyde d'azote fournit, on le sait, des vapeurs nitreuses qui altéreraient profondément la matière colorante du sang.

Cette hémoglobine oxyazotée s'obtient *cristallisée* : ses cristaux présentent les mêmes formes que ceux de l'hémoglobine oxycarbonée et de l'oxyhémoglobine correspondantes : son *spectre d'absorption* est, comme les spectres de ces deux dernières substances, un spectre à deux bandes comprises entre D et E.

Parmi les substances qu'on peut obtenir en partant de la matière colorante du sang, deux présentent une importance considérable, au point de vue de la connaissance de la constitution de l'hémoglobine et de ses rapports avec d'autres matières colorantes de l'organisme ; l'*hématine* et l'*hématoporphyrine* ; — d'autres, telles que l'*hémine* et l'*hématoïdine* présentent également quelque intérêt au point de vue physiologique et médical. Nous étudierons sommairement ces différentes substances.

Lorsqu'on porte pendant quelque temps *à 80°* une solution d'oxyhémoglobine ou du sang, l'oxyhémoglobine est transformée en méthémoglobine, et celle-ci est décomposée en une substance albuminoïde coagulée et une matière colorante brune, l'*hématine*.

Lorsqu'on traite par l'*alcool* une solution d'oxyhémoglobine, cette matière colorante est précipitée sans décomposition ; mais si on maintient pendant quelque temps l'oxyhémoglobine précipitée en contact avec l'alcool, le précipité brunit ; il se produit un dédoublement en substance albuminoïde coagulée et *hématine*.

Lorsqu'on fait agir sur l'oxyhémoglobine le *suc gastrique* ou le *suc pancréatique*, cette matière colorante est décomposée en une substance albuminoïde qui subit les transformations digestives gastrique ou pancréatique, et *hématine*. — Aussi, trouve-t-on l'hématine dans les excréments, soit à la suite d'une alimentation contenant du sang, soit à la suite d'hémorragies gastriques ou intestinales.

Ces différentes réactions nous montrent que l'*oxyhémoglobine* doit être considérée comme une *protéide* résultant de la combinaison d'une substance albuminoïde appelée *globine* et de l'*hématine*.

L'*hématine*, préparée pure, donne par la calcination un résidu d'oxyde de fer : c'est donc une substance *ferrugineuse* : sa formule est $C^{32}H^{32}Az^4FeO^4$. C'est une substance insoluble dans l'eau, dans l'alcool, dans l'éther ; — soluble dans l'eau alcalinisée, mais insoluble dans l'eau acidulée ; — soluble dans l'alcool ou l'éther acidulés, mais insoluble dans l'alcool ou l'éther alcalinisés.

Les *solutions alcalines d'hématine* sont *caractérisées spectroscopiquement* par un spectre d'absorption

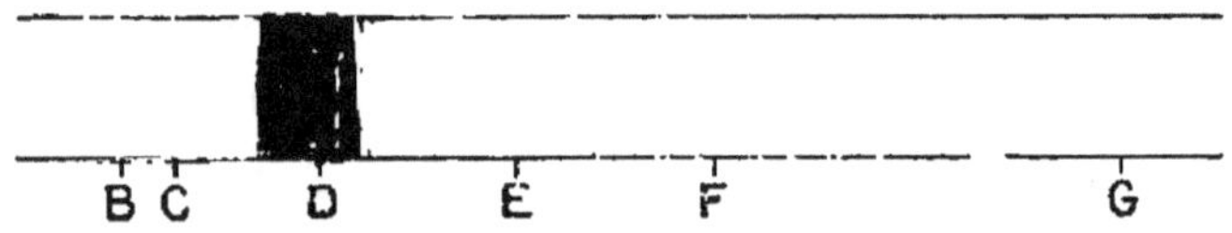

Fig. 8. — Spectre d'absorption des solutions alcalines d'hématine.

à 1 bande, située à cheval sur la raie D du spectre solaire ; — ses *solutions acides* sont caractérisées par 4 bandes situées dans l'orangé, le jaune, le vert et le vert bleu ; la première très nette, les trois autres souvent peu distinctes.

Pour préparer cette hématine pure, on se sert

des cristaux *d'hémine* ou *chlorhydrate d'hématine* (dont nous indiquons ci-dessous le mode d'obtention). On dissout ces cristaux dans une solution étendue de potasse, et on traite cette dernière par

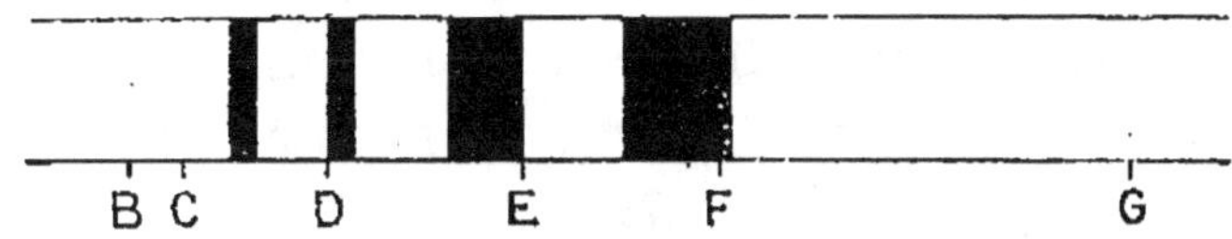

Fig. 9. — Spectre d'absorption des solutions acides d'hématine.

l'acide chlorhydrique dilué : l'hématine insoluble dans l'eau acidulée se précipite en flocons bruns qu'on lave à l'eau bouillante.

Supposons qu'on ait débarrassé les globules rouges du plasma ou du sérum dans lequel ils flottent, par décantation et lavages répétés à l'eau salée, qu'on dissolve ces globules par l'eau ou par l'éther, qu'on ajoute à cette solution globulaire 20 volumes d'acide acétique glacial et qu'on maintienne deux heures au bain-marie bouillant. Il se

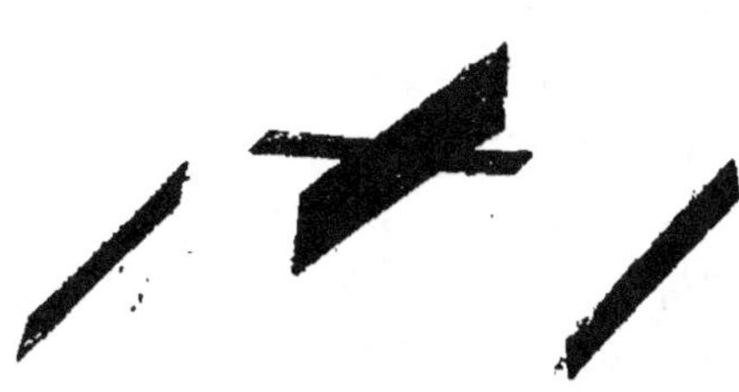

Fig. 10. — Cristaux de Teichmann (hémine, chlorhydrate d'hématine).

produit un dépôt bleu noir formé de cristaux microscopiques, insolubles dans l'eau, insolubles dans les acides étendus, insolubles dans l'alcool, l'éther, le chloroforme. Ce sont des cristaux d'hémine, appelés encore *cristaux de Teichmann*. On peut, par lavages à l'eau, à l'alcool, à l'éther, les débarrasser des restes de la liqueur dans laquelle ils se sont formés.

Ainsi préparés, ces cristaux, qui affectent généralement la forme de tablettes rhomboédriques allongées, souvent groupées, sont solubles dans les alcalis caustiques étendus. Ce sont ces solutions qui, neutralisées par un acide étendu, précipitent l'hématine.

L'*hémine* a pour formule $C^{32}H^{32}Az^4FeO^4HCl$: c'est
du *chlorhydrate d'hématine.*

L'hémine présente un certain intérêt pratique :
elle permet de déterminer la véritable nature de
vieilles *taches de sang*. Supposons qu'on ait du sang
desséché : on le broie avec une très petite quantité
de chlorure de sodium, et on humecte la poudre
ainsi obtenue avec de l'acide acétique glacial ; on
chauffe légèrement en évitant d'atteindre la température d'ébullition de l'acide acétique, et on laisse
refroidir. En examinant au microscope, on reconnaît
la présence de cristaux d'hémine qui se sont produits
aux dépens de la matière colorante du sang desséché.

Lorsqu'on traite l'hématine ou l'hémine par l'acide
chlorhydrique fumant, ou par l'acide sulfurique
concentré ou par l'acide acétique glacial saturé
d'acide bromhydrique, elles sont décomposées : le
fer est enlevé, fixé par l'acide minéral, et l'hématine
est transformée en une autre *matière colorante, non
ferrugineuse, l'hématoporphyrine.*

L'hématoporphyrine, dans ces méthodes de préparation, s'obtient dissoute dans les acides : pour
l'obtenir précipitée, il suffit de diluer par l'eau
distillée ces solutions acides.

L'hématoporphyrine présente un *spectre d'absorp-*

tion caractérisé par une bande étroite dans le jaune entre C et D et une bande large dans le jaune et le jaune vert.

L'hématoporphyrine a pour formule $C^{32}H^{36}Az^4O^6$. Cette formule est la formule de la bilirubine, l'une des matières colorantes de la bile. L'*hématoporphyrine* n'est pas identique à la bilirubine, mais elle *est isomère de la bilirubine*.

Dans l'organisme, on peut observer, dans quelques cas, une transformation de la matière colorante du sang en bilirubine : dans de vieux extravasats sanguins, on a observé souvent la présence de tablettes cristallines rhombiques orangées. On avait appelé la substance ainsi cristallisée *hématoïdine* ; mais on a reconnu que cette hématoïdine est identique à la bilirubine.

Ces faits sont intéressants à connaître : on est ainsi parvenu artificiellement à obtenir aux dépens de l'oxyhémoglobine une matière colorante isomérique de la bilirubine, — la bilirubine étant elle-même une manière colorante produite par l'organisme aux dépens de l'oxyhémoglobine.

Nous avons étudié les produits principaux de la décomposition de l'oxyhémoglobine. A l'abri de l'oxygène, l'hémoglobine donne une série de produits de décomposition analogues : en particulier, au lieu d'obtenir de l'hématine on obtient de l'*hémochromogène* (sous l'influence des agents oxydants, cet hémochromogène se transforme en hématine, et inversement, sous l'influence des agents réducteurs, l'hématine se transforme en hémochromogène).

CHAPITRE VII

GAZ DU SANG ET ÉCHANGES GAZEUX RESPIRATOIRES

Sommaire. — L'oxyhémoglobine est une combinaison dissociable. Qu'est-ce qu'une substance dissociable? Qu'est-ce qu'un phénomène de dissociation? Exemple du carbonate de chaux. Dissociation de l'oxyhémoglobine.

Les gaz du sang. — État des gaz du sang : dissolution et combinaison. Lois de la dissolution des gaz. Dissolution et dissociation. État de l'oxygène dans le sang. État du gaz carbonique dans le sang. État de l'azote dans le sang.

Échanges gazeux pulmonaires. — Composition de l'air alvéolaire. Composition de l'air expiré. Théorie de l'échange gazeux pulmonaire.

L'oxyhémoglobine est une *combinaison oxygénée dissociable*, pouvant se dédoubler dans des conditions que nous allons préciser en oxygène et hémoglobine.

Pour comprendre les faits que nous avons à exposer il faut savoir ce qu'est une *substance dissociable*. — Empruntons un exemple simple de dissociation à la chimie minérale.

Si l'on soumet à l'action d'une température de 860° en vase clos du carbonate de chaux, ce corps est décomposé, mais il n'est que *partiellement décomposé* en gaz carbonique et chaux : il est décomposé jusqu'à ce que le gaz carbonique résultant de la décomposition exerce dans le vase clos une pression de 85 millimètres de mercure. Cette décomposition partielle du carbonate de chaux est un *phénomène de dissociation*. — Le carbonate de chaux est un composé dissociable à la température de 860°.

Inversement, supposons que dans un vase clos chauffé à 860° aient été introduits de la chaux et du gaz carbonique, ce dernier exerçant une pression supérieure à 85 millimètres ; — une partie de ce gaz carbonique se combinera avec la chaux, pour former du carbonate de chaux, jusqu'à ce que la pression du gaz carbonique soit tombée à 85 millimètres.

Si l'on opère à une autre température, à 1040°, par exemple, les choses se passeront de la même façon, avec cette différence toutefois que la décomposition du carbonate de chaux se poursuivra jusqu'à ce que le gaz carbonique dégagé exerce une pression de 520 millimètres de mercure, — ou que la combinaison du gaz carbonique et de la chaux se poursuivra jusqu'à ce que le gaz carbonique exerce une pression de 520 millimètres de mercure.

Bref, dans les *phénomènes de dissociation*, il s'établit un *équilibre chimique* entre un composé et ses produits de décomposition, cet équilibre dépendant de plusieurs circonstances, dont la plus importante dans le cas du carbonate de chaux est la température.

Avant d'aborder l'histoire de la dissociation de l'oxyhémoglobine, il nous faut encore définir la *tension d'un gaz dissous*.

Lorsqu'un liquide est mis en contact avec une atmosphère gazeuse, il dissout une certaine quantité des gaz de cette atmosphère. Par définition, la tension du gaz dissous est égale à la tension du même gaz dans l'atmosphère gazeuse, lorsque l'équilibre est établi. — Si par exemple de l'eau est mise en contact avec l'air atmosphérique, elle dissout de l'oxygène et de l'azote ; la tension de l'oxygène dissous est égale à 1/5 d'atmosphère, et la tension de l'azote dissous est égale à 4/5 d'atmosphère, parce que l'oxygène et l'azote atmosphériques ont dans l'atmosphère des tensions égales respectivement à 1/5 et à 4/5 d'atmosphère.

Ces notions étant admises, supposons qu'on ait préparé une solution d'oxyhémoglobine, et imaginons, pour la clarté de notre exposé, que cette solution ne contienne ni hémoglobine, ni oxygène dissous, mais seulement de l'oxyhémoglobine. Supposons que cette solution ait été introduite dans une enceinte fermée de toutes parts et remplisse complètement cette enceinte. Si l'expérience est faite à une température à laquelle l'oxyhémoglobine est dissociable, par exemple à 15°, voici ce qui va se passer : l'oxyhémoglobine se décompose en hémoglobine et oxygène qui restent dissous, et cette décomposition se poursuit jusqu'à ce que l'oxygène dissous ait atteint une certaine tension. Lorsque l'équilibre est réalisé, il existe une certaine relation, variable, bien entendu, suivant les conditions de l'expérience, entre l'oxyhémoglobine et ses produits de décomposition.

Inversement, supposons qu'on ait préparé une

solution d'hémoglobine, et imaginons, pour la clarté de notre exposé, que cette solution contienne en outre de l'oxygène dissous ayant une certaine tension, et ne contienne pas d'oxyhémoglobine. Supposons que cette solution ait été introduite dans une enceinte fermée de toutes parts et remplisse complètement cette enceinte. Voici ce qui va se passer : une partie de l'oxygène dissous va se combiner à l'hémoglobine dissoute ; et cette combinaison va se poursuivre jusqu'à ce qu'il existe une certaine relation entre l'oxyhémoglobine, l'hémoglobine et l'oxygène dissous, relation qui dépend des conditions de l'expérience.

Au lieu d'opérer en vase clos et complètement rempli par la solution expérimentée, supposons qu'on opère en vase clos, mais contenant de l'air à une certaine tension. Introduisons dans une telle enceinte la solution d'oxyhémoglobine pure dont nous nous sommes précédemment servis : cette oxyhémoglobine se dissocie jusqu'à ce que soit établi un équilibre chimique, dépendant des conditions de l'expérience, entre l'oxyhémoglobine et ses produits de décomposition : en particulier, la tension de l'oxygène dissous atteint une certaine valeur. Mais cette solution est en contact avec une atmosphère gazeuse ; que va-t-il se passer ? Trois cas peuvent se présenter : 1· la tension de l'oxygène dissous est égale à la tension de l'oxygène dans l'atmosphère, aucune modification nouvelle ne va se produire ; — 2· la tension de l'oxygène dissous est supérieure à la tension de ce gaz dans l'atmosphère ;

— alors une partie de l'oxygène de dissociation se dégage, de telle sorte que la tension de l'oxygène dissous et celle de l'oxygène gazeux soient les mêmes ; mais l'équilibre chimique des substances en solution est rompu ; une nouvelle quantité d'oxyhémoglobine se décompose jusqu'à ce qu'un nouvel équilibre chimique soit atteint, et ainsi de suite. On conçoit donc que, dans ces conditions expérimentales, deux équilibres doivent être établis ; un équilibre physique entre l'oxygène de l'atmosphère gazeuse et l'oxygène dissous, et un équilibre chimique entre l'oxyhémoglobine, l'hémoglobine et l'oxygène dissous ; — 3° la tension de l'oxygène dissous est inférieure à la tension de ce gaz dans l'atmosphère : — alors une partie de l'oxygène de cette atmosphère se dissout dans la liqueur, augmentant la tension de l'oxygène dissous, jusqu'à ce que les tensions de l'oxygène de l'atmosphère et de l'oxygène dissous soient égales ; — mais l'équilibre chimique des substances dissoutes est rompu : une partie de l'oxygène dissous se recombine à l'hémoglobine jusqu'à ce qu'un nouvel équilibre chimique soit atteint, et ainsi de suite. Dans ce cas encore, l'équilibre final est la résultante de deux équilibres : un équilibre physique et un équilibre chimique.

Inversement, dans un vase clos contenant une certaine quantité d'air, introduisons une solution d'hémoglobine pure, ne contenant ni oxygène dissous, ni oxyhémoglobine dissoute. Une partie de l'oxygène de l'atmosphère se dissout dans la solution jusqu'à ce que la tension de l'oxygène dissous et la tension de l'oxygène de l'atmosphère soient égales. Or l'hémoglobine n'est pas stable en présence de l'oxygène : une partie de l'oxygène dissous se combine donc avec elle jusqu'à ce que soit atteint un certain équilibre chimique. Par suite de cette combinaison, l'équilibre physique précédemment réalisé est rompu : de l'oxygène se dissout de nouveau, etc. Finalement l'équilibre résulte de deux équilibres partiels, l'un physique, l'autre chimique.

Supposons enfin que l'expérience soit faite en présence d'une atmosphère indéfinie de gaz ; en présence de l'air libre par exemple. Tout se passe comme dans le cas d'une atmosphère limitée d'air, avec cette différence que l'un des termes de l'équilibre physique ne varie pas, la tension de l'oxygène atmosphérique.

Telles sont les notions les plus générales qu'on puisse énoncer relativement à la dissociation de l'oxyhémoglobine.

L'oxyhémoglobine ne se dissocie pas à la température de 0°; mais aux températures supérieures, notamment à la température ordinaire 15-20° et à la température du corps 37°, elle se dissocie.

La relation qui existe entre l'oxyhémoglobine, l'hémoglobine et l'oxygène dissous, lorsque l'équilibre chimique est atteint, varie avec la température. Si l'on suppose établi l'équilibre chimique d'une telle solution à 15° et qu'on élève la température à 40°, une nouvelle portion d'oxyhémoglobine se décompose. En d'autres termes, la tension de l'oxygène résultant de la dissociation de l'oxyhémoglobine, ce qu'on appelle la *tension de dissociation de l'oxyhémoglobine* varie avec la température : elle *augmente avec la température.*

Le rapport qui existe entre les quantités d'hémoglobine et d'oxyhémoglobine à une même température, varie avec la quantité de ces substances en solution. Le rapport de la quantité d'oxyhémoglobine à la quantité d'hémoglobine augmente lorsque la quantité de pigment dissous augmente.

La question qui nous occupe peut être envisagée à un autre point de vue :

Les solutions d'hémoglobine exposées à l'air et agitées au contact de l'air absorbent des quantités variables d'oxygène, ces quantités dépendant de l'équilibre chimique qui s'établit entre l'oxyhémoglobine, l'hémoglobine et l'oxygène dissous dans les conditions de l'expérience. — Cet oxygène absorbé se compose de deux parts : l'oxygène combiné et l'oxygène dissous. Pour la clarté de notre exposé, négligeons cette dernière part, et ne nous occupons que de l'oxygène combiné.

La tension de dissociation de l'oxyhémoglobine, avons-nous dit, augmente avec la température. Par conséquent, toutes choses égales d'ailleurs, une même solution d'hémoglobine absorbe plus d'oxygène à 15° qu'à 40°.

Le rapport de l'oxyhémoglobine à l'hémoglobine augmente avec la quantité de pigment dissous ; — par conséquent, toutes choses égales d'ailleurs, une atmosphère gazeuse, une certaine quantité de gaz, variable suivant la nature et la température du liquide, la nature et la tension du gaz, est absorbée par le liquide. Si le gaz n'exerce aucune action chimique sur le liquide, s'il ne se combine à aucun des éléments du liquide s'il se dégage dans le vide, laissant le liquide inaltéré, on dit que ce gaz est dissous.

Lorsqu'un liquide est en contact avec une atmosphère indéfinie d'un gaz, la quantité de gaz, dissous à une température donnée dans l'unité de volume du liquide, est proportionnelle à la pression exercée par le gaz. — On appelle *coefficient de solubilité d'un gaz* dans un liquide, à une température donnée, le nombre qui exprime le volume de gaz, mesuré à $0°$ et à la pression 760 millimètres, que peut dissoudre, à la température considérée, l'unité de volume du liquide, le gaz exerçant sur ce liquide la pression 760 millimètres.

Pour fixer les idées, considérons comme liquide dissolvant l'eau, et comme gaz dissous l'oxygène : 1 litre d'eau à $0°$ étant mis en contact avec une atmosphère indéfinie d'oxygène pur exerçant une pression de 1 mètre de mercure à la surface du liquide, dissout $0^{gr},075$ d'oxygène ; — 1 litre d'eau à $0°$ étant mis en contact avec une atmosphère indéfinie d'oxygène pur exerçant une pression de $0^m,50$ de mercure, en dissout $0^{gr},0375$; — 1 litre d'eau à $0°$ étant mis en contact avec une atmosphère indéfinie d'oxygène pur exerçant une pression de 2 mètres de mercure dissout $0^{gr},150$ d'oxygène, etc.

Le coefficient de solubilité de l'oxygène dans l'eau à $0°$ est 0,041 ; cela veut dire que si l'on met en contact avec une atmosphère d'oxygène pur, exerçant une pression de 760 millimètres de mercure, 1 litre d'eau à $0°$, il s'y

dissout une quantité d'oxygène, qui, si elle était mesurée
à 0° et 760 millimètres, occuperait 0,041 du volume de
l'eau dissolvante, c'est-à-dire, dans l'exemple considéré,
41 centimètres cubes.

Le coefficient de solubilité des gaz varie avec la
température : il diminue lorsque la température
s'élève. Par exemple les coefficients de solubilité de
l'oxygène sont : 0,041 à 0° ; — 0,032 à 10° ; — 0,028
à 20°, etc. Les coefficients de solubilité de l'azote
sont 0,020 à 0° : — 0,016 à 10° ; — 0,014 à 20°, etc.

D'une façon générale, soit V le volume du liquide dissolvant ; soit A le coefficient de solubilité
d'un gaz dans ce liquide à une température donnée ;
soit H la pression exercée par le gaz à la surface du
liquide ; le volume v de gaz dissous, mesuré à 0° et
à la pression 760 millimètres sera :

$$v = VA \times \frac{H}{760}.$$

Lorsqu'une atmosphère composée d'un mélange de
plusieurs gaz est en contact avec un liquide, chacun
de ces gaz se dissout avec son coefficient de solubilité
propre, et proportionnellement à la pression qu'il
exerce dans le mélange gazeux; ou, comme on dit quelquefois, chaque gaz se dissout comme s'il était seul.

Ainsi, supposons que de l'eau soit en contact avec
l'atmosphère (on sait que l'atmosphère renferme environ 1/5 d'oxygène et 4/5 d'azote). L'eau dissoudra l'oxygène de l'atmosphère, comme si elle était en contact avec
une atmosphère d'oxygène pur exerçant une pression
égale à 1/5×760 millimètres. Le coefficient de solubilité

solution d'hémoglobine absorbe, pour une même quantité d'hémoglobine, d'autant plus d'oxygène qu'elle est plus concentrée.

Si l'on fait varier la tension de l'oxygène dissous, la quantité d'oxyhémoglobine varie d'une façon remarquable.

Lorsque l'on opère par exemple à 40°, voici ce qu'on observe : dans une atmosphère ne contenant pas d'oxygène une solution d'hémoglobine n'est pas modifiée. — Supposons que l'atmosphère en contact avec la solution d'hémoglobine contienne une faible proportion d'oxygène; supposons, pour fixer les idées, que cet oxygène ait une tension de 10 millimètres de mercure, par exemple : la solution des pigments sanguins contiendra beaucoup d'hémoglobine et peu d'oxyhémoglobine; en d'autres termes, elle absorbera peu d'oxygène. — Supposons que la pression de l'oxygène augmente dans l'atmosphère, atteigne 20, 30, etc., millimètres de mercure, la solution des pigments sanguins contiendra de moins en moins d'hémoglobine et de plus en plus d'oxyhémoglobine; en d'autres termes, elle absorbera de plus en plus d'oxygène. — Il en sera ainsi jusqu'à ce que la pression de l'oxygène atteigne 60 millimètres de mercure environ : à ce moment, la solution renferme très peu d'hémoglobine et beaucoup d'oxyhémoglobine : en d'autres termes, elle a absorbé beaucoup d'oxygène. — Lorsque la pression de l'oxygène augmente encore au delà de 60 millimètres, le rapport de l'oxyhémoglobine à l'hémoglobine augmente encore un peu, mais fort peu : en d'autres termes, la quantité d'oxygène absorbé augmente un peu, mais très peu.

En résumé, on peut dire que la quantité d'oxygène absorbé par une solution d'hémoglobine augmente avec la pression de l'oxygène dans l'atmosphère : la quantité d'oxygène absorbé augmente rapidement lorsque croît la pression de l'oxygène jusqu'à 60 millimètres environ ; — elle augmente, mais augmente à peine, lorsque la pression de l'oxygène croît à partir de 60 millimètres.

Telles sont les principales notions qu'il importe de connaître pour comprendre quel est l'état de l'oxygène dans le sang, pour comprendre quel est le mécanisme des échanges gazeux respiratoires.

La quantité d'oxygène faiblement combiné, c'est-à-dire qui peut être mis en liberté dans la dissociation de l'oxyhémoglobine, est de $1^{cc},58$ (mesuré à $0°$ et à la pression 760 millimètres de mercure) pour 1 gramme d'oxyhémoglobine (1).

Les gaz du sang. — Lorsqu'on porte du sang à l'ébullition, ou lorsqu'on soumet le sang à l'action du vide barométrique, il se dégage des gaz qui sont de l'*oxygène*, de l'*azote* et du *gaz carbonique*.

Quel est l'état de ces gaz dans le sang? Sont-ils dissous? Sont-ils combinés ?

Lorsqu'un liquide est mis en contact avec une

______

(1) Il n'existe qu'une seule oxyhémoglobine ; c'est-à-dire qu'une hémoglobine donnée ne contracte qu'une seule combinaison avec l'oxygène.

de l'oxygène à 0° est 0,041 ; la quantité d'oxygène, mesuré à 0° et à 760 millimètres, dissous dans 1 litre d'eau est donc dans ces conditions

$$1 \text{ litre} \times 0,041 \times \frac{1}{5} \times \frac{760}{760} \text{ ou } 0^{\text{lit}},00822.$$

De même l'eau dissoudra l'azote atmosphérique comme si elle était en contact avec une atmosphère d'azote pur exerçant une pression de $4/5 \times 760^{\text{mm}}$. Le coefficient de solubilité de l'azote à 0° est 0,020. La quantité d'azote mesurée à 0° et à 760^{mm} dissous dans 1 litre d'eau est donc dans ces conditions

$$1 \text{ litre} \times 0,020 \times \frac{4}{5} \times \frac{760}{760} \text{ ou } 0^{\text{lit}},016.$$

Lorsqu'un gaz est dissous dans un liquide, il existe deux procédés permettant d'extraire la totalité du gaz : le premier consiste à faire bouillir le liquide : le second consiste à faire le vide à la surface du liquide. L'expérience montre qu'à la température d'ébullition des liquides les gaz simplement dissous se dégagent en totalité : le coefficient de solubilité des différents gaz à la température d'ébullition du liquide dissolvant est égal à 0. — D'autre part, lorsqu'on fait le vide à la surface d'un liquide, la pression exercée sur le liquide par l'atmosphère gazeuse tend vers 0 et la quantité de gaz dissous dans un volume V tend vers la valeur.

$$V.A \times \frac{0}{760} \text{ c'est-à-dire 0.}$$

Ces notions étant rappelées, nous pouvons aborder l'étude des gaz du sang. Ces gaz sont-ils dissous ? Sont-ils combinés ?

L'azote est dissous dans le sang. Son coefficient de solubilité dans le sang à la température de 40° est 0,013. L'azote est simplement dissous dans le sang. Si on place du sang en contact avec une atmosphère d'air comprimé, ou d'air raréfié, la quantité d'azote dissous est proportionnelle à la pression de l'azote dans cette atmosphère. Il en est de même si le sang est pris sur des animaux maintenus dans des atmosphères comprimées ou raréfiées : la quantité d'azote contenue dans leur sang varie proportionnellement à la tension de ce gaz dans l'air qu'ils respirent.

L'oxygène existe dans le sang sous deux états : *une partie est dissoute, l'autre est combinée* à l'hémoglobine. Nous avons indiqué les conditions d'équilibre physique et d'équilibre chimique dans une solution d'hémoglobine exposée à l'air, dans l'étude que nous avons faite de la dissociation de l'oxyhémoglobine.

Le *gaz carbonique* du sang existe sous *trois états* : état de *simple dissolution*, état de *combinaisons dissociables*, état de *combinaisons stables*.

Le gaz carbonique *dissous* se trouve dans le plasma sanguin.

Le gaz carbonique à l'état de *combinaisons stables* se trouve à l'état de carbonates alcalins.

Le gaz carbonique à l'état de *combinaisons dissociables* se trouve à l'état de bicarbonates alcalins et alcalino-terreux, et de combinaisons avec les globulines du plasma et la matière colorante des globules : les globulines et l'hémoglobine possèdent en effet la propriété de fixer une certaine quantité de gaz carbonique.

Les gaz du sang se trouvent, par conséquent,

dans ce liquide (à l'exception du gaz carbonique des carbonates alcalins) soit à l'état de simple dissolution, soit à l'état de composés dissociables. Par le vide, on peut extraire les gaz dissous et déterminer, à une température convenable, la décomposition totale des composés dissociables du sang. Par l'ébullition, on peut de même chasser les gaz dissous, et déterminer la décomposition totale des composés dissociables du sang. Par l'action simultanée du vide et de l'ébullition, on pourra mettre en liberté la totalité des gaz du sang dissous ou faiblement combinés.

Quant au gaz carbonique des carbonates alcalins, d'une façon générale, il ne peut être mis en liberté que par l'action d'un acide : ces carbonates sont stables dans le vide à 100°. Lorsqu'on soumet au vide à 100° du sérum sanguin, on peut, après avoir recueilli les gaz mis en liberté, obtenir un nouveau dégagement de gaz carbonique en traitant par un acide. — Lorsqu'au contraire on soumet au vide à 100° le sang total, sérum et globules, ou bien plasma et globules, on ne peut plus, après avoir recueilli les gaz mis en liberté, obtenir un nouveau dégagement gazeux en traitant par un acide ; c'est-à-dire que le sang total contient une substance que ne contiennent ni le plasma ni le sérum, substance capable de décomposer les carbonates alcalins dans le vide à 100°. Cette substance est nécessairement une substance contenue dans les globules sanguins ; ce n'est pas l'hémoglobine, puisqu'elle est détruite à une température inférieure à 100° ; c'est la substance ou l'une des substances de la trame globulaire.

Nous n'entreprendrons pas la description détaillée des appareils qui servent à extraire et recueillir les gaz du sang ; nous n'indiquerons que le principe de la méthode. On introduit le sang dans une enceinte où le vide a été fait, enceinte maintenue à 100° : les gaz sont immédiatement et totalement mis en liberté. L'enceinte dans laquelle s'est fait le dégagement gazeux étant mise en rapport avec une pompe à mercure, on peut aspirer ces gaz et les faire passer dans un tube renversé sur le mercure ; il suffit ensuite de faire l'analyse du mélange gazeux extrait.

Lorsqu'on veut connaître la quantité des gaz du sang circulant, il convient d'éviter de la façon la plus absolue le contact entre le sang et l'air : il convient en outre que le sang soit rapidement porté à 100°, car le sang conservé quelque temps à une température de 20 à 40°, à l'abri de l'air, hors des vaisseaux, consomme assez rapidement une partie de son oxygène et produit du gaz carbonique.

On a trouvé les résultats suivants : 100 centimètres cubes de sang artériel de chien contiennent, en moyenne, les volumes suivants de gaz mesurés à 0° et 760 millimètres :

Azote......................	2 centim. cubes.
Oxygène...................	20 —
Gaz carbonique............	40 —

100 centimètres cubes de sang veineux de chien contiennent en moyenne les volumes suivants de gaz mesurés à 0° et à 760 millimètres :

Azote......................	2 centim. cubes.
Oxygène...................	12 —
Gaz carbonique............	48 —

Échanges gazeux pulmonaires. — Au niveau des alvéoles pulmonaires s'accomplissent des échanges gazeux : de l'oxygène passe de l'air alvéolaire dans le sang; du gaz carbonique quitte le sang pour passer dans l'air alvéolaire. Ces échanges gazeux s'accomplissent d'après les lois physiques de l'osmose des gaz. L'oxygène passe dans le sang, parce que sa tension dans l'air des alvéoles est supérieure à sa tension dans le sang veineux arrivant au poumon ; et il y passe ou tout au moins y peut passer jusqu'à ce que sa tension soit la même dans l'air alvéolaire et dans le sang. Le gaz carbonique passe dans l'air alvéolaire, parce que sa tension dans le sang est supérieure à celle qu'il a dans l'air alvéolaire, et il passe ou il peut passer dans l'air des alvéoles jusqu'à ce que l'équilibre des tensions carboniques soit établi.

L'air inspiré a la composition de l'air atmosphérique :

$$
\begin{array}{ll}
O\ldots\ldots\ldots\ldots\ldots\ldots\ldots & 20,8 \text{ volumes.} \\
Az\ldots\ldots\ldots\ldots\ldots\ldots\ldots & 79,2 \quad — \\
CO^2\ldots\ldots\ldots\ldots\ldots\ldots & \text{traces.}
\end{array}
$$

L'air expiré a une composition moyenne, chez l'homme adulte respirant tranquillement, donnée par le tableau suivant :

$$
\begin{array}{ll}
O\ldots\ldots\ldots\ldots\ldots\ldots\ldots & 16,0 \text{ volumes.} \\
Az\ldots\ldots\ldots\ldots\ldots\ldots\ldots & 79,6 \quad — \\
CO^2\ldots\ldots\ldots\ldots\ldots\ldots & 4,4 \quad —
\end{array}
$$

On appelle *coefficient de ventilation* le rapport du volume de l'air inspiré ou expiré à chaque inspiration ou expiration, au volume de l'air contenu dans le poumon. Ce coefficient est égal à 1/10 en moyenne.

On peut dès lors connaître la composition de l'air alvéolaire au moment de l'inspiration, l'air alvéolaire étant à ce moment composé par un mélange de 9 volumes d'air d'expiration et 1 volume d'air d'inspiration. Cette composition est dès lors la suivante :

$$O = \frac{1}{10} \times (16,0 \times 9 + 20,8) = 16,48 \text{ vol.}$$

$$Az = \frac{1}{10} \times (79,6 \times 9 + 79,2) = 79,56 \text{ vol.}$$

$$CO^2 = \frac{1}{10} \times (4,4 \times 9 + 0) = 3,96 \text{ vol.}$$

De là on peut conclure, en faisant abstraction de la vapeur d'eau, pour simplifier, que la tension de l'oxygène dans l'air alvéolaire varie de 16,5 à 16,0 p. 100 d'atmosphère, et que la tension du gaz carbonique dans l'air alvéolaire varie de 4,0 à 4,4 p. 100 d'atmosphère.

Ceci montre : 1° que la tension des divers gaz alvéolaires varie peu suivant le stade respiratoire considéré ; 2° que les échanges gazeux pulmonaires s'accomplissent entre le sang et un air riche en gaz carbonique, puisqu'il en renferme au moins 4 p. 100.

La tension de l'oxygène dans le sang veineux arrivant au poumon est nécessairement inférieure à 16 p. 100 d'atmosphère ; la tension de l'oxygène dans le sang artériel qui quitte le poumon ne peut être supérieure à 16,5 p. 100 d'atmosphère.

La tension du gaz carbonique dans le sang veineux qui arrive au poumon est supérieure à 4 p. 100 d'atmosphère ; et la tension de ce gaz dans le sang artériel qui quitte le poumon est au moins égale à 4 p. 100 d'atmosphère.

CHAPITRE VIII.

LYMPHE. — TRANSSUDATS. — EXSUDATS.

D'une façon générate, la *lymphe* peut être considérée, quant à sa constitution qualitative, comme un sang dépourvu de globules rouges. Elle est constituée par un *plasma* transparent, incolore ou très légèrement citrin, tenant en suspension des *cellules lymphatiques* identiques aux globules blancs du sang.

Le *plasma lymphatique* tient en solution des substances albuminoïdes qui sont une sérumalbumine, une sérumglobuline et une substance fibrinogène ; — du sucre, des sels minéraux (chlorures et phosphates, de soude, de potasse, de chaux, etc.), des gaz (gaz carbonique et azote avec une trace d'oxygène).

La lymphe extraite des vaisseaux lymphatiques *coagule* comme le sang, spontanément : elle donne un *caillot* incolore, peu ferme, peu rétractile, constitué par une trame fibrineuse à laquelle adhèrent

les cellules lymphatiques. La quantité de fibrine
produite par un volume de lymphe est toujours
moindre que la quantité de fibrine produite par le
même volume de sang : elle oscille de 4 à 8 décigrammes par litre de lymphe.

La coagulation de la lymphe et la coagulation du
sang constituent un seul et même 'phénomène. —
Tous les procédés employés pour empêcher ou
retarder la coagulation spontanée du sang empêchent
ou retardent la coagulation spontanée de la lymphe,
La lymphe contient en solution une substance fibrinogène qui constitue la matière première aux dépens
de laquelle se forme la fibrine. Cette substance
fibrinogène est dédoublée sous l'influence d'un ferment soluble dérivé des cellules lymphatiques, etc.
Tout ce qui a été dit au sujet de la coagulation du
sang peut être rigoureusement répété au sujet de la
coagulation de la lymphe. Après coagulation, il reste
un liquide qualitativement identique au sérum sanguin, le sérum lymphatique.

Le *chyle* est la *lymphe intestinale* chargée d'innombrables globules gras, absorbés pendant la digestion.
La présence, dans le chyle, des globules gras qu'il
tient en suspension lui donne une apparence laiteuse. Abstraction faite de ces globules gras, la
constitution qualitative du chyle est sensiblement la
même que celle de la lymphe.

Les grandes cavités séreuses, péritonéale, péricardique, pleurale, contiennent normalement quelques gouttelettes de liquide. Parfois même, surtout
chez certaines espèces animales, il existe dans ces

cavités une assez forte proportion de liquide : il n'est pas rare de trouver dans la cavité péritonéale du cheval 500 centimètres cubes et plus de liquide, dans la cavité péricardique du cheval, 50 centimètres cubes et plus de liquide. Ces liquides sont des *transsudats séreux normaux.*

Ces mêmes cavités peuvent contenir aussi du liquide et en bien plus grande abondance, sous l'influence de causes pathologiques. Ces transsudats pathologiques peuvent être de *nature non inflammatoire* ou de *nature inflammatoire.* Appartenant au groupe des transsudats non inflammatoires, citons le liquide de l'ascite, le liquide de l'hydrocèle, le liquide de l'hydrothorax, et le liquide de l'hydropéricarde, auxquels il faut joindre le liquide de l'œdème. Ce sont les *transsudats séreux pathologiques.*

Appartenant au groupe des transsudats de nature inflammatoire, citons les liquides de la péritonite, de la péricardite et de la pleurésie ; ce sont les *exsudats inflammatoires.*

Les exsudats inflammatoires diffèrent des transsudats séreux par les deux caractères suivants, connexes, l'un histologique, l'autre chimique : — les transsudats séreux ne contiennent pas d'éléments figurés en suspension ; les exsudats inflammatoires renferment d'abondants globules blancs ; — les transsudats séreux ne sont pas spontanément coagulables ; les exsudats inflammatoires coagulent spontanément, donnant un caillot semblable au caillot de la lymphe. Si les transsudats séreux ne coagulent pas spontanément, cela ne tient pas à l'absence de fibrinogène, mais à l'absence d'éléments générateurs du fibrinferment, à l'absence de globules blancs : additionnés de fibrinferment, de sérum sanguin, de sang défibriné, les transsudats séreux coagulent, nous l'avons dit en étudiant la coagulation du sang.

La composition chimique des transsudats et des exsudats est qualitativement la même que celle de la lymphe et par suite du plasma sanguin. Ils contiennent une sérumalbumine, une sérumglobuline, une substance fibrinogène, etc. On a prétendu que la substance fibrinogène des transsudats et exsudats diffère de la substance fibrinogène du plasma sanguin. Nous avons vu, en étudiant le plasma sanguin, que le fibrinogène coagule à une température de 56°, soit quand il est dans sa solution naturelle, le plasma, soit quand il est en solution dans les solutions salines diluées. La plupart des liquides de transsudats séreux, le liquide de l'hydrocèle notamment, ne coagulent généralement pas à 56° ; ce n'est souvent que vers 60° que commence à se former un louche. Cela ne prouve pas que le fibrinogène du plasma sanguin et le fibrinogène du liquide de l'hydrocèle sont différents : si, en effet, on prépare des solutions salines de fibrinogène pur, en se servant comme matière première soit du plasma, soit du liquide de l'hydrocèle, on constate que toutes ces solutions coagulent toujours à 56°. Si on dissout dans le liquide de l'hydrocèle du fibrinogène préparé au moyen du plasma sanguin, on n'observe pas de coagulation avant 60°. Donc si le fibrinogène du liquide de l'hydrocèle ne coagule pas toujours à 56°, mais quelquefois seulement à 60°, cela tient non pas à une différence chimique des deux substances coagulables, mais à la nature des liquides dans lesquels elles sont en solution.

A côté des transsudats normaux il faut placer l'*humeur aqueuse de l'œil*, qui, par sa constitution chimique et par ses propriétés, est un véritable transsudat. Elle ne coagule pas spontanément, mais, additionnée de sérum sanguin, elle fournit un très minime coagulum fibrineux.

Le *liquide cérébro-rachidien*, au contraire, ne doit pas être rangé parmi les transsudats, ainsi que l'avaient proposé différents auteurs. Ce n'est pas un transsudat, parce qu'il ne contient ni fibrinogène ni sérumalbumine : il ne contient pas de fibrinogène, car il ne coagule pas à 56° et ne donne de fibrine, ni spontanément, ni après addition de sérum sanguin; — il ne contient pas de sérumalbumine, car toutes les substances albuminoïdes dissoutes sont précipitées par le sulfate de magnésie dissous à saturation.

Le *pus* est-il assimilable aux transsudats? — Le pus est essentiellement constitué par un liquide dans lequel sont tenus en suspension de très nombreux éléments solides : globules blancs ayant subi la dégénérescence graisseuse et appelés globules du pus, et globules de graisse issus des globules blancs dégénérés et détruits. Grâce à la présence de ces nombreux globules blancs, le pus possède la propriété de faire coaguler les solutions de fibrino-

gène ou les liquides de transsudats non spontanément coagulables : il renferme du fibrinferment.

Le liquide dans lequel sont suspendus ces globules solides doit être appelé *sérum du pus* et non pas
plasma du pus : il contient en effet de la sérumalbumine, de la sérumglobuline et du fibrinferment
comme le sérum sanguin; mais il ne contient pas
de fibrinogène : il n'est donc pas spontanément
coagulable. D'où cette conclusion : le pus ne doit
pas être considéré comme un transsudat ou comme
un exsudat.

CHAPITRE IX

LE TISSU CONJONCTIF

Sommaire. — Constitution générale du tissu conjonctif. *a*. Tissu conjonctif proprement dit. Collagène et gélatine. *b*. Tissu cartilagineux. Chondrine. *c*. Tissu osseux. Matières minérales.

Les tissus qu'on réunit sous le nom général de tissu conjonctif se présentent sous des aspects parfois bien différents : le tissu cellulaire sous-cutané semble différer profondément du tissu cartilagineux ; — le tissu adipeux semble différer profondément du tissu de la dent ; — le tissu des tendons et des ligaments semble différer profondément du tissu des os. Cependant ces différents tissus ont une même origine embryologique, un même rôle anatomique, une même constitution histologique, une même composition chimique.

Tous les tissus conjonctifs sont essentiellement constitués par les éléments suivants :

1. Des *cellules* — cellules du tissu conjonctif, cellules de cartilage, etc.

2. Des *fibres conjonctives* blanches, onduleuses, extrêmement fines, non ramifiées et non anastomosées.

3. Des *fibres élastiques* jaunâtres, ramifiées et anastomosées, moins fines que les fibres conjonctives.

4. Une *substance fondamentale* dans laquelle sont plongées les cellules et les fibres.

Nous diviserons, pour la clarté de la description, les tissus conjonctifs en 3 groupes :

a. Tissu conjonctif proprement dit ;

b. Tissu cartilagineux ;

c. Tissu osseux.

a. *Tissu conjonctif proprement dit.* — L'étude des cellules du tissu conjonctif est une étude presque exclusivement histologique : englobées dans la substance fondamentale du tissu conjonctif, elles n'ont pu être suffisamment isolées pour que leur composition chimique ait été étudiée avec quelque précision.

Dans le tissu graisseux, qui n'est qu'une variété de tissu conjonctif, les cellules se sont gorgées de matières grasses qui sont des mélanges de tristéarine, tripalmitine et trioléine.

Les fibres conjonctives sont essentiellement constituées par une substance appelée *collagène*. Le collagène soumis à l'action des acides dilués à la température d'ébullition ou à l'action de l'eau surchauffée (dans la marmite de Papin) est transformé en *gélatine* (voir chapitre IV, p. 95).

Les fibres élastiques sont essentiellement constituées par une substance appelée *élastine*, appartenant au groupe albumoïde.

La substance fondamentale du tissu conjonctif est une *mucine*. On l'en peut extraire et mettre en évidence en traitant le tissu conjonctif pendant quarante-huit heures à la température ordinaire par l'eau de chaux. La mucine est dissoute par cette liqueur : on peut ensuite l'en précipiter en neutralisant par un acide.

b. *Tissu cartilagineux.* — Le *cartilage hyalin* est constitué par des cellules plongées dans une masse fondamentale homogène; on n'y voit pas de fibres.

La substance fondamentale est appelée *chondrogène*. Cette substance qui n'est pas une individualité chimique, sous l'influence de l'eau surchauffée en vase clos à 120°, donne naissance à une substance appelée *chondrine*.

La chondrine n'est plus considérée comme une substance définie, mais comme un *mélange de gélatine et de mucine*, dont elle possède les propriétés, ainsi que le montre le tableau suivant :

CHONDRINE.	GÉLATINE.	MUCINE.
1. Insoluble dans l'*eau*, l'*alcool* et l'*éther*.	Insoluble.	Insoluble.
2. Soluble dans *eau chaude*, se *gélifiant* par refroidissement.	Soluble.	Insoluble.
3. Précipité par *acide acétique*, — insoluble dans excès de réactif.	Pas de précipité.	Précipité soluble dans excès.
4. Précipité par *acide chlorhydrique*, soluble dans excès de réactif.	Pas de précipité.	Précipité soluble dans excès.
5. Bouillie avec *acide minéral*, donne un sucre réducteur.	Pas de sucre réducteur.	Donne un sucre réducteur.
6. Précipité par *tannin* ou par *sublimé*.	Précipité.	Pas de précipité.
7. Précipité par *alun* ou par *acétate de plomb*.	Pas de précipité.	Précipité.

Les travaux les plus récents ont appris que la

chondrine est en réalité un mélange de quatre corps au moins : de la gélatine, provenant d'une substance collagène identique à l'osséine et contenue dans le chondrogène ; une substance voisine des mucines appelée chondromucoïde ; un acide azoté et sulfuré, l'acide sulfo-chondroïtique qui existe dans le cartilage à l'état de sel calcique et à l'état de combinaison albuminoïde (cette dernière étant la chondromucoïde dont nous venons de parler) ; et enfin un acide kératinique.

c. *Tissus osseux.* — L'os semble différer profondément des autres formes du tissu conjonctif. Il n'en diffère cependant que par un abondant dépôt de matières minérales.

Les matières organiques qui entrent dans sa constitution sont l'*élastine* et l'*osséine* ; — l'élastine que nous avons déjà trouvée dans les fibres élastiques du tissu conjonctif ; — l'osséine qui est identique à la substance collagène des fibres conjonctives.

Les substances minérales des os sont : le *phosphate tricalcique*, le *carbonate de chaux* et, en petites quantités, le chlorure de calcium, le fluorure de calcium et le phosphate de magnésie.

Les *dents* sont chimiquement constituées comme le sont les os.

CHAPITRE X

LE TISSU NERVEUX

Sommaire. — Constitution générale du tissu nerveux. Neurokératine Protagon.

Nous ne voulons qu'indiquer très sommairement les principales substances qu'on trouve dans le tissu nerveux.

Ce sont des *substances protéiques* : albuminoïdes, protéides et albumoïdes. Parmi les premières, signalons des substances appartenant au groupe des albumines, d'autres au groupe des globulines ; — parmi les protéides, des nucléoalbuminoïdes ; — enfin, parmi les albumoïdes, de la neurokératine.

Ce sont des *matières grasses* : graisses neutres (trioléine, tripalmitine, tristéarine) et graisses phosphorées (lécithine et protagon).

Ce sont des *substances extractives* dont la plus importante est la cholestérine.

Ce sont des matières salines.

Ces différentes substances ont été étudiées pour la plupart dans d'autres chapitres ; bornons-nous à parler de la *neurokératine* et du *protagon*.

La *neurokératine* se rattache intimement à la kératine des productions cutanées par son insolubilité dans l'eau, l'alcool, l'éther, les acides minéraux étendus ; — par sa résistance aux sucs gastrique et pancréatique ; — par sa composition centésimale ; — par ses produits de décomposition.

La *kératine* se rencontre dans les productions cutanées épithéliales, par conséquent dans des produits qui tirent leur origine des éléments de l'épiblaste. On sait que le système nerveux central dérive d'une invagination de cellules épiblastiques dans les profondeurs du mésoblaste. La présence de neurokératine dans le tissu nerveux vient établir par surcroît un rapprochement chimique entre deux tissus dérivés d'un même feuillet du blastoderme : c'est à ce point de vue que la neurokératine est importante à signaler dans le tissu nerveux.

Le *protagon* est considéré par quelques auteurs comme de la lécithine. Il semble cependant qu'on doive distinguer dans le tissu nerveux à la fois de la lécithine, et une autre substance voisine, le protagon. Cette substance, d'après les auteurs qui admettent son individualité, pourrait être considérée comme une combinaison de lécithine et d'une autre substance à laquelle on a donné le nom de cérébrine. — Ce protagon, soumis à l'action de la baryte caustique à l'ébullition, fournit les produits de décomposition de la lécithine : acides gras, acide phosphoglycérique et choline ; il fournit en outre une substance azotée, mais non phosphorée, que nous nous bornons à signaler, la *cérébrine*.

CHAPITRE XI

PRODUCTIONS CUTANÉES

Sommaire. — La kératine. — La sueur.

La peau, dans ses parties profondes, est essentiellement constituée par du tissu conjonctif normal, dont nous avons étudié la composition (voir chap. IX).

Les parties superficielles de la peau peuvent subir dans certaines régions des modifications dans leur structure histologique, et se transformer en *productions cornées* : telles sont les *cheveux*, les *poils*, la *laine*, les *ongles*, les *sabots*, les *cornes*, les *plumes*, le *bec*, etc.

La substance fondamentale de ces productions est la *kératine*.

La *kératine* est une substance protéique : en effet, comme les substances protéiques, elle est essentiellement composée de carbone, hydrogène, oxygène, azote et soufre ; — comme les substances protéiques elle donne, sous l'influence des acides minéraux, à haute température, des produits de décomposition parmi lesquels il faut citer le gaz carbonique, l'ammoniaque, des acides amidés : leucine et surtout tyrosine.

Cette substance est remarquable par sa résistance aux agents chimiques ; elle n'est ni dissoute ni modifiée par l'eau, par l'alcool, par l'éther, par les acides étendus, par le suc gastrique, ou par le suc pancréatique.

Pour agir sur la kératine, il faut la traiter soit par les alcalis caustiques, soit par les acides forts à la température d'ébullition, et mieux encore à température plus élevée en vase clos.

La *sueur*, produite par les glandes sudoripares contenues dans l'épaisseur de la peau, a souvent été comparée à l'urine. On admet que la sécrétion sudorale est normalement acide, au moins chez l'homme et les carnivores. Elle contient des matières minérales qui sont surtout des chlorures avec de petites quantités de phosphates et de sulfates; — et des matières organiques qui sont surtout des graisses neutres, de la cholestérine, de l'urée, de la créatinine.

CHAPITRE XII

LE MUSCLE

On distingue trois sortes de muscles : les *muscles striés*, les *muscles lisses*, le *muscle cardiaque*. On sait que les *muscles striés* sont constitués par des fibres musculaires allongées présentant des striations transversales et pourvues d'une enveloppe nommée le sarcolemme ; — que les *muscles lisses* sont constitués par des cellules fusiformes, allongées, sans sarcolemme ; que le *muscle cardiaque* est constitué par des fibres striées courtes, divisées et anastomosées entre elles, sans sarcolemme. Les fibres ou les cellules musculaires sont réunies en masses musculaires plus ou moins considérables par du tissu conjonctif.

Les masses musculaires comprennent ainsi une masse musculaire proprement dite englobée dans du tissu conjonctif. Le *sarcolemme* des muscles striés peut être considéré au point de vue chimique comme du tissu conjonctif : on admet en général qu'il est constitué par une substance voisine de l'élastine, laquelle est la substance fondamentale des fibres élastiques.

Laissant de côté le tissu conjonctif du muscle, nous étudierons la composition de la substance musculaire proprement dite.

Le muscle contient des substances protéiques, des sels, des matières extractives, les unes azotées, les autres ternaires. 100 parties de muscle humain contiennent environ 25 p. 100 de résidu solide et 75 p. 100 d'eau. Ces matières solides comprennent : substances protéiques, 15 à 20 p. 100 du muscle ; sels minéraux, 3 p. 100 du muscle, etc.

Il est difficile d'étudier la *substance musculaire non transformée*, telle qu'elle existe dans le muscle vivant : cette substance musculaire subit en effet très rapidement, à la température ordinaire, une transformation importante, aussitôt que le muscle est séparé de l'animal.

Pour obtenir cette substance musculaire non transformée, il faut opérer de la façon suivante : Par l'aorte d'une grenouille, on fait passer un courant d'eau salée à 6 p. 1 000, afin de bien débarrasser tout l'appareil circulatoire, et notamment les vaisseaux des muscles, du sang qu'ils peuvent contenir. On refroidit les masses musculaires à — 10° ; on hache, avec des ciseaux fortement refroidis, les muscles refroidis ; on broie ce hachis de muscles dans un mortier refroidi à — 10° au moyen d'un pilon refroidi à — 10°. On obtient ainsi une neige musculaire qu'on soumet à l'énergique pression d'une presse elle-même fortement refroidie. La neige musculaire ainsi pressée laisse sourdre un liquide de consistance sirupeuse appelée *plasma musculaire* ou *myoplasma*, dont la réaction est alcaline.

On admet que ce myoplasma existe dans le muscle vivant, parce que l'expérience a démontré les deux faits suivants : le muscle refroidi à — 10° est inexcitable à cette température ; le muscle refroidi à — 10° recouvre toutes ses propriétés, lorsqu'il est ramené à la température ordinaire. Donc dans l'opération de la préparation du myoplasma, on n'a pu déterminer de modification ni par le refroidissement, ni par la division et la pression du tissu musculaire.

Laissons le myoplasma, préparé comme nous venons de le dire, se réchauffer. Il se forme lentement à 0°, instantanément à la température du corps, un *caillot* floconneux et très faiblement rétractile, qui devient peu à peu acide et laisse alors exsuder une petite quantité d'un liquide clair, le *sérum musculaire* ou *myosérum*.

Le caillot est essentiellement constitué par une substance albuminoïde, la *myosine*. Ce phénomène de coagulation présente quelque analogie avec le phénomène de coagulation spontanée du sang ; c'est pour rappeler cette analogie que les auteurs ont employé les termes plasma et sérum. En poursuivant cette analogie, nous pouvons admettre l'existence dans le myoplasma d'une substance génératrice de la myosine, la *substance myosinogène,* équivalente à la substance fibrinogène du sang. De même que dans la coagulation spontanée du sang, la substance fibrinogène est transformée et donne de la fibrine insoluble dans le plasma sanguin ; de même, dans la coagulation spontanée du muscle, la substance myosinogène se transformerait en fournissant de la myosine. — Mais, hâtons-nous de le dire, ce ne sont là que des hypothèses.

Le *myosérum* contient deux substances albuminoïdes en solution : une globuline et une albumine, une *myoglobuline* et une *myoalbumine*. Traité en effet par le sulfate de magnésie dissous à saturation, le myosérum précipite une substance albuminoïde présentant toutes les propriétés des globulines : soluble dans les solutions salines neutres diluées, précipitée partiellement de ses solutions par dilution, par dialyse, par le chlorure de sodium dissous à saturation à froid ; précipitée totalement par le sulfate de magnésie dissous à saturation à froid. Cette myoglobuline en solution saline diluée est coagulable à 63°. — Débarrassé de cette myoglobuline, le myosérum, saturé de sulfate de magnésie, précipite, par addition d'acide, une nouvelle substance albuminoïde, soluble dans l'eau et dans les solutions salines diluées, non précipitée de ses solutions par dialyse ou par dilution, ou par le chlorure de sodium ou le sulfate de magnésie dissous à saturation à froid, la myoalbumine. Cette myoalbumine coagule à 73°.

Le caillot est essentiellement constitué par la myosine. La *myosine* est une substance insoluble dans l'eau, soluble dans les solutions salinés neutres, notamment dans les solutions de chlorure de sodium et de chlorure d'ammonium contenant de 5 à 10 p. 100 de sel, précipitée de ses solutions par dialyse, par dilution, totalement précipitée par le sulfate de magnésie dissous à saturation : c'est donc une globuline. Comme le fibrinogène et la fibrine, elle est coagulée à 56° ; comme le fibrinogène, elle est totalement précipitée par le chlorure de sodium dissou᎐ à saturation à froid dans ses solutions.

La myosine se distingue du fibrinogène par sa non transformation par le fibrinferment. La myosine se distingue de la fibrine par sa précipitabilité totale par le chlorure de sodium dissous à saturation à froid.

Le caillot musculaire, le *myocaillot*, n'est pas uniquement formé par la myosine : il renferme une autre substance albuminoïde, à laquelle on a donné le nom de *paramyosinogène* (ou *musculine*). Cette substance, qui est une globuline, comme la myosine, se distingue de cette dernière substance par sa coagulabilité à 47°.

Le *myoplasma* contiendrait donc 4 substances albuminoïdes : le *myosinogène*, le *paramyosinogène*, la *myoglobuline* et la *myoalbumine*. Abandonné à lui-même à la température ordinaire, ce myoplasma coagule spontanément : cette coagulation résulterait de la transformation du myosinogène en myosine. En se précipitant, cette myosine entraînerait le paramyosinogène non tranformé pour constituer le myocaillot : le *myosérum* ne contenant plus que deux substances albuminoïdes, la *myoglobuline* et la *myoalbumine.*

Cette transformation du myosinogène en myosine serait un phénomène de fermentation diastasique, comme la transformation du fibrinogène en fibrine : elle se produirait sous l'influence d'un ferment soluble le *myosinferment*, préparable comme le fibrinferment.

Nous avons présenté ces notions sous forme dubitative, parce qu'elles ne nous semblent pas démontrées. Le parallèle qu'on a tenté de faire entre la coagulation spontanée du sang et la coagulation spontanée du myoplasma repose sur des hypothèses et nullement sur des faits précis : c'est donc, au moins actuellement, une simple vue de l'esprit, rien de plus.

Cette coagulation du plasma musculaire qui s'accomplit in vitro, *s'accomplit-elle dans le muscle laissé en place ?* Oui, répondent les auteurs : c'est grâce à cette transformation que se produit la *rigidité musculaire.* On sait que plus ou moins vite après la mort, les masses musculaires deviennent rigides. Si l'on soumet à la pression le muscle rigide, on obtient un liquide qui ne coagule pas spontanément comme le myoplasma que nous avons étudié : le liquide obtenu contient une myoglobuline et une myoalbumine, mais ne contient ni myosine, ni paramyosinogène en quantité appréciable. Si l'on fait macérer un muscle rigide, haché, dans une solution de chlorure de sodium ou de chlorhydrate d'ammoniaque à 10 p. 100, on obtient une liqueur contenant en solution de la myosine et du paramyosinogène. Nous retrouvons ainsi dans le muscle rigide des substances du plasma coagulé.

Non seulement le *muscle rigide est un muscle coagulé*, mais encore *tout muscle coagulé est ou a été rigide* : l'expérience démontre de la façon la plus nette que la rigidité apparaît au moment où il n'est plus possible de retirer du muscle convenablement refroidi un plasma spontanément coagulable.

La *rigidité* et la *coagulation du muscle* sont donc *un seul et même phénomène*. Or, si l'on soumet à la presse, à la température ordinaire, un muscle, au moment où il est pris sur l'animal vivant, le liquide qui s'écoule est du myosérum. On peut donc affirmer que l'action mécanique exercée par la presse, à la température ordinaire, sur le tissu musculaire, a suffi pour en provoquer la rigidité.

Le muscle vivant, au repos et reposé, a une réaction neutre ; le muscle vivant et fatigué a une réaction acide. — Le muscle rigide a une réaction acide. — La réaction acide du muscle rigide apparaît-elle en même temps que la rigidité, est-elle en rapport avec la coagulation du muscle ? Problablement non, ainsi qu'il résulte des faits suivants :

1. Le plasma musculaire préparé à froid, comme nous avons dit, coagule sans devenir acide : il ne prend une réaction acide que quelque temps après la formation du myocaillot.

2. Un muscle vivant fatigué a une réaction acide ansss être pour cela rigide,

Les muscles sont colorés en rouge ; ils doivent cette coloration partie à *l'hémoglobine du sang* qui remplit les nombreux vaisseaux compris entre leurs fibres, parties à l'*hémoglobine de leur propre tissu*. La fibre musculaire est en effet colorée en rouge comme le globule rouge du sang par l'hémoglobine et par l'oxyhémoglobine : en faisant macérer dans l'eau un muscle débarrassé de sang par lavages intravasculaires, on obtient une liqueur présentant à l'examen spectroscopique les raies de l'oxyhémoglobine.

On a décrit dans le muscle une autre substance colorante, le *myohématine,* caractérisée par son spectre d'absorption : il y aurait même une *myohématine* et une *oxymyohématine* dérivant l'une de l'autre par oxydation ou par réduction, comme l'hémoglobine et l'oxyhémoglobine. On a contesté l'existence de ces substances, qui n'ont jamais été préparées, et qui ne sont connues que grâce à leurs spectres d'absorption : on a dit que ces substances sont des produits de transformation de l'hémoglobine du muscle par les réactifs employés. La question n'est pas encore définitivement résolue : cependant nous admettrons l'existence de cette substance, parce que sa présence a été constatée dans les muscles des insectes, lesquels, on le sait, ne possèdent pas d'hémoglobine : donc, au moins chez ces êtres, la myohématine ne provient pas d'une transformation de l'hémoglobine par les réactifs.

Les *matières extractives du muscle* sont les unes ternaires, les autres azotées, les autres minérales.

Les substances minérales du muscle sont les subtances minérales de tous les tissus, chlorures et phosphates, sels de potassium, de sodium, de calcium et de magnésium. Mais il convient de signaler la richesse du muscle en phosphore et en sels de potasse, sa pauvreté relative en sels de soude et en chlorures. En voici un exemple :

1000 parties de muscle contiennent :

Potasse.. 4,65
Soude... 0,77
Chaux et magnésie............................. 0,50
Acide phosphorique............................ 4,64
Chlore 0,67

Parmi les substances ternaires du muscle, signalons le glycogène, l'inosite, la glycose, l'acide lactique.

Le muscle contient du *glycogène* en quantité variable, de 1 à 10 p. 1 000. En étudiant le foie, nous décrirons les procédés de préparation et de dosage du glycogène du foie : ces procédés sont applicables au muscle ; nous ne les développerons pas ici. Disons seulement que le procédé le plus généralement employé pour démontrer la présence de glycogène dans le muscle, et doser cet hydrate de carbone, consiste essentiellement à dissoudre totalement, à l'ébullition, le muscle dans une solution de soude caustique, à raison de 4 parties de soude pour 100 parties de muscle, et dans cette liqueur qui contient des alcalialbuminoïdes, des protéoses, du glycogène non altéré (car le glycogène, nous l'avons dit précédemment, n'est pas altéré par la soude caustique, même à l'ébullition), etc., à précipiter les alcalialbuminoïdes par neutralisation, les protéoses par la liqueur de Brücke et l'acide chlorhydrique, et le glycogène par l'alcool.

L'*inosite* est un hydrate de carbone répondant à la formule des glycoses, $C^6H^{12}O^6$. C'est une substance soluble dans l'eau, insoluble dans l'alcool fort, insoluble dans l'éther. Cette substance cristallisable ne possède pas de pouvoir rotatoire, elle n'est pas réductrice, elle ne fermente pas par la levure de bière, caractères qui la séparent profondément des glycoses que nous avons étudiées : glycose, lévulose et galactose. — L'inosite peut subir la fermentation lactique.

La préparation et le dosage de l'inosite sont des opérations délicates que nous négligeons de décrire. Le muscle contient de 0,1 à 0,3 p. 1 000 d'inosite.

Le muscle vivant et reposé ne contient que fort peu de *sucre*; le muscle séparé du corps contient un peu de sucre. On sait que ce sucre est un sucre réducteur, fermentescible, dextrogyre, mais on ne sait pas si ce sucre est de la glycose ou de la maltose.

Le muscle vivant et reposé a une *réaction neutre;* le muscle vivant et fatigué et le muscle mort et rigide ont une *réaction acide*. Cette réaction acide est due à la présence d'un *acide lactique*. L'acide lactique qu'on trouve dans le muscle porte le nom d'acide *sarcolactique* : il diffère de l'acide lactique qui se forme dans le lait abandonné à l'air, aux dépens de la lactose, ce dernier portant le nom d'acide *lactique de transformation*. L'acide sarcolactique est dextrogyre, l'acide de fermentation est inactif sur la lumière polarisée; leurs sels de chaux et de zinc diffèrent par leur solubilité et par leur teneur en eau de cristallisation.

Ces acides lactiques préparés purs sont des liquides sirupeux, fortement acides au goût et aux papiers réactifs, solubles dans l'eau, dans l'alcool, dans l'éther.

Parmi les substances extractives azotées du muscle citons la *créatine* et des substances de la *série urique ou xanthique*.

La *créatine* est une substance quaternaire, composée de carbone, hydrogène, oxygène et azote. C'est une substance cristallisable, soluble dans l'eau, insoluble dans l'alcool et dans l'éther. La créatine, que nous n'avons pas à connaître d'une façon détaillée, présente deux réactions importantes à connaître pour le physiologiste. — Bouillie avec de l'eau de baryte caustique, elle se décompose en fournissant divers produits, parmi lesquels se trouve l'urée. — Bouillie avec les acides dilués, elle perd de l'eau et se transforme en créatinine, substance qu'on trouve en très petite quantité dans le muscle, et en quantité assez grande dans l'urine.

$$C^4H^9Az^3O^2 = H^2O + C^4H^7Az^3O$$
Créatine.   Créatinine.

Le muscle contient une assez grande quantité de créatine, 2 à 4 p. 1 000 : la créatine peut être considérée comme un produit de désassimilation des substances albuminoïdes du muscle. On ne retrouve la créatine dans les tissus autres que le muscle et dans les liquides de l'organisme qu'en très petite quantité : elle est donc éliminée sous une autre forme. Nous avons indiqué les relations de la créatine avec l'urée et la créatinine : nous pouvons donc admettre que la créatine est transformée dans l'organisme soit en urée, soit en créatinine, et éliminée sous l'une ou l'autre de ces formes par les urines. Nous pouvons même admettre, étant données les relations intimes de la créatine et de la créatinine qui ne diffèrent que par H^2O, que la créatine s'élimine surtout, sinon exclusivement, sous forme de créatinine.

Le muscle contient encore d'autres substances extractives azotées. Ce sont : l'acide urique et des corps appartenant à la *série xanthique*. On réunit sous cette dernière dénomination une série de corps composés de carbone, hydrogène, azote, et généralement oxygène, que nous avons précédemment obtenus comme produits de décomposition des acides nucléiques, et appelés pour cette raison les bases nucléiques. Bornons-nous à signaler dans le muscle la présence à côté de l'acide urique de quelques-uns de ces corps : la xanthine, l'hypoxanthine et la guanine.

CHAPITRE XIII

LE FOIE ET LA BILE

Le foie est un organe à fonctions multiples : nous devons considérer sa *fonction glycogénique* et sa *fonction biliaire.*

Le foie est le grand régulateur du sucre du sang et des tissus. Que l'organisme reçoive par les branches de la veine porte, qui l'ont puisé dans l'intestin, un excès de sucre, le foie arrête ce sucre au passage et le fixe dans ses cellules sous forme de glycogène. Que le sucre des tissus et du sang, constamment consommé par le jeu régulier des organes, diminue, le foie forme du sucre, soit aux dépens de glycogène mis en réserve dans son tissu, soit aux dépens de substances albuminoïdes, et ramène à un taux constant la proportion du sucre répandu dans tout l'organisme.

Ce qu'il importe de connaître, par conséquent, ce sont les hydrates de carbone du foie.

Le foie contient du *glycogène* : on peut le démontrer, soit par une réaction histochimique, soit par une préparation chimique.

Le glycogène se colore en brun acajou par la liqueur iodo-iodurée (voir p. 57 et 58) : traitons par ce réactif un fragment de tissu hépatique ou des cellules hépatiques dissociées, nous verrons, en examinant au microscope ces éléments, autour du noyau de la cellule des globules très nettement brun acajou. Cette réaction montre que le glycogène se trouve dans l'intérieur de la cellule hépatique, constituant de petits granules, disposés autour du noyau, et répandus par zones irrégulières dans le protoplasma cellulaire.

Le glycogène, nous l'avons dit précédemment, est soluble dans l'eau, donnant des solutions opalescentes, et insoluble dans l'alcool ; transformé, à l'ébullition en présence d'acides dilués, en sucre réducteur et fermentescible.

Faisons bouillir le foie haché et broyé avec de l'eau, nous obtenons une liqueur très fortement opalescente. Cette liqueur, traitée par l'alcool, donne un précipité blanc floconneux abondant. Ce précipité lavé à l'alcool et desséché se colore en brun acajou par la solution iodo-iodurée ; épuisé par l'eau, ce précipité lavé et desséché donne des solutions qui, après ébullition avec l'acide chlorhydrique dilué, réduisent la liqueur de Fehling et fermentent par la levure de bière : le précipité contient donc du glycogène.

Mais ainsi obtenu le glycogène est fort impur ; l'alcool précipite non seulement le glycogène, mais encore les substances protéiques non coagulées contenues dans l'extrait de foie. Pour obtenir un glycogène pur, en se servant du foie comme matière première, il faut séparer, dans l'extrait aqueux du foie, le glycogène des substances protéiques. On y parvient en traitant cet extrait aqueux par la liqueur de Brücke et l'acide chlorhydrique : les substances protéiques sont précipitées : le glycogène reste en solution. Dans la liqueur ainsi débarrassée des substances protéiques, il suffit d'ajouter de l'alcool pour précipiter le glycogène. — Ainsi obtenu le glycogène ne contient pas de substances protéiques, mais il contient en général des sels métalliques, notamment du chlorure de sodium (provenant de la liqueur de Brücke chlorhydrique). Pour le purifier, on peut le dissoudre dans l'eau, et soumettre la solution à la dialyse en présence d'eau distillée : les sels métalliques dialysent ; le glycogène, substance colloïde, ne dialyse pas. La solution débarrassée de la plus grande partie de ses sels est précipitée par l'alcool fort. On obtient ainsi le glycogène dont nous avons étudié les propriétés au chapitre III.

Le physiologiste doit pouvoir non seulement reconnaître le glycogène dans le foie, et l'en retirer, mais encore l'y doser.

Le dosage se fait comme la préparation; — il convien toutefois de faire bouillir le tissu hépatique haché un grand nombre de fois avec une nouvelle quantité d'eau pour dissoudre la totalité du glycogène. Les extraits aqueux, réunis et concentrés à l'ébullition, sont débarrassés des substances protéiques qu'ils contiennent par la liqueur de Brücke et l'acide chlorhydrique ajoutés après refroidissement du liquide (car à chaud l'acide chlorhydrique pourrait transformer une partie du glycogène en sucre), et précipités par 2 volumes d'alcool à 95 p. 100. Le précipité est lavé à l'alcool à 60 p. 100, puis à l'alcool à 95 p. 100, puis à l'éther, desséché dans le vide jusqu'à poids constant, et pesé.

L'épuisement complet du foie par l'eau bouillante est une opération très longue; il est même difficile de savoir si l'épuisement est complet. Aussi procède-t-on avec avantage de la façon suivante : on fait bouillir le foie avec 4 p. 100 de son poids de soude caustique dissoute dans l'eau : le tissu hépatique est ainsi complètement dissous : les substances protéiques sont transformées en alcali-albuminoïdes ou protéoses; le glycogène n'est pas altéré. On précipite les alcalialbuminoïdes par neutralisation, et dans la liqueur obtenue par filtration, on détermine le glycogène, comme dans la méthode précédente, en achevant la précipitation des substances protéiques par la liqueur de Brücke chlorhydrique, puis précipitant le glycogène par l'alcool.

La quantité de glycogène contenu dans le foie des mammifères et très variable. Elle est ordinairement de 30 à 40 p. 1 000, mais dans certains cas, notamment après un repas riche en hydrates de carbone, elle est beaucoup plus considérable et peut atteindre 100 à 120 p. 1 000.

Lorsque le foie est en place sur l'animal vivant, il contient du glycogène ; mais il ne contient pas d'hydrate de carbone réducteur ; il ne contient pas de sucre, ou du moins il ne contient que de très petites quantités de sucre.

Lorsque le foie est séparé du reste de l'organisme et abandonné pendant quelque temps à la température ordinaire, ou mieux encore à 40°, une partie du glycogène contenu dans les cellules hépatiques se transforme : *un sucre réducteur et fermentescible* se forme à ses dépens. Au bout d'un temps variable suivant la quantité de glycogène du foie et suivant la température, la totalité du glycogène a disparu et s'est transformée en sucre.

Lorsque le foie est bouilli, le glycogène ne se transforme plus en sucre : l'agent de la transformation est donc détruit par l'ébullition. Lorsque le foie est haché en présence d'une solution de fluorure de sodium à 1 p. 100 (qui tue les éléments vivants), il conserve la propriété de transformer son glycogène en sucre : l'agent de la transformation n'est donc pas la cellule vivante.

Cette transformation se fait dans le foie extrait du corps par l'action d'un *ferment soluble amylolytique*, analogue mais très vraisemblablement non identique au ferment que nous rencontrerons dans la salive, le suc pancréatique, et en général dans la plupart des liquides et tissus organiques.

Cette transformation qui s'accomplit dans le foie extrait du corps se produisait-elle pendant la vie ? Oui, répondent la plupart des physiologistes : le foie contient du glycogène, il contient un ferment soluble capable de le transformer en sucre : le sucre produit par le foie pendant la vie est produit aux dépens du glycogène et par fermentation diasta-sique. Pourquoi vouloir rejeter cette hypothèse expliquant simplement les choses et imaginer des théories compliquées ? — Que la majeure partie du sucre formé par le foie provienne du glycogène, c'est fort probable, car le glycogène est abondant dans le foie et il est facilement transformé en sucre ; mais que tout le sucre soit produit uniquement par l'action du ferment amylolytique du foie, sur le glycogène, c'est moins certain.

Il est vraisemblable qu'une partie du sucre produit par le foie provient, ou peut provenir, tout au moins dans certaines circonstances, de substances protéiques, etc.

LA BILE. — La bile sécrétée ou excrétée par le foie est un liquide rouge, brun, jaune ou vert suivant l'espèce animale, dans les canaux biliaires et la vésicule biliaire ; elle devient vert sombre, lorsqu'elle a été maintenue quelque temps au con-tact de l'air ; elle est amère au goût, grasse au tou-cher, filante et visqueuse.

Elle contient 2 groupes de substances caracté-ristiques :

> Les *sels biliaires*.
> Les *pigments biliaires*.

Elle contient en outre une *nucléoprotéide*, de la *cholestérine*, des sels, chlorures et phosphates, sels de potasse, de soude, de chaux et de fer.

La quantité de bile produite chez l'homme est de 500 à 800 centimètres cubes en 24 heures. La quantité de bile produite chez des chiens de 15 à 20 kilogrammes est de 150 à 200 centimètres cubes en 24 heures.

Sels biliaires. — A côté de sels à acides minéraux, chlorures et phosphates, la bile renferme toujours des sels à acides organiques dits *sels biliaires*. Ce sont les sels sodiques de deux acides organiques azotés : l'une est l'acide *glycocholique*, l'autre est l'acide *taurocholique*. Ces acides sont dits *acides biliaires* : ils sont caractéristiques de la bile, car ils ne se trouvent que dans la bile, et se trouvent toujours dans la bile. La bile de tous les animaux ne contient pas toujours les 2 sortes de sels biliaires : ainsi, dans la bile de chien, on ne trouve que du taurocholate de soude ; — dans la bile de bœuf au contraire et aussi dans la bile humaine, on trouve à la fois le glycocholàte et le taurocholate de soude.

Les *sels biliaires* sont solubles dans l'eau, solubles dans l'alcool, insolubles dans l'éther : l'éther les précipite de leur solution alcoolique. Voici comment on peut préparer ces sels biliaires :

La bile est évaporée et le résidu est traité par l'alcool absolu qui dissout les sels biliaires, la cholestérine, la lécithine, les matières grasses, etc., de la bile. Cette solution alcoolique étant très fortement colorée, on la maintient en général en contact prolongé avec du noir animal qui fixe la matière colorante. — Parmi les substances dissoutes dans l'alcool, les sels biliaires seuls sont insolubles dans l'éther et dans l'alcool éthéré; toutes les autres substances sont solubles dans l'éther comme elles sont solubles dans l'alcool. Par conséquent, en ajoutant à la solution alcoolique décolorée de l'éther, on détermine la formation d'un précipité uniquement constitué de sels biliaires.

Le précipité de sels biliaires se produit sous forme d'une fine poussière blanche qui tombe au fond de la liqueur alcoolo-éthérée et s'y agglomère en une masse d'aspect pâteux ou résineux. Si on laisse cette masse amorphe en contact pendant quelques jours avec l'alcool fortement éthéré dans lequel elle s'est précipitée, elle se transforme généralement en une masse cristalline formée de longues aiguilles soyeuses, groupées en faisceaux. C'est ce qu'on appelle la *bile cristallisée de Plattner*.

Les sels biliaires présentent une réaction remarquable, appelée *réaction des sels ou des acides biliaires*, ou *réaction de Pettenkofer*.

Si à une solution d'acide ou de sel biliaires on ajoute par petites portions, en évitant que la température ne s'élève au-dessus de 70°, les 2/3 de son volume d'acide sulfurique concentré, puis quelques gouttes d'une solution de sucre de canne à 10 p. 100, on voit le liquide prendre une superbe coloration rouge pourpre foncé. Cette réaction se produit très nettement avec des solutions ne contenant pas plus de 4 p. 100 de sels biliaires.

Cette réaction est due à l'action sur les sels biliaires d'un corps qui prend naissance dans l'action de l'acide sulfurique sur le sucre, le furfurol. — Aussi peut-on faire la réaction de la façon suivante : à 1 centimètre cube de la liqueur à analyser, on ajoute 1 centimètre cube d'une solution aqueuse furfurol à 1 p. 1000 et 1 centimètre cube d'acide sulfurique concentré, en évitant que la température ne dépasse 70°. On obtient la coloration rouge pourpre.

Cette coloration rouge pourpre foncé qui se produit par l'action de l'acide sulfurique et du sucre ou de l'acide sulfurique et du furfurol sur les sels biliaires est-elle caractéristique de ces sels? Non : d'autres substances donnent la même réaction. Pour être caractéristique des sels ou acides biliaires, la réaction de Pettenkofer doit être contrôlée et complétée par l'examen spectroscopique de la liqueur rouge pourpre foncé obtenue.

Lorsque la liqueur rouge pourpre obtenue dans l'essai de Pettenkofer est très diluée, elle absorbe les parties les plus réfrangibles du violet, l'extrême violet; — moins diluée, elle absorbe une plus grande partie du violet; — moins diluée encore, elle absorbe la totalité du violet. Lorsque la liqueur a été diluée de façon qu'elle absorbe la totalité du violet, son spectre d'absorption présente 2 bandes d'absorption : l'une située au niveau de la raie F du spectre solaire, l'autre située entre les raies D et E du spectre, au voisinage de la raie E. Lorsqu'enfin, la liqueur est très concentrée, le spectre d'absorption se compose de la bande située au voisinage de la raie E du spectre solaire et d'une vaste zone d'absorption s'étendant sur toutes les parties bleue, indigo et violette du spectre.

Les sels biliaires sont des glycocholate et taurocholate d'alcalis (sels de soude chez les mammifères et la plupart des vertébrés, sels de potasse chez certains poissons marins).

On peut obtenir séparés et purs le glycocholate de soude ou l'acide glycocholique, et le taurocholate de soude ou l'acide taurocholique.

La préparation du *taurocholate de soude* est facile : la bile de chien contient, nous l'avons dit, du taurocholate de soude, mais ne contient pas de glycocholate. Si donc on prépare la bile cristallisée de Plattner, en se servant comme matière première de la bile de chien, on aura du taurocholate de soude. Ayant le sel de soude, on obtiendra facilement l'acide libre : il suffit de dissoudre le taurocholate de soude dans l'eau, de le précipiter de sa solution par l'acétate basique de plomb, à l'état de taurocholate de plomb, de mettre ce sel de plomb en suspension dans l'eau, de le décomposer par un courant d'hydrogène sulfuré, de séparer par filtration le sulfure de plomb, et de précipiter par l'éther l'acide taurocholique dissous. L'acide se précipite sous forme de masse résineuse, se transformant peu à peu en masse cristalline.

Mais on ne connaît pas de bile ne contenant que du *glycocholate*; — pour préparer ce sel, on doit se servir de bile de bœuf, laquelle contient à la fois du glycocholate et du taurocholate de soude : il faut séparer les deux sels ou leurs deux acides : la sépa-

ration est facile à réaliser, parce que l'acide glycocholique est peu soluble dans l'eau (1 partie dans
300 parties d'eau à la température ordinaire), tandis
que l'acide taurocholique est très soluble dans l'eau.
Supposons qu'on ait préparé avec de la bile de bœuf
la bile cristallisée de Plattner ; les sels biliaires
ainsi obtenus sont dissous dans l'eau, et leur solution est traitée par l'acide sulfurique étendu jusqu'à
ce qu'il se produise un trouble persistant. Le fin
précipité ainsi produit, uniquement constitué d'acide
glycocholique, se transforme en quelques heures en
masses d'aiguilles cristallines.

Il existe d'autres méthodes de préparation et de
purification des acides biliaires : il n'est pas utile de
les décrire.

Ainsi préparés purs, les *acides biliaires* sont ou
peuvent être cristallisés en longues et fines aiguilles ;
ils sont solubles dans l'alcool fort, insolubles dans
l'éther, précipités de leurs solutions alcooliques par
l'éther : le précipité ainsi produit, d'abord amorphe,
ne tarde pas à cristalliser, lorsqu'il est maintenu en
contact avec la liqueur alcoolo-éthérée dans laquelle
il a pris naissance. — L'acide glycocholique est très
peu soluble dans l'eau ; l'acide taurocholique est au
contraire très soluble dans l'eau.

Quelle est la constitution chimique de ces acides ?

L'analyse élémentaire nous apprend que *l'acide
glycocholique* est une substance *quaternaire* composée
de carbone, hydrogène, oxygène, et azote, répondant
à la formule $C^{26}H^{43}AzO^6$; — que *l'acide taurocholique*
est composé de 5 éléments : carbone, hydrogène,

oxygène, azote et *soufre,* répondant à la formule $C^{26}H^{45}AzSO^7$.

Faisons bouillir *l'acide glycocholique* avec une lessive alcaline, solution saturée à chaud d'eau de baryte par exemple, ou avec un acide minéral dilué, acide chlorhydrique par exemple; l'acide biliaire est dédoublé avec fixation d'une molécule d'eau en un acide amidé, le *glycocolle* (acide amido-acétique) $AzH^2CH^2CO^2H$ et un acide organique non azoté, l'acide *cholalique.*

$$C^{26}H^{43}AzO^6 + H^2O = C^2H^5AzO^2 + C^{24}H^{40}O^5.$$
Ac. glycocholique.   Glycocolle.   Ac. cholalique.

Faisons bouillir *l'acide taurocholique* avec une solution saturée à chaud d'eau de baryte, ou avec de l'acide chlorhydrique dilué, l'acide biliaire est décomposé avec fixation d'une molécule d'eau en un acide amidé, la *taurine* (qui est *sulfurée*) $AzH^2 C^2H^4SO^3H$ et un acide organique non azoté, l'acide *cholalique.*

$$C^{26}H^{45}AzSO^7 + H^2O = C^2H^7AzSO^3 + C^{24}H^{40}O^5.$$
Ac. taurocholique.   Taurine.   Ac. cholalique.

Ces faits établissent avec une grande netteté la parenté chimique et la parenté d'origine des deux groupes de sels biliaires, puisque *les acides biliaires résultent de la combinaison d'un même acide, l'acide cholalique, avec des acides amidés, le glycocolle dans un cas, la taurine dans l'autre.*

L'acide cholalique qu'on peut ainsi préparer, soit avec l'acide glycocholique, soit avec l'acide taurocholique, donne la *réaction de Pettenkofer* ; c'est au noyau cholalique que les acides biliaires et leurs sels doivent leur propriété de donner cette réaction colorée.

Nous avons constamment dit l'acide glycocholique et l'acide taurocholique ; nous aurions dû dire les acides glycocholiques et les acides taurocholiques : il semble en effet que *les sels biliaires des différents animaux et les acides correspondants ne sont pas identiques* : il y aurait des acides biliaires très voisins les uns des autres, ayant les mêmes propriétés chimiques, la même constitution générale, mais *différant par l'acide cholalique* qui entre dans la constitution de leurs molécules, et présentant quelques propriétés différentes ; — de même qu'il y a différentes oxyhémoglobines et hémoglobines chez les différents animaux. On a notamment décrit des acides *hyoglycocholique*, *hyotaurocholique* et *hyocholalique*, chez le *porc* ; — des acides *anthropoglycocholique*, etc., chez l'*homme* ; — un acide *chénotaurocholique* chez l'*oie*.

Nous ne décrirons pas les méthodes longues et délicates qui permettent de doser les acides biliaires de la bile ; nous donnerons seulement quelques résultats.

La bile de l'homme a été trouvée renfermer de 4 à 12 p. 100 de sels biliaires, ces sels étant pour les 3/4 du glycocholate de soude, pour 1/4 du taurocholate de soude.

La bile de chien contient de 3,5 à 12 p. 100 de taurocholate de soude.

Pigments biliaires. — On dit généralement qu'il existe deux pigments biliaires fondamentaux : la *bili- rubine* et la *biliverdine*, la bilirubine étant transformable en biliverdine par l'oxygène atmosphérique. Cette proposition n'est pas exacte : la bile ne contient ni bilirubine ni biliverdine, mais les combinaisons salines de ces deux substances, des bilirubinates et des biliverdinates d'alcalis, les bilirubinates étant transformables en biliverdinates par l'oxygène de l'air. On peut d'ailleurs préparer facilement au moyen de ces sels les composés qui y jouent le rôle d'acides, la bilirubine et la biliverdine.

La *bilirubine* ($C^{32}H^{36}Az^4O^6$) (1) a pu être isolée et préparée pure, amorphe ou cristallisée. Amorphe, c'est une poudre jaune rougeâtre rappelant le sulfure d'antimoine amorphe; — cristallisée, elle se présente sous forme de tablettes rhombiques dont les angles obtus sont souvent arrondis.

La bilirubine est absolument insoluble dans l'eau, très peu soluble dans l'éther, un peu, mais peu soluble dans l'alcool; elle est très soluble dans le chloroforme. Les solutions chloroformiques de bilirubine ne présentent pas de spectre d'absorption, caractérisé par des bandes d'absorption; elles absorbent toutes les radiations, du rouge au violet, l'absorption allant en augmentant régulièrement du rouge vers le violet.

La bilirubine ne fixe pas nettement l'oxygène de l'air pour se transformer en biliverdine. Cette oxy-

______

(1) Cette substance a été également appelée cholépyrrhine, biliphéine, bilifulvine, hématoïdine.

dation ne s'accomplit bien que par l'emploi d'agents d'oxydation modérée, tels que l'eau oxygénée, etc.

La bilirubine se comporte comme un acide : elle se combine avec les alcalis, donnant des *bilirubinates d'alcalis* un peu solubles dans l'eau, solubles dans les alcalis et les carbonates d'alcalis et insolubles dans le chloroforme; — elle se combine avec les terres alcalines, donnant des bilirubinates alcalino-terreux, insolubles dans l'eau et dans le chloroforme. Par conséquent, la bilirubine se dissout, à l'état de bilirubinate alcalin, dans une solution aqueuse d'alcalis ou de carbonates alcalins; inversement, la bilirubine est précipitée de sa solution chloroformique, à l'état de bilirubinate alcalin, par agitation de celle-ci avec une petite quantité d'une solution alcaline.

Les solutions aqueuses de bilirubinates alcalins sont précipitées par les acides minéraux, l'acide décomposant le bilirubinate et mettant en liberté la bilirubine insoluble dans l'eau. — Ces mêmes solutions aqueuses de bilirubinates alcalins sont précipitées par les solutions de sels alcalino-terreux, à l'état de bilirubinates alcalino-terreux insolubles dans l'eau.

Ces différentes propositions sont résumées dans le tableau suivant :

	EAU.	CHLOROFORME.
Bilirubine................................	Insoluble.	Soluble.
Bilirubinates alcalins................	Solubles.	Insolubles.
Bilirubinates alcalino-terreux.	Insolubles.	Insolubles.

Les bilirubinates d'alcalis, au contact de l'air, se

transforment en biliverdinates (second groupe de pigments biliaires).

Si on traite par un agent réducteur, par l'amalgame de sodium, par exemple, une solution aqueuse de bilirubinates alcalins, on transforme la bilirubine en *hydrobilirubine* :

$$C^{32}H^{36}Az^4O^6 + H^2O + H^2 = C^{32}H^{40}Az^4O^7.$$
Bilirubine.   Hydrobilirubine.

substance qu'on considère comme identique à l'urobiline, l'une des matières colorantes de l'urine.

On peut retirer la bilirubine de la bile ; en agitant la bile fraîche acidulée, aussitôt après sa sortie de la vésicule biliaire (aussitôt, afin que ses bilirubinates n'aient pas été transformés en biliverdinates au contact de l'air), avec du chloroforme ; on obtient une solution chloroformique de bilirubine. Mais en opérant ainsi on n'obtient que de très petites quantités de bilirubine, de trop petites quantités pour pouvoir faire une étude de cette matière colorante.

Pour obtenir en grande quantité la bilirubine, il faut la retirer de certains calculs biliaires. On trouve assez fréquemment chez le bœuf des calculs de bilirubinate de chaux, dans le vésicule biliaire. Ces calculs contiennent, outre le bilirubinate de chaux, d'autres substances et en particulier de la cholestérine : le bilirubinate de chaux est insoluble dans l'éther ; la cholestérine est soluble dans ce dissolvant ; les calculs réduits en poudre sont donc débarrassés par l'éther de la cholestérine. La poudre de bilirubinate de chaux est décomposée par l'acide chlorhydrique en bilirubine insoluble dans l'eau et chlorure de calcium soluble dans l'eau : par lavages à l'eau, on débarrasse la bilirubine de ses impuretés salines. Ainsi obtenue la bilirubine est amorphe ; pour l'obtenir cristallisée, on la dissout dans le chloroforme bouillant : elle cristallise par refroidissement.

La *biliverdine*, $C^{32}H^{36}Az^4O^8$, peut être considérée comme un produit d'oxydation de la bilirubine dont elle diffère par O^2 en plus.

Elle est connue à l'état amorphe ; — on a également obtenu des cristaux peu nets, plaquettes rhombiques à angles émoussés, en faisant évaporer une solution de biliverdine dans l'acide acétique glacial.

Elle est insoluble dans l'eau, dans l'éther, et dans le chloroforme. Elle se dissout dans l'alcool, dans l'acide acétique glacial, dans le chloroforme additionné d'acide acétique glacial.

Remarquons que la bilirubine et la biliverdine peuvent être facilement séparées l'une de l'autre grâce à leur différence de solubilité : la bilirubine étant très soluble dans le chloroforme et très peu soluble dans l'alcool, la biliverdine étant insoluble dans le chloroforme et très soluble dans l'alcool.

Les solutions alcooliques de biliverdine ne donnent pas de spectre d'absorption à bandes : elles absorbent toutes les radiations lumineuses, l'absorption étant d'autant plus marquée et d'autant plus énergique que la radiation est plus voisine de l'extrême violet.

La biliverdine, comme la bilirubine, donne avec

les alcalis et les terres alcalines des composés appelés *biliverdinates*. Les biliverdinates sont décomposés par les acides minéraux en biliverdine et sels minéraux. Les biliverdinates d'alcalis sont solubles dans l'eau, les biliverdinates alcalino-terreux sont insolubles dans l'eau. Par conséquent, la biliverdine se dissout dans les solutions d'alcalis ou de carbonates alcalins ; ces solutions sont précipitées soit par les acides minéraux à l'état de biliverdine, insoluble dans l'eau, soit par les sels alcalino-terreux à l'état de biliverdinates alcalino-terreux insolubles dans l'eau.

Les agents réducteurs transforment la biliverdine en *hydrobilirubine*, comme ils transforment la bilirubine :

$$C^{32}H^{36}Az^4O^8 + H^6 = C^{32}H^{40}Az^4O^7 + H^2O.$$

Biliverdine.   Hydrobilirubine.

Il suffit par exemple de traiter une solution de biliverdine dans l'esprit-de-vin par l'amalgame de sodium pour obtenir de l'hydrobilirubine.

Pour préparer la biliverdine, on agite au contact de l'air une solution de bilirubinate d'alcali : le bilirubinate d'alcali absorbe de l'oxygène et se transforme en biliverdinate : la solution verdit. Cette solution aqueuse de biliverdinate alcalin est traitée par l'acide chlorhydrique dilué qui décompose cette substance en biliverdine insoluble dans l'eau et chlorure alcalin soluble. La biliverdine précipitée est purifiée par dissolution dans l'alcool et précipitation de sa solution alcoolique par un grand excès d'eau.

La bilirubine et la biliverdine sont les pigments fondamentaux, mais non les seuls pigments de la bile. On a décrit dans la bile normale de certains animaux deux autres pigments : un pigment jaune brun, le *biliprasinate de soude* et un pigment vert la *biliprasine*. Le biliprasinate sous l'influence d'un courant d'acide carbonique ou sous l'influence des acides dilués se transforme en un pigment vert (biliprasine) ; la bilirubine n'est pas modifiée par ces réactifs. La biliprasine se transforme en un pigment jaune (biliprasinate) par l'action des alcalis ; dans le vide elle prend également la coloration jaunâtre (bilirubine), caractères qui la distinguent des biliverdinates.

Le biliprasinate, pigment jaune, est un sel alcalin de la biliprasine, pigment vert ; ainsi qu'il résulte des expériences dans lesquelles on fait agir un acide sur le biliprasinate, et un alcali sur la biliprasine. Le biliprasinate et la biliprasine sont des termes d'oxydation des bilirubinates, intermédiaires aux bilirubinates et aux biliverdinates : ils se produisent en effet comme premiers termes de l'oxydation des bilirubinates, soit par l'air, soit par des oxydants peu énergiques. (On trouve du biliprasinate dans la bile jaune du veau ; — on trouve de la biliprasine dans la bile verte du veau et du bœuf et dans celle du lapin.)

Les matières colorantes de la bile présentent une réaction remarquable, appelée *réaction des pigments biliaires*, ou *réaction de Gmelin*.

Cette réaction repose sur la propriété que possèdent les matières colorantes biliaires de donner, sous l'influence des oxydants, tels que l'acide nitrique, une série de produits d'oxydation présentant des colorations vives et variées.

Supposons que dans un verre à réaction, on verse quelques centimètres cubes d'acide nitrique fort (contenant des vapeurs nitreuses dissoutes), et qu'au-dessus de cette couche dense d'acide, on verse, en évitant autant que possible le mélange des deux liquides, la solution moins dense de bilirubinate alcalin ou la bile diluée. Au bout de quelques instants, on observe dans les couches inférieures de la solution biliaire une série de zones superposées présentant les colorations suivantes : en bas, au contact de l'acide, il y a une zone jaune rouge, puis au-dessus, et dans l'ordre suivant, des zones rouge, violette, bleue et verte. L'existence de cette succession de zones colorées, disposées dans l'ordre précédent, est caractéristique des pigments biliaires.

D'où proviennent les pigments biliaires? Des *matières colorantes du sang*, de l'hémoglobine et de l'oxyhémoglobine, ainsi que le démontrent les faits suivants :

1. Les *pigments biliaires existent chez tous les vertébrés, excepté chez l'amphioxus* : or, tous les vertébrés, excepté l'amphioxus, ont des globules rouges, par conséquent des globules à *hémoglobine*. Les invertébrés, qui n'ont pas d'hémoglobine, n'ont pas de pigments biliaires.

2. Dans les *extravasa sanguins*, la matière colorante du sang disparaît peu à peu; après un certain

temps, on ne trouve plus d'hémoglobine et d'oxyhémoglobine ; mais on trouve des cristaux d'une substance qu'on avait appelée hématoïdine ; cette hématoïdine présente toutes les propriétés de la bilirubine.

De ces faits nous pouvons conclure que les pigments biliaires dérivent des matières colorantes du sang.

Nucléoalbuminoïde biliaire. — La bile est filante et visqueuse. Elle doit cette propriété à la présence d'une substance qu'on a longtemps considérée comme une *mucine*.

Rappelons les propriétés des mucines :
Les mucines communiquent à leurs solutions une remarquable viscosité : elles sont précipitées de leurs solutions par l'acide acétique, et le précipité formé est insoluble dans un excès d'acide ; elles sont précipitées de leurs solutions par l'alcool ; — elles se dissolvent dans les alcalis caustiques. Ce sont des substances formées de carbone, hydrogène, oxygène, azote et soufre ; mais elles ne sont pas phosphorées. Par ébullition avec un acide minéral étendu elles sont dédoublées en une substance albuminoïde et un hydrate de carbone généralement réducteur.

La substance appelée d'ordinaire mucine biliaire est-elle une mucine ? Non.

Sans doute, elle communique à la bile une forte viscosité ; sans doute, elle est précipitée de la bile par l'alcool ; sans doute elle est précipitée de la bile par l'acide acétique ; sans doute elle se dissout dans les alcalis dilués. Mais le précipité produit par l'acide acétique est facilement soluble dans un excès d'acide ; mais elle n'est pas seulement formée de carbone, hydrogène, oxygène, azote et soufre : elle contient aussi du phosphore ; mais, bouillie avec un acide minéral étendu, elle ne donne pas d'hydrate de carbone réducteur.

Ce n'est donc pas une mucine : c'est une *pseudo-mucine*. On en fait en général une *nucléoalbuminoïde*. Appelons-la donc *nucléoalbuminoïde biliaire*.

En discutant sa nature, nous avons indiqué ses propriétés principales, les seules qu'il faut connaître.

Sa quantité, dans la bile, oscille autour de 1 p. 1 000.

Cholestérine $C^{27}H^{46}O$. — La bile contient de la *cholestérine*, mais cette substance n'est pas, comme celles que nous avons jusqu'ici étudiées dans ce chapitre, caractéristique de la bile : elle se rencontre dans les centres nerveux, dans le jaune d'œuf, etc.

C'est une substance dont la constitution chimique est mal connue ; on sait seulement qu'elle est alcool primaire.

Elle est absolument insoluble dans l'eau, dans les acides étendus et dans les alcalis. Elle se dissout facilement dans l'alcool fort bouillant, et cristallise, par refroidissement de ses solutions alcooliques, sous forme de larges et minces tablettes rhombiques, contenant une molécule d'eau de cristallisation $C^{27}H^{46}O + H^2O$. Elle se dissout également bien dans l'éther et le chloroforme, et cristallise par évaporation de ses solutions éthérées ou chloroformiques, sous forme de longues aiguilles soyeuses ne contenant pas d'eau de cristallisation.

La bile contient également une petite quantité de *lécithines*, de *graisses neutres*, de *savons*.

Enfin, la bile contient des matières salines qui sont des chlorures, des phosphates, des sels de soude, de potasse, de magnésie, de *fer*.

Les cendres de la bile contiennent toujours du fer, mais une très petite quantité de fer : 100 centimètres cubes de bile en renfermeraient de 1 à 6 milligrammes.

Calculs biliaires. — Les concrétions qu'on observe dans les canaux et surtout dans la vésicule biliaire sont de deux sortes : *les calculs de cholestérine*, les plus fréquents de beaucoup, chez l'homme ; — *les calculs pigmentaires*, rares chez l'homme, fréquents chez le bœuf.

Les calculs de cholestérine sont très légers : ils flottent sur l'eau ; ils sont peu colorés. La cholestérine s'y présente en couches concentriques à structure cristalline : les cristaux affectent une direction radiaire.

Les calculs pigmentaires sont essentiellement formés de bilirubinate de chaux : ils sont lourds, sombres, sans structure cristalline.

Ces caractères extérieurs permettent en général de reconnaître la nature d'un calcul biliaire. Mais, veut-on vérifier la conclusion tirée de l'inspection du calcul, par une analyse chimique sommaire, on peut procéder de la façon suivante :

Le calcul est-il dissous par l'alcool chaud, ou par l'éther ; — la solution alcoolique donne-t-elle par refroidissement de larges plaquettes cristallines ; —

la solution éthérée donne-t-elle par évaporation de longues aiguilles soyeuses, le calcul était un calcul de cholestérine.

Le calcul réduit en poudre est-il insoluble dans l'alcool et dans l'éther; — après traitement par l'acide chlorhydrique est-il soluble dans le chloroforme en donnant une solution rouge brun; — après traitement par l'acide chlorhydrique, est-il soluble dans les solutions alcalines en donnant des liqueurs précipitables par les acides ou par les sels alcalino-terreux, verdissant à l'air, — le calcul était un calcul de bilirubinate de calcium.

CHAPITRE XIV

LES ALIMENTS

La nourriture prise par les animaux doit contenir essentiellement.

1º De *l'eau* ;

2º Des *substances minérales*, qui sont des phosphates et des chlorures, des sels de potassium, de sodium, de calcium, de magnésium et de fer ;

3º Des *hydrates de carbone*, qui sont soit des glycoses, soit des saccharoses, soit des amyloses :

4º Des *matières grasses neutres*, tripalmitine, tristéarine, trioléine ;

5º Des *substances protéiques*.

Ces différentes substances sont toutes également indispensables à la vie. Un animal ne peut vivre s'il est systématiquement privé de l'un quelconque de ces groupes de substances. Par conséquent, la nourriture prise par les animaux doit contenir les différents sels que nous avons indiqués, des hydrates de carbone, des matières grasses et des substances protéiques. Mais la nourriture contient souvent d'autres substances qui, sans être indispensables à la vie, sont cependant utilisées par les animaux; telles sont, par exemple, des substances du groupe albumoïde et notamment de la gélatine.

Les aliments sont: 1° d'origine animale, 2° d'origine végétale.

Les principaux aliments d'*origine animale* sont:

> *a.* La *chair.*
> *b.* Le *lait.*
> *c.* L'*œuf.*

Les principaux aliments d'*origine végétale* sont:

> *a.* Les *graines* (céréales et légumineuses) et le *pain.*
> *b.* Les *tubercules* et les *racines.*
> *c.* Les *légumes.*
> *d.* Les *fruits.*

La chair. — La chair est essentiellement constituée de tissu musculaire et de tissu conjonctif. Nous avons décrit avec quelques détails la constitution chimique de la fibre musculaire et du tissu conjonctif; nous nous bornerons par conséquent à rappeler que la chair est un aliment complet: elle contient:

1. De l'eau: 75 p. 100 de son poids environ;

2. Des sels, surtout des phosphates (sel de potasse, mais aussi, quoiqu'en moindre quantité, sels de soude, de chaux, de magnésie), et des chlorures. Par sa matière colorante propre, hémoglobine, elle contient également du fer;

3. Des hydrates de carbone qui sont du glycogène et de l'inosite ;

4. Des matières grasses en petite quantité, surtout contenues dans le tissu conjonctif, mais existant également, quoique très peu abondamment, dans la fibre musculaire elle-même ;

5. Des substances albuminoïdes, dont la plus importante est la myosine.

La chair contient, outre ces substances, de la matière collagène et de l'élastine en petite quantité, et des substances extractives azotées, telles que la créatine, etc.

Voici une analyse de viande de bœuf :

Eau	75,90	p. 100
Résidu fixe	24,10	—
Substances albuminoïdes	18,36	p. 100
Substance collagène	1,64	—
Matières grasses	0,90	—
Hydrates de carbone	0,60	—
Matières extractives	1,30	—
Matières minérales	1,30	—

A côté de la chair, il conviendrait de ranger les autres tissus et liquides d'origine animale, tels que le sang, les viscères, etc. Tous ces tissus et liquides contiennent les différents groupes de substances nécessaires à l'alimentation : les proportions des différentes substances varient seules.

Le lait. — Nous étudierons le lait dans un chapitre spécial. Disons seulement qu'il contient :

> Des sels.
> Des graisses neutres (émulsionnées).
> Du sucre.
> Des substances protéiques.

Voici une analyse de lait de vache :

Eau..............................	86 p. 100
Résidu fixe...........	14 —
Substances protéiques...............	4,1 p. 100
Matières grasses....................	3,9 —
Sucre..............................	5,2 —
Matières minérales.................	0,8 —

L'œuf des oiseaux. — L'œuf de poule, qui peut servir de type, est constitué par :

> La coquille.
> Le blanc de l'œuf.
> Le jaune de l'œuf.

La *coquille* de l'œuf est essentiellement composée de matières minérales dont la plus importante est le carbonate de chaux, et de matières organiques qui appartiennent au groupe de la kératine.

Le *blanc de l'œuf* est surtout riche en substances albuminoïdes : la plus importante et la plus abondante est l'*ovalbumine*. Cette ovalbumine est accompagnée de globulines peu abondantes ; — le blanc d'œuf frais ne contient pas de protéoses.

Voici une analyse de blanc d'œuf de poule :

Eau..............................	86,7 p. 100
Résidu solide.................	13,3 —
Substances albuminoïdes............	12,2 p. 100
Hydrates de carbone...........	0,5 —
Matières minérales	0,6 —
Matières grasses.................	Traces.

L'*ovalbumine* est une albumine typique : c'est dire qu'elle est soluble dans l'eau distillée, soluble dans les solutions salines neutres diluées ; ses solutions sont coagulées par la chaleur. Elles ne sont précipitées ni par la dialyse, ni par la dilution, ni par l'acide acétique, ni par le chlorure de sodium dissous à saturation à froid, ni par le sulfate de magnésie dissous à saturation à froid. — Elles sont précipitées par le chlorure de sodium ou le sulfate de magnésie dissous à saturation à froid, lorsqu'elles ont été convenablement acidulées. Elles sont précipitées par le sulfate d'ammoniaque dissous à saturation à froid, etc.

L'ovalbumine se distingue de la sérumalbumine par deux propriétés : une propriété physique et une propriété physiologique. — Son pouvoir rotatoire est

$$[\alpha]_D = -35^\circ,5.$$

Celui de la sérumalbumine est

$$[\alpha]_D = -63^\circ$$

— Si on injecte dans les veines du chien une solution d'ovalbumine, on retrouve l'ovalbumine dans les urines ; si on injecte une solution de sérumalbumine, la sérumalbumine ne passe pas dans les urines.

Le *jaune de l'œuf* est très riche en matières fixes : il contient environ 50 p. 100 de résidu fixe. Ce résidu fixe est formé de :

Substances protéiques, dont la plus importante est l'ovovitelline, à côté de laquelle il faut signaler en petite quantité l'albumine et des nucléines ;

Matières grasses, qui sont des graisses neutres et de la lécithine ;

Hydrates de carbone, en petite quantité, qui sont surtout du sucre de glycose ;

Sels, dont les plus abondants sont des chlorures (sels de chaux et de potasse).

Voici une analyse de jaune d'œuf de poule :

Eau	47,20	p. 100
Résidu fixe	52,80	—
Substances protéiques	15,63	p. 100
Matières grasses	22,84	—
Lécithine	10,72	—
Sels	0,96	—
Autres substances	2,65	—

L'ovovitelline est une substance protéique insoluble dans l'eau, soluble dans les solutions salines diluées, soluble dans les solutions acides et les solutions alcalines étendues. Ses solutions salées coagulent à 70°-75° ; elles sont précipitées par la dilution. Ce sont là les caractères de solubilité des globulines. Mais elle n'est pas précipitée par le chlorure de sodium dissous à saturation, caractère qui la différencie des globulines proprement dites. C'est le type des substances qui constituent la *famille des vitellines*.

On a quelquefois considéré l'ovovitelline comme une paranucléoalbuminoïde, parce que, sous l'action du suc gastrique, elle laisse généralement déposer de la paranucléine. Il est très vraisemblable aujourd'hui que cette paranucléine provient d'impuretés qui accompagnent l'ovovitelline, mais ne provient pas de cette ovovitelline elle-même.

Les cendres du jaune d'œuf sont riches en acide phosphorique et contiennent de l'oxyde de fer.

Voici une analyse de cendres de jaune d'œuf : 100 parties de cendres contiennent :

Soude............................	5,12 à	6,57
Potasse.........................	8,05 à	8,93
Chaux...........................	12,21 à	13,28
Magnésie........................	2,07 à	2,11
Oxyde de fer....................	1,19 à	1,45
Acide phosphorique..............	63,81 à	66,70
Silice..........................	0,55 à	1,40

Cependant le jaune d'œuf ne contient ni phosphates, ni sels de fer : il contient des combinaisons phosphorées organiques et des combinaisons organiques ferrugineuses.

Les *combinaisons phosphorées organiques* du jaune d'œuf sont les lécithines [lesquelles sont, comme nous l'avons dit précédemment (chapitre III), des dioléyl-, distéaryl-, dipalmitylphosphoglycérates de neurine], et les nucléines.

Le fer est à l'état de combinaison organique; cette combinaison a reçu le nom d'*hématogène* (il est évident que c'est aux dépens de cette combinaison ferrugineuse, la seule qui existe dans l'œuf, que se forme l'hémoglobine du sang de poulet). L'hématogène doit être considéré comme une *nucléoalbuminoïde ferrugineuse* formée par la combinaison d'une substance albuminoïde et d'une nucléine ferrugineuse, pour les raisons suivantes :

Si l'on épuise le jaune d'œuf par l'alcool et par l'éther, on n'enlève pas trace de combinaisons ferrugineuses : ces combinaisons restent dans le résidu qui contient les substances albuminoïdes et les nucléines. — Dans ce résidu le fer n'est pas à l'état de combinaison saline ; on sait que tous les sels de fer, que l'acide du sel soit organique ou minéral, sont solubles dans l'alcool acidulé par l'acide chlorhydrique : or, le résidu considéré n'abandonne pas trace de combinaisons ferrugineuses à l'alcool acidulé par l'acide chlorhydrique ; donc le fer est dans ce résidu à l'état de combinaison métallo-organique. — Lorsqu'on soumet ce résidu à l'action du suc gastrique, les substances albuminoïdes sont peptonisées, les nucléoalbuminoïdes sont dédoublées en substances protéosiques et nucléines, ces dernières insolubles. Or dans ces conditions le fer reste en totalité dans le résidu nucléinique. Ce résidu nucléinique n'abandonne pas de combinaisons ferrugineuses à l'alcool acidulé par l'acide chlorhydrique, donc il contient le fer à l'état de combinaisons non salines. — Par conséquent la ou les combinaisons ferrugineuses du jaune d'œuf sont des nucléoalbuminoïdes formées par l'union d'une substance albuminoïde et d'une nucléine ferrugineuse.

Aliments d'origine végétale. — Les aliments d'origine animale sont riches en substances protéiques ; ils sont généralement pauvres en hydrates de carbone. Les aliments d'origine végétale sont, au contraire, riches en hydrates de carbone et généralement pauvres en substances protéiques.

Les *graines des céréales* entrent pour une part importante dans l'alimentation de l'homme : citons le blé, le seigle, le riz, l'orge, etc. Ces graines sont très riches en hydrates de carbone et très pauvres en matières grasses.

Voici des analyses :

	BLÉ.	SEIGLE.	RIZ.	ORGE.
Eau	13,56	15,26	14.41	13,78
Résidu fixe	86,54	84,74	85,59	86,22
Substances protéiques	12,42	11,43	6,94	11,16
Graisses	1,70	1,71	0,51	2,12
Extrait non azoté	67,89	67,83	77,61	65,51
Cendres	1,79	1,77	0,45	2,63
Résidu ligneux	2,66	2,01	0,08	6,80

L'homme utilise pour son alimentation non pas le grain de blé, mais la *farine* de blé débarrassée du son.

Voici des analyses de farine et de son de blé

	FARINE.	SON.
Eau	14,86	14,07
Résidu fixe	85,14	85,93
Substances protéiques	8,91	13,46
Graisses	1,11	2,46
Extrait non azoté	74,28	31,63
Cendres	0,51	6,52
Résidu ligneux	0,33	30,80

La farine est généralement employée sous forme de *pain*. La farine est additionnée d'eau, de sel et de levain ; le tout est mélangé de façon à constituer une pâte homogène qui ne tarde pas à se gonfler par suite du développement de bulles gazeuses dans son épaisseur (le levain a provoqué, aux dépens des hydrates de carbone de la pâte, une fermentation avec dégagement de bulles gazeuses). La pâte levée est soumise à la cuisson à une température de 200° à 250°. Pendant cette opération, une partie de l'amidon est transformée en empois d'amidon, en dextrines et en maltose.

Voici une analyse de pain blanc :

Eau	28,6
Résidu fixe	71,4
Substances protéiques	9,6
Graisses	1,0
Hydrates de carbone	60,1

Les *graines* des légumineuses, haricots, pois, lentilles, etc., sont plus riches en substances protéiques et moins riches en hydrates de carbone que les graines des céréales.

Les pommes de terre, les carottes, les raves, en général les *tubercules*, sont très riches en hydrates de carbone et pauvres en substances protéiques, etc.

Voici quelques analyses :

	HARICOTS.	POMMES DE TERRE.
Eau	13,60	75,77
Résidu fixe	86,40	24,23
Substances protéiques	23,12	1,79
Graisses	2,28	0,16
Substances non azotées	53,63	20,56
Cendres	3,53	0,97
Substances diverses	3,84	0,75

CHAPITRE XV

LE LAIT

Nous prenons comme type le *lait de vache*.

Le lait est constitué par un liquide que nous appellerons le *plasma du lait* ou *lactoplasma*, dans lequel sont suspendus deux sortes d'éléments : les uns sont de gros globules ayant de 2 à 10 millièmes de millimètre de diamètre, arrondis et très réfringents ; ce sont les *globules du lait* ; — les autres sont de très fines *granulations* ayant moins d'un demi-millième de millimètre de diamètre, formant un pointillé noir entre les globules du lait.

Les *globules du lait*, essentiellement constitués par la matière grasse du lait, sont encore appelés les *globules gras* ; les fines *granulations*, si l'on admet qu'elles sont essentiellement constituées par du phosphate tribasique de chaux, pourraient être appelées *granulations phosphatiques*.

. Lorsqu'on abandonne le lait au repos, les globules gras, moins denses que le lactoplasma, montent à la surface du lait, et forment une couche distincte, la *crème*. Sous l'action de la centrifuge, la montée de la crème se fait plus rapidement et plus complètement. — Lorsqu'on abandonne le lait au repos pendant plusieurs jours en évitant toute transformation microbienne, capable d'acidifier le lait et par suite de déterminer la dissolution du phosphate de chaux, les granulations fines, plus denses que le lactoplasma, se déposent au fond du liquide en une mince couche d'un blanc nacré.

Quelle est la constitution des globules du lait? Ont-ils une membrane d'enveloppe? (1)

Les globules du lait sont *essentiellement constitués par la matière grasse*. Mais ne sont-ils constitués que par la matière grasse? N'entre-t-il pas d'autres substances dans leur constitution? Ne sont-ils pas pourvus d'une membrane d'enveloppe qui les empêche d'adhérer les uns aux autres? S'ils sont pourvus d'une membrane d'enveloppe, quelle est la nature de cette membrane? Et s'ils n'ont pas de membrane d'enveloppe, ne sont-ils pas englobés

(1) Si nous entrons dans quelques détails sur la constitution des globules du lait, ce n'est pas que cette question soit très importante; c'est parce qu'elle nous permet de grouper certaines expériences et de faire connaître certaines propriétés du lait.

dans une atmosphère protectrice de nature protéique par exemple?

Le lait agité avec de *l'éther* ne lui cède pas sa
matière grasse. Le lait se comporte donc, disent
les partisans d'une membrane globulaire, comme
si les globules gras étaient protégés par une membrane insoluble dans l'éther et inattaquée par
l'éther.

Lorsqu'on agite le lait pendant un certain temps,
lorsqu'on le *baratte*, on obtient du beurre. *Qu'est-ce
que le beurre?* Le beurre résulte de l'agglomération
des gouttelettes grasses du lait. Les chocs répétés
du barattage, disent les partisans d'une membrane
d'enveloppe, ont rompu la membrane et permis aux
globules gras devenus libres de se souder.

Lorsqu'on additionne le lait d'une lessive de soude
caustique et qu'on l'agite avec de l'éther, l'éther dissout la graisse du lait. — Ceci démontre, disent les
partisans de la membrane d'enveloppe, que l'enveloppe des globules est composée d'une substance
insoluble dans l'éther et soluble dans la soude caustique: cette substance, c'est de la caséine. D'ailleurs,
ajoutent les mêmes physiologistes, toutes les fois
qu'on précipite la caséine du lait soit par l'acide
acétique, soit par le sulfate de magnésie, soit par le
chlorure de sodium, la matière grasse se trouve
englobée dans le précipité; donc les globules sont
entourés d'une membrane de caséine.

A ces conclusions les adversaires de la membrane
d'enveloppe font les objections suivantes:

Si l'on examine au microscope une goutte de lait

placée sur une lame de verre et recouverte d'une lamelle, et si on exerce une pression sur la lamelle; on ne voit jamais ces globules prendre une forme démontrant la rupture d'une membrane; les globules s'étalent régulièrement. En serait-il ainsi si les globules avaient une membrane d'enveloppe?

Sans doute, les globules gras sont entraînés par toutes les précipitations de la caséine dans le lait, mais cela ne prouve pas que la caséine constitue aux globules une membrane au sens propre du mot. Nous connaissons mal l'état de la substance protéique que nous considérons comme dissoute ; nous avons peut-être tort d'assimiler ces solutions trop complètement aux solutions salines. Il est possible, il est probable même que cette substance se condense autour des globules gras qui constituent des centres d'attraction, formant à ces globules une atmosphère mal définie et surtout mal limitée. De telle sorte que les globules ne seraient pas entourés d'une véritable membrane bien définie et stable, mais plongés dans une liqueur protéique qui leur constitue, grâce à ses propriétés physiques, grâce à ses propriétés d'adhésion, grâce aux forces capillaires qui sont en jeu, une zone protectrice mal définie et variable.

Cette manière de voir se trouve justifiée par cette observation que la quantité de substances protéiques contenues dans la crème n'est pas plus considérable que celle contenue dans le lait écrémé. En serait-il ainsi si les globules entraînaient avec eux dans leur ascension soit une membrane d'enveloppe, soit une atmosphère protéique définie et fixe ?

Nous admettrons donc que les globules gras sont plongés dans un liquide dont les propriétés physiques permettent à l'émulsion qui est le lait ou la crème d'être stable, — même en présence de l'éther. Qu'on vienne à changer ces propriétes physiques par l'addition de soude, par exemple, on détruira la stabilité de l'émulsion ; on rendra possible la dissolution des globules gras dans l'éther.

L'entraînement des globules gras par les précipités de caséine s'explique aisément par cette propriété générale des colloïdes d'entraîner en se précipitant les éléments en suspension.

Quant au barattage, avouons que nous n'en connaissons pas l'explication. Faut-il admettre une modification physique du lait permettant à l'émulsion de devenir instable et aux globules gras de se souder sous l'influence du battage ? Nous l'ignorons.

Les *matières grasses du lait* sont les *matières grasses neutres* ordinaires : *trioléine, tripalmitine, tristéarine,* avec de très petites quantités de quelques autres triglycérides. Le lait contient environ 4 p. 100 de matières grasses, mélange de 30 à 40 parties d'oléine pour 70 à 60 parties de palmitine et stéarine.

Pour doser les matières grasses du lait on peut employer deux méthodes principales : la première consiste à extraire ces matières grasses et à les peser ; la seconde consiste à préparer un extrait éthéré de ces matières grasses et à en déterminer la densité.

1° On prend par exemple 30 centimètres cubes de lait ;

on ajoute 1^{cc},5 d'une lessive de potasse de densité 1,27 (obtenue en dissolvant 400 grammes de potasse caus-tique dans l'eau et ajoutant de l'eau pour faire 1 litre à la température ordinaire) puis 100 centimètres cubes d'éther. On agite vigoureusement, puis on laisse reposer. et on décante la plus grande quantité possible de l'éther, On ajoute de nouveau de l'éther ; on agite, on laisse reposer et on décante ; et on répète cette manœuvre jusqu'à ce qu'une petite portion de l'éther décanté ne laisse plus de résidu gras après évaporation. On réunit toutes ces portions d'éther ; on chasse l'éther par évapo-ration ; on dessèche le résidu gras à l'étuve à 105-110° ; on laisse refroidir dans un exsiccateur et on pèse.

Une modification avantageuse (parce qu'elle permet d'économiser l'éther) de cette méthode consiste à mélanger le lait soumis à l'analyse avec une quantité de plâtre suffisante pour faire une pâte se prenant bien en une masse solidifiable. On dessèche cette masse à l'étuve à air dont on élève progressivement la température jusqu'à 105-110° ; puis on la pulvérise. On l'introduit dans un appareil à épuisement par l'éther et on procède à cet épuisement. L'extrait éthéré est évaporé, desséché et pesé.

2° Lorsqu'on veut employer la méthode densimétrique ou aréométrique on a généralement recours aux appareils et aux procédés de Soxhlet. Le principe de la méthode consiste à alcaliniser le lait par la potasse, à en faire passer la matière grasse en solution dans une proportion donnée d'éther, et à déterminer, la densité de cette solution au moyen d'un densimètre à une température donnée. Des tables, vendues avec l'appareil, permettent, sans qu'il soit besoin de faire aucun calcul, de déduire de la densité trouvée la proportion des matières grasses du lait.

Le lactoplasma. — Le lactoplasma contient des sels, des gaz, un sucre et des substances protéiques.

La *réaction du lait* est neutre au tournesol. On dit ordinairement que la réaction du lait est *amphotére*, c'est-à-dire qu'il rougit le papier bleu de tournesol et bleuit le papier de tournesol rougi par un acide dilué. En réalité le lait fait prendre au papier de tournesol une teinte violacée qui paraît rouge à côté du bleu et qui paraît bleue à côté du rouge. *La réaction du lait est donc neutre au tournesol.*

Les sels dissous dans le lait sont des chlorures des phosphates et des citrates ; il n'y a pas de sulfates. Ce sont des sels de potasse, de soude, de chaux et de magnésie.

Les gaz dissous dans le lait sont de l'oxygène, de l'azote et du gaz carbonique.

Le lait contient un sucre, le *sucre de lait* ou *lactose*. Il existe environ 5 p. 100 de lactose dans le lait de vache.

En étudiant les sucres nous avons dit que la lactose est une saccharose. c'est-à-dire un sucre répondant à la formule $C^{12}(H^2O)^{11}$. La lactose est dextrogyre, réductrice et non fermentescible par la levure de bière. Bouillie avec acide minéral étendu, elle se dédouble en fixant une molécule d'eau en 2 sucres du groupe des glycoses : glycose et galactose.

Si la levure de bière n'a pas d'action sur le sucre de lait, d'autres levures peuvent lui faire subir la fermentation alcoolique. C'est ainsi qu'en soumettant le lait, dans des conditions convenablement

---

(1) La proportion d'acide citrique contenu dans le lait de vache atteint et souvent même dépasse 1gr,5 par litre,

choisies, à l'action de certaines levures, on obtient des boissons alcooliques dont les plus connues sont le *képhir*, préparé avec le lait de vache, et le *koumis*, préparé avec le lait de jument.

Un microorganisme appelé *ferment lactique* fait subir à la lactose une fermentation particulière : il transforme la lactose en *acide lactique* :

$$C^{12}(H^2O)^{11} + H^2O = 4C^3H^6O^3.$$
$$\text{Lactose.} \qquad\qquad \text{Ac. lactique.}$$

Cet acide lactique, dit *acide lactique de fermentation*, se distingue de l'acide sarcolactique, que nous avons trouvé dans le muscle rigide. Signalons notamment cette différence : l'acide lactique de fermentation et ses sels n'ont pas de pouvoir troatoire ; l'acide sarcolactique et les sarcolactates sont doués d'un pouvoir rotatoire.

Le ferment lactique existe dans toutes les poussières atmosphériques : le lait abandonné au contact de l'air, ou dans un vase qui n'a pas été stérilisé, subit la fermentation lactique, le sucre de lait diminue en même temps que la réaction du lait devient acide ; lorsque l'acidité de la liqueur est devenue suffisante, la caséine se précipite : on dit que le lait caille, ou coagule spontanément, ou encore caille par autoacidification. Cette *coagulation spontanée du lait* n'a rien de commun avec la coagulation spontanée du sang : c'est une précipitation de la caséine du lait par l'acide lactique résultant de la transformation du sucre de lait, sous l'influence du ferment lactique.

Pour doser la lactose contenue dans un lait donné, on précipite la caséine par addition d'acide acétique (1 à 2 p. 1000 en général) : on fait bouillir pour coaguler la lactalbumine ; on jette sur un filtre et dans la liqueur filtrée, on dose la lactose par titration avec la liqueur de Fehling, d'après les principes que nous avons énoncés au chapitre III, en tenant compte du pouvoir réducteur de la lactose égal à 0,70 de celui de la glycose.

Les substances protéiques du lait. — Le lait contient 3 substances protéiques :

1. Une caséine : la *caséine* (ou mieux le *caséinogène*).
2. Une albumine : la *lactalbumine*.
3. Une globuline : la *lactoglobuline*.

Les caséines sont des paranucléoalbuminoïdes. — Elles ne sont coagulées ni par la chaleur, ni par l'alcool. Une caséine peut être bouillie dans l'eau, ou maintenue en contact prolongé avec l'alcool, ou traitée par l'alcool absolu bouillant, sans perdre la propriété de se dissoudre dans ses dissolvants primitifs.

Les caséines sont insolubles dans l'eau distillée : elles sont solubles dans les alcalis caustiques très étendus, et dans les solutions aqueuses de terres alcalines : elles se dissolvent également dans les solutions de carbonates alcalins mettant le gaz carbonique en liberté. Enfin elles se dissolvent dans les solutions aqueuses de quelques sels neutres d'alcalis, notamment dans les solutions aqueuses de fluorure de sodium, d'oxalate d'ammoniaque et d'oxalate de potasse (contenant de 1 à 5 p. 100 de sel).

Les propriétés des solutions des caséines diffèrent un peu, selon que les caséines ont été dissoutes dans les solutions alcalines étendues, ou dans les solutions de sels neutres d'alcalis.

Les *solutions des caséines dans les alcalis* peuvent être bouillies sans précipiter leur caséine. Elles ne sont pas précipitées quand, après dilution, on les fait traverser par un courant de gaz carbonique. Elles sont précipitées par l'acide acétique, et, pour une quantité convenable d'acide acétique, peuvent être totalement précipitées. Elles sont précipitées, et totalement précipitées par le chlorure de sodium ou par le sulfate de magnésie dissous à saturation à la température ordinaire.

Les *solutions des caséines dans les solutions de sels neutres* peuvent être bouillies sans précipiter leur caséine. Ces solutions, et pour prendre un exemple, les solutions dans le fluorure de sodium, sont précipitées par un courant de gaz carbonique agissant après dilution de la solution, et, pour une dilution convenable, peuvent être totalement précipitées. Elles sont précipitées par l'acide acétique, et pour une proportion convenable d'acide, totalement précipitées. Elles sont totalement précipitées par le sulfate de magnésie dissous à saturation; — mais elles ne sont nullement précipitées par le chlorure de sodium dissous à saturation à la température ordinaire (à la température d'ébullition, elles sont précipitées au contraire par ce sel dissous à saturation).

Les solutions des caséines dans les sels, et les solutions dans les alcalis diffèrent donc par deux propriétés : les premières sont précipitées, les secondes ne sont pas précipitées après dilution par le gaz carbonique ; — les premières ne sont pas précipitées, les secondes sont précipitées totalement par le chlorure de sodium dissous à saturation à la température ordinaire.

Le lait ne précipite pas à l'ébullition.

Lorsqu'on additionne le lait de 1 à 2 p. 1000 d'acide acétique, on détermine la production d'un précipité floconneux, entraînant les globules gras : le liquide débarrassé du précipité est transparent et très peu coloré.

Lorsqu'on sature le lait de sulfate de magnésie à froid, on détermine la production d'un précipité floconneux englobant les globules gras, se produisant au sein d'une liqueur transparente.

Lorsqu'on fait passer un courant de gaz carbonique dans du lait dilué ou non dilué, il ne se produit pas de précipitation.

Lorsqu'on sature de chlorure de sodium à froid le lait, il se produit un précipité englobant les globules gras ; la liqueur débarrassée du précipité est transparente.

Le *lait* se comporte donc comme une *solution de caséine dans les alcalis ou les phosphates alcalins*, et non comme une solution saline.

Le précipité produit dans le lait par l'acide acétique est constitué par une substance appelée *caséine*. Cette substance est insoluble dans les solutions étendues de chlorure de sodium. Le précipité produit dans le lait par le chlorure de sodium dissous à saturation à froid n'est pas la caséine : il se dissout dans les solutions étendues de chlorure de sodium : on l'appelle *substance caséinogène*. Le lait contient une substance caséinogène, transformée par les acides dilués en caséine et précipitée.

On admet quelquefois que le caséinogène existe dans le lait sous deux états : à l'état de dissolution vraie et à l'état de simple suspension. On s'appuie sur les expériences de filtration du lait sur porcelaine poreuse : dans ces conditions, une partie, mais une partie seulement du caséinogène est retenue par le filtre : d'où cette conclusion que le caséinogène qui a filtré était en solution, et que celui qui a été retenu était en suspension. Comme le lait filtré une première fois abandonne encore du caséinogène pendant une seconde filtration, on est conduit à admettre qu'il existe dans le lait un équilibre physique entre les deux formes de caséinogène. C'est là une explication ingénieuse des faits observés, mais conservant encore un caractère hypothétique.

Lorsqu'on précipite le lait par l'acide acétique ou par le sulfate de magnésie dissous à saturation à froid, ou par le chlorure de sodium dissous à saturation à froid, la liqueur transparente séparée du précipité donne un coagulum protéique à la température d'ébullition. Or la caséine est totalement précipitée de ses solutions phospho-alcalines par ces trois agents : acide acétique, sulfate de magnésie et chlorure de sodium. Donc le lait contient en solution des substances protéiques autres que la caséine. — Ces substances protéiques qui restent en solution dans le lait, après précipitation de la caséine, ne doivent pas être considérées comme un résidu de caséine non précipitée, car ces substances sont coagulables ; le coagulum produit à l'ébullition est notamment insoluble dans les solutions aqueuses de fluorure de sodium à 1 p. 100.

Que sont ces substances albuminoïdes coagulables contenues dans le lait ?

Le lait saturé de sulfate de magnésie à froid précipite : le liquide clair séparé de ce précipité coagule à l'ébullition ; ce coagulum, nous l'avons vu, n'est pas un reste de caséine, puisqu'il n'est pas soluble dans le fluorure de sodium ; — ce n'est pas un coagulum de globulines, puisque, par définition, les globulines sont totalement précipitées de leurs solutions par saturation de sulfate de magnésie à froid. Ce ne peut être qu'un coagulum d'albumine. Cette albumine a été appelée *lactalbumine*.

Le lait saturé de chlorure de sodium à froid précipite : le liquide clair séparé de ce précipité donne un nouveau précipité lorsqu'on le sature de sulfate de magnésie à froid ; — ce nouveau précipité n'est pas un reste de caséine, parce que la liqueur ne contenait plus de substances protéiques non coagulables ; — ce n'est pas une albumine, car les albumines ne sont pas précipitées par le sulfate de magnésie, même en présence de chlorure de sodium ; c'est une globuline. On l'a appelée la *lactoglobuline*.

La lactalbumine présente les propriétés géné-

rales des albumines, et notamment de la sérumalbumine, dont elle ne diffère que par son pouvoir
ro tatoire.

La lactoglobuline présente les propriétés générales
des globulines, et dans le groupe des globulines,
celles de la sérumglobuline, dont elle diffère peu.

La quantité de caséine contenue dans le lait de
vache est d'environ 4 p. 100. La quantité des substances albuminoïdes coagulables est beaucoup
moins considérable : elle varie beaucoup suivant le
lait considéré. La substance protéique la plus importante du lait, la plus abondante, celle qui carac-
térise le lait et lui communique ses propriétés, est la
caséine ; les autres substances protéiques contenues
dans le lait doivent être mises au second plan.

Lorsque le lait est traité par la *présure*, il coagule.
Les présures sont essentiellement des extraits de
caillettes de veaux ou de chevreaux, préparés de
différentes façons (1). Cette coagulation du lait par la
présure est la première phase de la fabrication in-
dustrielle des fromages ; — c'est également la première phase de la digestion du lait, la phase de
digestion gastrique. A ce double point de vue, elle
mérite d'être étudiée.

Supposons donc qu'on additionne le lait de présure à une température de 30 à 40°. Au bout d'un
temps plus ou moins long suivant la nature du lait, sui-

---

(1) Un certain nombre de substances végétales possèdent la propriété
de coaguler le lait comme la présure ; telles sont le suc du figuier, les
fleurs d'artichaut, les feuilles de grassette, etc. Certains microbes
fabriquent également des substances coagulantes.

vant la nature et la quantité de la présure employée, le lait se prend en une masse homogène solide, un peu tremblotante, à cassure irrégulière. Abandonné à lui-même, ce caillot se rétracte, expulsant un liquide transparent. Le caillot est essentiellement constitué par une matière protéique précipitée appartenant à la classe des caséines (nous verrons que ce n'est plus de la caséine, mais un produit de transformation de la caséine), englobant dans sa masse les globules gras du lait.

On ne peut pas ne pas voir l'analogie, au moins l'analogie extérieure de ce phénomène, avec le phénomène de coagulation spontanée du sang. Dans les deux cas, un liquide organique essentiellement constitué par un liquide ou plasma tenant en suspension des éléments figurés, globules sanguins ou globules du lait, se prend en une masse gélatineuse totale. Dans les deux cas, cette masse se rétracte en expulsant un liquide clair, un sérum. Dans les deux cas, la masse solide rétractée est essentiellement constituée par une substance protéique, fondamentale, englobant et fixant les éléments figurés du liquide, globules sanguins ou globules du lait.

Résumons ces notions dans le tableau suivant :

(I)	Sang.	{ Plasma. { Globules.	Lait.	{ Lactoplasma. { Globules du lait.

(II)	Sang. coagulé.	{ Caillot. { Sérum.	{ Substance protéique. { Globules.
	Lait. coagulé.	{ Caillot. { Lactosérum.	{ Substance protéique. { Globules.

Le *lait de vache bouilli* coagule toujours moins rapidement que le même lait non bouilli : le caillot obtenu en partant du lait bouilli est moins compact et moins rétractile. L'addition d'un peu d'acide ou de sels de chaux favorise la coagulation du lait et rend la rétraction du caillot plus rapide et plus grande. Les alcalis ou les carbonates d'alcalis retardent la coagulation du lait et diminuent la rétraction du caillot. Le lait de vache cru ou bouilli saturé de gaz carbonique coagule très rapidement.

Cette coagulation du lait par la présure doit-elle être rapprochée de la coagulation par autoacidification ?

Non, car les présures ne sont pas nécessairement des produits acides. — *Non,* car la réaction du lait, après coagulation par des présures neutres, est neutre, comme elle est neutre avant l'addition de la présure. — *Non,* car nous verrons que les produits de la coagulation par l'acide lactique et ceux de la coagulation par la présure ne sont pas identiques.

Il faut par conséquent distinguer ces phénomènes en leur donnant des noms convenablement choisis. La coagulation du lait par autoacidification ne peut pas être une coagulation véritable, puisque la caséine est incoagulable : c'est, nous l'avons dit, une *précipitation de la caséine.* Le lait précipite sa caséine par *autoacidification.* La coagulation du lait par la présure n'est pas une coagulation ; ce n'est pas non plus une simple précipitation, car le produit précipité n'est plus de la caséine. Il faut désigner ce phénomène par un nom spécial : nous l'appellerons *caséification* : le lait est caséifié, la caséine est caséifiée par la présure.

Mais qu'est-ce que ce phénomène de caséification ?

Les *présures* sont des produits très complexes : ils contiennent des sels et des matières organiques diverses. Quelle est parmi toutes les substances qui les constituent la substance active ? — Soumises à l'ébullition, les présures perdent leur activité ; — traitées par l'alcool, les présures donnent des précipités qui, séparés de la liqueur, desséchés à température peu élevée et dissous dans l'eau, communiquent à cette eau le pouvoir caséifiant. Le principe actif de la présure est un *ferment soluble* décrit et étudié sous le nom de *labferment*. La caséification du lait est un phénomène de *fermentation diastasique*.

Quelles transformations s'accomplissent dans le lait pendant et par la caséification ?

Le lait, nous l'avons dit, contient 3 substances protéiques : une caséine (le caséinogène), une lactoglobuline et une lactalbumine. — Le lait caséifié présente à étudier un caillot et un sérum ; le caillot contient une substance protéique ; le sérum contient 3 substances albuminoïdes.

La *substance protéique du caillot* est une caséine ; mais ce n'est plus de la caséine ou du caséinogène. Elle se distingue de la caséine et du caséinogène par les caractères suivants : la caséine et le caséinogène préparés purs ne laissent pas de résidu salin à l'incinération ; la substance protéique du caillot n'a jamais pu être obtenue telle que par incinération elle ne laisse pas de résidu salin. La substance protéique du caillot est soluble dans les alcalis et les acides, mais elle y est beaucoup moins soluble que la caséine et le caséinogène ; c'est une substance de nouvelle formation ; nous l'appellerons *caséum*.

Le *lactosérum* contient 3 substances albuminoïdes : la lactalbumine et la lactoglobuline du lait, et une substance albuminoïde de nouvelle formation. Cette substance n'est pas coagulée ou précipitée à l'ébullition ; elle n'est pas précipitée par les acides ; — elle rappelle donc par ces propriétés les protéoses : c'est la protéose du lactosérum, la *lactosérumprotéose*. C'est la *substance albuminoïde caractéristique du lactosérum*.

Cette étude des substances protéiques du caillot et du sérum du lait caséifié démontre que dans la caséification la caséine du lait est transformée, qu'elle subit un dédoublement donnant naissance à deux substances protéiques, l'une qu'on retrouve dans le caillot dont elle constitue la masse fondamentale, l'autre qu'on retrouve en solution dans le lactosérum.

Faut-il considérer la caséification du lait comme un simple dédoublement de la caséine en caséum et lactosérumprotéose ? Non. — Entre la caséine et le caséum il y a une substance intermédiaire.

L'étude de l'action de la présure sur le *lait décalcifié* nous permet de connaître cette substance intermédiaire, ce terme de passage.

Additionnons le lait de 1 p. 1 000 d'oxalate neutre de potasse, et après l'avoir additionné de présure, portons à 40° ce lait oxalaté (et par conséquent décalcifié, l'oxalate d'alcali précipitant les sels solubles de calcium à l'état d'oxalate calcique). Il ne se forme pas de caséum : le lait reste liquide. La caséification du lait, la production du caséum exige donc la présence de sels calciques dissous dans le lait soumis à l'action du labferment. Mais si la présure ne caséifie pas, au sens propre du mot, le lait oxalaté, elle transforme cependant profondément ce lait, ainsi que le démontrent les faits suivants :

Le lait oxalaté à 1 p. 1 000 ne précipite pas par l'ébullition, et ne précipite pas quand on l'additionne de 1 p. 1 000 de chlorure de calcium. — Le lait oxalaté à 1 p. 1 000, soumis à l'action du labferment à 40° pendant un temps suffisant, donne à l'ébullition un précipité floconneux, englobant les globules gras du lait, et donne par addition de 1 p. 1 000 de chlorure de calcium un précipité dont les flocons s'agglomèrent rapidement en une masse assez homogène et rétractile, englobant les globules gras.

La substance qui se précipite par addition de chlorure de calcium au lait oxalaté transformé par la présure est du caséum.

La substance qui se précipite à l'ébullition n'est pas de la caséine : la caséine ne se précipite pas dans le lait (même dans le lait oxalaté) à l'ébullition ; ce n'est pas du caséum : le caséum est insoluble dans le lait oxalaté à 1 p. 1 000. Ce n'est plus de la caséine ; ce n'est pas encore du caséum ; c'est une substance intermédiaire à la caséine et au caséum : nous l'appellerons *substance caséogène*, car c'est la substance génératrice du caséum.

Lorsqu'on ajoute au lait oxalaté, transformé par la présure, un sel calcique, il se forme un précipité : on admet généralement que ce précipité résulte d'une combinaison de la substance caséogène et du sel calcique soluble ; cette combinaison calcique, insoluble dans le lait, est le *caséum*, le caséum calcique, le caséum du lait naturel.

On peut substituer au sel de calcium, un autre sel alcalino-terreux ; on peut additionner le lait oxalaté, transformé par la présure, de chlorure de baryum, de chlorure de strontium, de chlorure de magnésium : on détermine la formation de précipités qu'on considère généralement comme des combinaisons de la substance caséogène avec les sels alcalino-terreux : ce sont les *caséums de baryum, de strontium* ou *de magnésium.*

On peut étudier les phénomènes de caséification au moyen des solutions phosphosodiques de caséine.

Le lait est précipité par 1 p. 1 000 d'acide acétique : le précipité de caséine est débarrassé de l'acide qui a servi à la précipitation par lavages à l'eau, et des globules gras qu'il a entraînés par lavages à l'alcool et à l'éther. Ainsi préparée, la caséine est dissoute dans une solution très étendue de soude caustique, et la solution alcaline de caséine est exactement neutralisée par l'acide phosphorique.

Une telle solution présente les deux caractéres suivants : la caséine en solution peut être totalement précipitée par addition d'une quantité convenable d'acide acétique ; — la caséine en solution peut être précipitée par addition de chlorure de calcium ; mais seulement par une assez forte proportion de chlorure de calcium.

Faisons agir sur une telle solution de la présure à 40°. Nous constaterons : 1° que la substance en solution n'est plus totalement précipitée par l'acide acétique, quelle que soit la proportion de cet acide ; — 2° qu'elle est précipitée par de très petites quantités de chlorure de calcium.

La caséine a donc été dédoublée en 2 substances, l'une qui n'est plus précipitée par l'acide acétique : c'est la lactosérumprotéose ; l'autre qui est précipitée par de faibles quantités de chlorure de calcium ; c'est la substance caséogène. Par le chlorure de calcium cette substance caséogène est précipitée à l'état de caséum.

Nous le voyons, la solution phosphosodique de caséine permet d'analyser les phénomènes de caséification de la caséine comme le lait oxalaté.

Si l'on prépare une solution phosphocalcique de caséine, en dissolvant la caséine dans l'eau de chaux et neutralisant par l'acide phosphorique, on obtient une solution qui est caséifiable par la présure, comme l'est le lait naturel. On constate la formation d'un caséum insoluble, et il reste en solution une substance albuminoïde non coagulée par la chaleur, non précipitée par les acides, la lactosérumprotéose.

Colostrum. — On désigne sous le nom de *colostrum*, le lait jaunâtre, épais et visqueux sécrété pendant les premières heures ou quelquefois pendant les premiers jours qui suivent la mise bas. Le colostrum se distingue du lait normal par les caractères suivants :

1. Le colostrum renferme, outre les globules du lait, des éléments appelés *globules du colostrum,* caractérisés par leur grosseur (20 millièmes de millimètre environ) et par leur aspect granulé.

2. Le colostrum coagule à l'ébullition, tantôt en une masse compacte, rappelant le blanc d'œuf cuit, tantôt en gros grumeaux, flottant dans un liquide

jaunâtre et transparent ; le coagulum retient les globules gras et les globules de colostrum.

3. Le colostrum additionné de présure à 40° n'est pas caséifié : il reste parfaitement liquide.

La constitution du colostrum est la même que celle du lait, qualitativement, au moins : il contient du sucre de lait, des matières grasses neutres et des substances protéiques qui sont dans la caséine, de la lactalbumine et de la lactoglobuline. Mais, tandis que dans le lait la caséine constitue la plus grande partie des substances protéiques et donne au lait ses propriétés ; dans le colostrum, ce sont les substances albuminoïdes coagulables, lactalbumine et lactoglobuline, qui communiquent au colostrum leurs propriétés. C'est ainsi que le colostrum coagule à l'ébullition : le coagulum de lactalbumine et de lactoglobuline entraîne avec lui la caséine. — Mais comment expliquer que le colostrum, qui contient de la caséine, ne donne pas de caséum par la présure ? Nous n'en savons rien. Mais nous pouvons rendre ce colostrum caséifiable : il suffit de l'additionner d'une faible proportion de chlorure de calcium. Le caséum se forme alors, entraînant avec lui les globules gras et une forte proportion de lactalbumine et de lactoglobuline.

Pour démontrer dans le colostrum la présence des 3 substances protéiques : caséine, lactalbumine et lactoglobuline, on peut procéder de la façon suivante :

Additionnons le colostrum d'acide acétique jusqu'à ce qu'il se produise un précipité floconneux ;

lavons ce précipité à l'eau ; faisons-le bouillir dans l'eau pour coaguler les substances albuminoïdes coagulables qu'il peut contenir ; mettons-le en présence de fluorure de sodium à 1 p. 100 ; une substance protéique se dissout, et la solution fluorée présente toutes les propriétés des solutions salines de caséine. Le colostrum contient donc de la caséine.

Saturons le colostrum de sulfate de magnésie à froid ; séparons le précipité par filtration : la liqueur claire coagule par la chaleur : elle contient une substance albuminoïde coagulable, une albumine, la lactalbumine.

Saturons le colostrum de chlorure de sodium à froid ; séparons le précipité par filtration : la liqueur claire précipite par le sulfate de magnésie dissous à saturation, elle contient donc une globuline, la lactoglobuline.

Tels sont les caractères du colostrum vrai, de celui qui est sécrété aussitôt après la mise bas. Mais peu à peu ces caractères se modifient : tout d'abord le colostrum devient caséifiable par la présure, tout en restant coagulable à l'ébullition ; — puis le coagulum produit par l'ébullition devient de moins en moins abondant, la liqueur séparée du coagulum devenant de plus en plus trouble et laiteuse. Finalement le colostrum perd sa coagulabilité par l'ébullition : c'est alors du lait véritable. Le colostrum, d'abord très riche en substances albuminoïdes coagulables et relativement pauvre en caséine, est devenu de moins en moins riche en substances albuminoïdes coagulables et de plus en plus riche en caséine, jusqu'à ce que sa constitution soit celle du lait véritable.

Le *lait de chèvre* d'un blanc nacré éclatant ne diffère pas essentiellement du lait de vache. Toutefois nous devons noter que la crème y monte beaucoup plus lentement et beaucoup plus incomplètement que dans le lait de vache. Il subit moins facilement que ce dernier la fermentation lactique. La proportion des matières minérales est assez élevée (8 p. 1 000) ; ce sont les chlorures et les sels de chaux qui dominent. Il caille en fournissant un volumineux caséum, massif, rétractile.

Le *lait de brebis* est légèrement jaunâtre. Il est remarquable par sa richesse en caséine (5,5 à 6,0 p. 100) en graisses (6 p. 100) et en phosphate de chaux. Il donne par la présure un caséum mou et peu rétractile.

Les *laits de jument* et *d'ânesse*, moins blancs que le lait de vache, sont beaucoup plus pauvres que ce dernier en substances protéiques : les acides déterminent dans ces laits un léger précipité floconneux, flottant dans un liquide un peu trouble ; — la présure fait cailler ces laits, mais le caillot est toujours peu volumineux, très poreux et très peu rétractile : le lactosérum est trouble. Ils subissent très facilement la fermentation lactique.

Le *lait des carnivores*, notamment le *lait de chienne*, est remarquable par sa richesse en matières protéiques (8 à 12 p. 100), en graisses (10 à 12 p. 100), en matières minérales (1 à 1,2 p. 100) particulièrement en phosphate de chaux (0,4 p. 100). A l'air il finit par se putréfier après un long séjour, mais il ne subit pas la fermentation lactique. La présure le caséifie : il se forme un caséum mou, grenu, fin, très peu rétractile laissant sourdre quelques gouttelettes de lactosérum.

Le *lait de truie* contient parfois jusqu'à 10, 12 et même 15 p. 100 de substances protéiques ; 6 à 7 p. 100 de matières grasses (avec prédominance de l'oléine), et 1,5 p. 100 de matières minérales. Il est parfois incaséifiable par la présure, et coagulable par la chaleur comme les colostrums typiques.

Le *lait de vache* a servi de type pour notre étude du lait, et cela à juste titre, car il occupe, par sa composition chimique, une place moyenne entre les différents laits fournis par les espèces domestiques. Il est plus riche en caséine que le lait de la jument et de l'ânesse ; il en contient moins que ceux de la brebis, de la chèvre, de la chienne ; — il est plus sucré que le lait de chèvre et de brebis ; il l'est moins que le lait de jument et d'ânesse ; — il est plus gras que le lait de jument et d'ânesse, il l'est moins que ceux de chienne et de brebis ; — il est plus riche en matières minérales que le lait de jument et d'ânesse ; il est moins riche que ceux de chienne, de truie et de brebis. Sa matière minérale est pauvre en chlore (0,1 p. 100) et en soude (0,05 p. 100) ; riche en acide phosphorique (0,2 p. 100), en chaux (0,18 p. 100) et en potasse (0,2 p. 100).

Le *lait de femme* a la même composition qualitative que les laits que nous venons d'étudier. Quantitativement, il diffère du lait de vache par sa pauvreté en substances protéiques et par sa richesse en sucre de lait. En moyenne le lait de femme contient 3 p. 100 de matières grasses, 2,0 à 2,5 p. 100 de substances protéiques, 6 p. 100 de sucre de lait, et 0,2 p. 100 de matières minérales.

La caséine du lait de femme est précipitée par les acides, mais il faut ajouter au lait une forte proportion d'acide ; et alors elle se précipite sous forme de flocons légers nageant dans un liquide louche (1). Par la présure le lait de femme donne un caséum ; mais ce caséum est peu abondant, très poreux, à peine rétractile ; le lactosérum est très trouble.

Le lait de femme ne subit pas facilement la fermentation lactique ; on sait que le lait de vache au contraire est un milieu très favorable au développement du ferment lactique.

(1) La caséine du lait de femme se distinguerait encore de la caséine du lait de vache en ce que traitée par la pepsine chlorhydrique, elle se transformerait sans déposer de paranucléine.

CHAPITRE XVI

LA SALIVE

Sommaire. — Constitution chimique de la salive. La mucine, le sulfocyanure. Propriété diastasique de la salive : la ptyaline. Saccharification de l'amidon : les dextrines et la maltose. Comparaison de la saccharification par la salive e de la saccharification par les acides.

Différentes glandes, dites *glandes salivaires*, situées au voisinage ou dans les parois de la cavité buccale déversent leur sécrétion dans cette cavité. La *salive mixte* est formée par le mélange des différentes salives : *parotidienne, sous-maxillaire, sublinguale* et *buccale.*

Comme tous les liquides de l'organisme, la salive mixte contient en solution des sels minéraux. Ces sels sont surtout des chlorures et des phosphates, des sels de potasse, de soude et de chaux. On doit aussi signaler dans la salive la présence d'une petite quantité de carbonates d'alcalis, auxquels il faut rapporter sa réaction légèrement alcaline.

Parmi les éléments organiques de la salive, il en est trois à signaler : une *mucine*, une *substance albuminoïde*, un *sulfocyanure.*

La *mucine salivaire* provient surtout de la sécrétion de la glande sous-maxillaire ; la salive sous-maxillaire est manifestement plus visqueuse que les autres salives. (La salive parotidienne de l'homme ne contient pas de mucine).

Supposons isolée cette mucine salivaire : c'est une substance blanche, filamenteuse et gluante. Elle se dissout dans les solutions très étendues d'alcalis caustiques (potasse, soude, ammoniaque), donnant des liqueurs à réaction neutre lorsque le dissolvant n'est pas employé en excès. Ces solutions neutres ne sont ni coagulées, ni précipitées à l'ébullition. Elles sont précipitées par l'alcool en présence de sels. Elles sont précipitées et précipitées totalement par addition d'acide acétique : le précipité produit est absolument insoluble dans un excès quelconque d'acide acétique (l'acide acétique ne précipiterait pas ces solutions en présence d'un excès de chlorure de sodium, 5 à 10 p. 100, par exemple). Elles sont également précipitées par une petite quantité d'acide chlorhydrique, mais le précipité se redissout dans un excès de cet acide. Bouillies avec l'acide sulfurique ou l'acide chlorhydrique dilués, les solutions de mucine salivaire sont dédoublées en une substance albuminoïde et un hydrate de carbone, capable de réduire la liqueur cupropotassique de Fehling : cet hydrate de carbone est la *gomme animale.*

En se fondant sur ces quelques propriétés de la mucine salivaire, on peut la mettre en évidence dans la salive, la préparer ou la doser.

En traitant la salive par l'acide acétique, on détermine la production d'un précipité insoluble dans un excès d'acide acétique : ce précipité est un pré-

cipité de mucine, car, de toutes les substances contenues normalement dans la salive, aucune, si ce
n'est la mucine, ne possède cette double propriété ;
— les autres éléments de la salive, chlorures, phosphates, sels d'alcalis et de terres alcalines, sulfocyanures, etc., ne sont pas précipités par l'acide acétique ; — la petite quantité de substance albuminoïde contenue dans la salive peut être précipitée
par l'acide acétique, mais le précipité se redissout
dans un excès d'acide.

On peut préparer la mucine salivaire en partant
de la salive ; mais le plus souvent on se sert, pour
faire cette préparation, de la macération aqueuse
des glandes sous-maxillaires de veau. La liqueur
contenant en solution la mucine est additionnée de
petites quantités d'acide chlorhydrique : un précipité se forme ; on continue d'ajouter l'acide chlorhydrique jusqu'à ce que la liqueur en contienne
0,15 p. 100 : le précipité s'est redissous. On précipite la mucine de cette liqueur acide en diluant par
5 volumes d'eau distillée.

Enfin, pour doser la mucine salivaire, on ajoute
à la salive de l'acide acétique en excès ; on lave le
précipité avec de l'eau fortement acétique, jusqu'à
ce que les eaux de lavage n'entraînent plus ni matières salines, ni substances albuminoïdes.

La salive contient toujours une très petite quantité d'une *substance albuminoïde*, coagulable par la
chaleur, appartenant au groupe des *globulines*. Cette
substance existe dans la salive en quantité extrêmement petite.

Enfin la salive renferme des *sulfocyanures*.

Les *sulfocyanures* se rattachent au groupe du cyanogène. — On sait que l'acide cyanique a pour formule CAzOH, et le cyanate de potasse CAzOK. L'acide sulfocyanhydrique répond à la formule CAzSH ; c'est donc de l'acide cyanique dans lequel l'oxygène divalent a été remplacé par le soufre également divalent ; le sulfocyanure de potassium est CAzSK.

Les sulfocyanures d'alcalis sont des sels solubles dans l'eau et dans l'alcool. Lorsqu'on ajoute à leurs solutions une solution de chlorure ferrique, on fait apparaître une coloration rouge sang intense que l'acide chlorhydrique fort ne fait pas disparaître (les acétates d'alcalis donnent également avec le chlorure ferrique une coloration rouge foncé, mais cette coloration disparaît en présence d'un excès d'acide chlorhydrique).

On peut affirmer l'existence dans la salive de sulfocyanure pour les raisons suivantes :

La salive acidulée par l'acide chlorhydrique et additionnée d'une solution étendue de chlorure ferrique prend une coloration rouge sang intense.

L'extrait alcoolique de salive donne la même réaction colorée.

L'extrait alcoolique contient une substance sulfurée, car, après action d'un mélange de chlorate de potasse et d'acide chlorhydrique (mélangé oxydant), il présente les réactions des sulfates : cette substance sulfurée, soluble dans l'alcool, puisqu'elle existe dans l'extrait alcoolique, ne peut être ni un sulfate neutre, ni une substance albuminoïde, ni une mucine, ces substances étant insolubles dans l'alcool.

La salive contient donc une substance sulfurée, transformable en sulfate par les agents oxydants, soluble dans l'eau, soluble dans l'alcool, donnant, en présence d'acide chlorhydrique et de perchlorure de fer, une coloration rouge ; — elle *contient des sulfocyanures*.

Le sulfocyanure existe normalement dans la salive mixte, mais en très faible quantité, environ 0,008 p. 100. Quelquefois même la quantité de ce sel est si faible qu'il est difficile de mettre en évidence son existence par la réaction colorée ; c'est ce qui avait conduit certains auteurs à penser que le sulfocyanure n'est pas un élément normal de la salive.

———

La salive mixte possède une *propriété diastasique*; elle renferme un *ferment soluble*, la *diastase salivaire*, ou *ferment saccharifiant* de la salive, ou mieux *ferment amylolytique* salivaire, *amylase* salivaire ou *ptyaline*.

La salive mixte peut transformer l'amidon cuit; elle peut le *saccharifier* (1).

Les solutions aqueuses d'empois d'amidon ont, on le sait, la propriété de se colorer en bleu par l'eau iodée, de ne pas réduire la liqueur cupropo-

(1) Les salives isolées des diverses glandes ne possèdent pas toutes cette propriété saccharifiante : c'est ainsi que les salives parotidiennes de l'homme et du cheval n'ont aucune action sur l'amidon.

tassique de Fehling et de ne pas fermenter par la levure de bière. — Lorsque ces solutions ont été soumises à l'action de la salive, à une température voisine de la température du corps, pendant un temps suffisant, variable suivant la salive employée, on constate qu'elles ont perdu la propriété de se colorer en bleu par l'iode et qu'elles ont acquis la propriété de réduire la liqueur cupropotassique de Fehling et de fermenter par la levure de bière. L'amidon a donc été transformé.

Cette action de la salive sur l'amidon est une action diastasique, car elle est suspendue à basse température, accélérée aux températures voisines de 40°, définitivement détruite par l'ébullition sans que la réaction et la composition chimique du liquide salivaire soient modifiées d'une façon appréciable.

Étudions avec quelques détails cette action de la salive sur la solution d'*empois d'amidon*, en écartant, par des moyens convenablement choisis, l'action des microbes. Pour faire cette étude, examinons la composition de la solution à différents moments.

Nous opérons sur une solution d'empois d'amidon incapable de réduire la liqueur de Fehling et de fermenter par la levure de bière, se colorant en bleu par l'iode. Nous faisons agir la salive (la salive normale ne réduit pas la liqueur cupropotassique, ne fermente pas par la levure de bière, ne se colore pas par l'iode) jusqu'à ce que le mélange ne se colore plus en bleu par l'iode. A ce moment, nous constatons que la solution a les propriétés suivantes : elle donne un précipité par l'alcool ; elle se colore en rouge par l'eau iodée ; elle réduit la liqueur cupropotassique de Fehling ; elle fermente par la levure de bière : elle contient des substances appartenant au groupe des *dextrines* et au groupe des *sucres fermentescibles*. Des recherches délicates ont prouvé qu'elle contient en réalité au moins 2 dextrines [une *érythrodextrine*, substance qui se colore en rouge par l'eau iodée, et une *achroodextrine*, substance qui ne se colore pas par l'eau iodée], et un sucre, qui est de la *maltose*, c'est-à-dire un sucre dextrogyre, réducteur, fermentescible, du groupe des saccharoses. Les dextrines, surtout l'érythrodextrine, sont abondantes ; la maltose est en petite quantité.

Laissons la salive agir plus longtemps sur la solution d'empois d'amidon : il arrive un moment où la solution ne se colore plus en rouge par l'iode : elle conserve ses autres propriétés, sa précipitabilité par l'alcool, son pouvoir réducteur, sa fermentescibilité. Elle ne contient plus d'érythrodextrine, mais elle contient encore de l'*achroodextrine* et de la *maltose* ; cette dernière est devenue abondante.

Laissons enfin la salive agir pendant très longtemps sur l'empois d'amidon, pendant plusieurs jours, par exemple, jusqu'à ce que soit atteint l'équilibre final. Nous constatons que la solution renferme toujours de l'*achroodextrine* et de la *maltose* et ne renferme pas de substances de nouvelle formation. Isolons l'achroodextrine, en la précipitant par l'alcool, redissolvons-la dans l'eau, et faisons agir sur cette solution d'achroodextrine de la salive fraîche, nous n'observons pas de transformation : la liqueur, qui ne fermentait pas par la levure de bière avant l'action de la salive, ne fermente pas davantage après l'action de la salive. Ceci est vrai lorsque l'achroodextrine a été préparée au moyen de liqueurs soumises, jusqu'à réaction finie, à l'action de la salive. Si au contraire on avait retiré l'achroodextrine des liqueurs, au moment où disparaît la réaction de l'érythrodextrine (coloration rouge par l'eau iodée), cette achroodextrine aurait été partiellement transformée en maltose par la salive. Ce fait a conduit les auteurs à considérer l'achroodextrine comme un mélange de plusieurs substances : on en distingue généralement 3 qu'on différencie par leurs pouvoirs rotatoires et par leurs pouvoirs réducteurs : l'*achroodextrine* α, l'*achroodextrine* β et l'*achroodextrine* γ, cette dernière étant la seule qui n'est pas modifiée par la salive : c'est celle qu'on retire des solutions soumises pendant très longtemps à l'action de la salive.

En résumé, lorsqu'on fait agir la salive sur une solution d'empois d'amidon, on constate : 1° l'apparition simultanée de dextrines et de maltose ; 2° la diminution progressive des dextrines et l'augmentation correspondante de la maltose ; 3° la disparition totale de l'érythrodextrine et des achroodextrines α et β, et la conservation indéfinie de l'achroodextrine γ.

Que faut-il conclure de ces faits ?

L'amidon peut être considéré comme un corps

ayant pour formule $(C^6H^{10}O^5)^n$, la valeur de n étant au moins égale à 5. *Sous l'influence de la salive, il se produit une série de dédoublements : chaque dédoublement* (accompagné d'une hydratation partielle) *donne naissance à une dextrine et à de la maltose :* les dextrines des dédoublements successifs ont pour formule $(C^6H^{10}O^5)^p$, p diminuant à chaque dédoublement nouveau. Pour préciser, l'amidon est dédoublé en maltose et érythrodextrine ; l'érythrodextrine est dédoublée en maltose et achroodextrine α ; l'achroodextrine α est dédoublée en maltose et achroodextrine β : l'achroodextrine β est dédoublée en maltose et achroodextrine γ, cette dernière n'étant plus modifiable par la salive.

L'*amidon cru* et le *glycogène* sont transformés par la salive comme l'amidon cuit : les produits de transformation sont identiques ; la transformation est seulement beaucoup moins rapide. Le glycogène donne les mêmes produits de transformation que l'amidon : dextrines et maltose.

La *diastase de l'orge germé* transforme l'empois d'amidon en dextrines et maltose, comme le fait la diastase salivaire : ces deux diastases, agissant dans les mêmes conditions de température et de milieu, et déterminant la formation des mêmes produits de transformation, peuvent être considérées comme identiques.

Par l'action des *acides minéraux étendus*, à la température d'ébullition, sur les solutions d'empois d'amidon, on obtient tout d'abord les mêmes produits de transformation que par l'action des diastases : dextrines et maltose : mais les produits ultimes de transformation ne sont pas les mêmes. Sous l'influence des acides dilués à l'ébullition, l'achroodextrine γ et la maltose subissent une hydratation et donnent de la glycose. De telle sorte que, lorsque l'action des diastases est épuisée, on a de l'achroodextrine et de la maltose, — lorsque l'action des acides est suffisamment prolongée, on a de la *glycose* et rien que de la glycose.

La *salive mixte humaine* possède un *pouvoir amylolytique* très énergique ; les salives parotidienne et sous-maxillaire humaines, recueillies pures de tout mélange avec quelque autre salive, possèdent également, au moins parfois, sinon toujours, le pouvoir amylolytique faible. En général, toutes les sécrétions salivaires de l'homme, à tout âge, peuvent produire plus ou moins énergiquement la transformation de l'amidon.

CHAPITRE XVII

LE SUC GASTRIQUE

Les physiologistes ont démontré que la sécrétion du suc gastrique est intermittente, au moins chez l'homme et chez les mammifères carnivores : elle se produit au moment du repas et sous l'influence des matières alimentaires ingérées. C'est dire que le suc gastrique étudié et analysé n'est pas du suc gastrique pur, mais un mélange de suc gastrique et de matières alimentaires.

Pour provoquer la sécrétion du suc gastrique chez l'homme, on fait généralement absorber un repas d'épreuve composé d'ordinaire de pain blanc et d'une infusion légère de thé. On retire au bout d'un certain temps le contenu gastrique au moyen de la sonde stomacale.

Chez le chien on peut procéder de même ; mais le plus souvent on pratique chez cet animal l'opération de la fistule gastrique pour éviter le sondage. Après avoir fait absorber à l'animal des os bouillis, on ouvre la canule obturatrice et on recueille le liquide qui s'écoule par l'orifice.

On a pu obtenir chez les chiens du suc gastrique absolument pur par deux artifices. On a sectionné le cardia et le pylore pour isoler l'estomac ; puis on a posé des ligatures obturatrices sur les deux orifices cardiaque et pylorique de façon à transformer l'estomac en une poche close, on a pratiqué sur cette poche la fistule gastrique, et, en suturant l'origine du duodenum à la terminaison de l'œsophage, on a rétabli la continuité du tube digestif. Le liquide qui s'accumule dans la poche gastrique est pur de tout mélange soit avec la salive, soit avec les aliments. — On a encore, sur un chien porteur d'une fistule gastrique, pratiqué l'œsophagotomie totale, et constaté qu'une abondante sécrétion gastrique, absolument pure, apparaît lorsque l'animal absorbe un repas fictif (c'est-à-dire ingère des aliments qui s'échappent en totalité par l'orifice de la fistule œsophagienne).

Nous distinguerons ainsi dans l'étude du suc gastrique : le *suc gastrique pur* (obtenu par l'un des deux procédés que nous venons d'indiquer) et le *suc gastrique impur* (obtenu mélangé avec les aliments ou leurs produits de transformation.

Le suc gastrique, qu'il soit pur ou impur, est caractérisé par sa *réaction acide* et par 2 propriétés : il *peptonise les substances albuminoïdes* et il *caséifie le lait*. Il nous offre à étudier :

1. Des *combinaisons acides*.
2. Un *ferment peptonisant*, la *pepsine*.
3. Un *ferment caséifiant*, le *labferment*.

Le suc gastrique du chien, recueilli pur de tout mélange, soit avec la salive, soit avec des aliments, est un liquide transparent, incolore, légèrement filant, à réaction acide, pouvant être bouilli sans se troubler, donnant par évaporation un résidu brun jaunâtre fortement acide, et par calcination des cendres blanches faiblement alcalines.

Le suc gastrique impur de l'homme et du chien ne diffère pas essentiellement du suc gastrique pur, par ses propriétés physiques.

Le suc gastrique a une réaction acide : il rougit fortement le papier bleu de tournesol. L'acidité du suc gastrique pur du chien évaluée en acide chlorhydrique est de 4,8 à 5,2 p. 1000. Cela veut dire que si l'on prend, par exemple, 100 centimètres cubes de suc gastrique pur de chien, il faut, pour le neutraliser, ajouter une quantité de soude capable de neutraliser 100 centimètres cubes d'une solution d'acide chlorhydrique renfermant de 4,8 à 5,2 p. 1000 d'acide. L'acidité de suc gastrique impur du chien est moindre ; elle dépasse rarement 3 p. 1 000. — L'acidité du suc gastrique impur de l'homme est moindre encore : évaluée en acide chlorhydrique, elle est comprise entre 1,0 et 1,5 p. 1 000 dans les conditions ordinaires de l'observation clinique.

Les cendres du suc gastrique contiennent essentiellement des chlorures et des phosphates de soude, de potasse, de chaux, de magnésie ; elles ne renferment pas de sulfates ou de carbonates, au moins en quantités appréciables.

I. *Combinaisons acides.* — Le suc gastrique est *acide. Quelle est la substance, ou quelles sont les substances qui lui communiquent cette réaction?*

La plupart des auteurs ont attribué l'acidité du suc gastrique soit à la présence d'*acide chlorhydrique*, soit à la présence d'*acide lactique*. Les premières recherches ont été faites avec le suc gastrique impur de l'homme ou du chien.

Lorsqu'on soumet le suc gastrique impur à la distillation, disent les partisans de l'acide chlorhydrique, il se dégage des vapeurs acides qui précipitent les solutions d'azotate d'argent, à l'état de chlorure d'argent : ces vapeurs sont des vapeurs chlorhydriques. Le suc gastrique doit donc son acidité à la présence d'*acide chlorhydrique.*

Sans doute, répondent les partisans de l'*acide lactique*, il se produit par la distillation du suc gastrique impur un dégagement chlorhydrique, mais ce dégagement ne commence à se produire que lorsque ce suc gastrique a été évaporé à l'ébullition, à consistance sirupeuse; pendant tout le temps que se fait l'évaporation, les vapeurs ne sont pas acides; il n'en serait pas de même si l'on avait véritablement affaire à de l'acide chlorhydrique. Ce dégagement d'acide chlorhydrique peut d'ailleurs parfaitement s'expliquer par l'action d'un acide organique fort sur le chlorure de sodium du liquide gastrique. Or le contenu gastrique renferme des acides organiques, notamment de l'acide lactique : on peut en général facilement démontrer la présence de cet acide dans le liquide gastrique ; on peut l'en retirer, on peut préparer ses sels, on peut déterminer sa composition et sa constitution chimiques. — C'est cet acide qui est le véritable acide du suc gastrique; c'est lui qui, en agissant à haute température sur le chlorure de sodium dans le suc gastrique concentré, provoque le dégagement d'acide chlorhydrique.

Assurément, répliquent les partisans de l'acide chlorhydrique, le suc gastrique impur renferme souvent de l'acide lactique ; mais en renferme-t-il nécessairement, en referme-t-il toujours? Oui, chez les herbivores et surtout chez les ruminants dont l'estomac n'est jamais vide et chez lesquels l'acide lactique provient de fermentations microbiennes, s'accomplissant dans la cavité gastrique aux dépens des hydrates de carbone des aliments ingérés. Non, chez les carnivores, pourvu qu'on recueille le suc gastrique vingt-quatre heures après le dernier repas régulier, et qu'on provoque sa sécrétion par l'ingestion de matières ne contenant pas d'acide lactique. Or ce suc gastrique des carnivores, qui ne contient pas d'acide lactique, dégage des vapeurs chlorhydriques à la fin de la distillation. Ces vapeurs ne proviennent pas de la décomposition du chlorure de sodium par l'acide lactique, puisqu'il n'y a pas d'acide lactique.

La même conclusion résulte de l'examen du suc gastrique impur chez l'animal soumis au jeûne chloré (épuisement des aliments par l'eau bouillante pour en enlever les chlorures). Après un temps assez long la sécrétion gastrique perd son acidité, pour la reprendre dès qu'on ajoute des chlorures aux aliments. En serait-il ainsi si l'acide du suc gastrique était l'acide lactique?

L'acide du suc gastrique est de l'*acide chlorhydrique*, et, ajoutent-ils, en voici la démonstration : si dans un suc gastrique, on détermine la quantité totale de chlore d'une part, la quantité des bases métalliques, soude, potasse, chaux, magnésie, d'autre part, on trouve que la quantité de chlore est toujours supérieure à celle qui est nécessaire pour saturer la totalité des bases. Donc il y aurait dans le suc gastrique un excès de chlore non combiné aux métaux, alors même qu'on supposerait ces métaux uniquement à l'état de chlorures ; comme une partie de ces métaux est à l'état de phosphates, il en résulte *a fortiori* qu'une partie du chlore du suc gastrique n'est pas combinée aux métaux.

D'autre part, supposons faite l'analyse de la quantité totale de chlore, de phosphore et de bases d'un suc gastrique. Supposons qu'on emploie la totalité du phosphore à faire des phosphates tribasiques avec une partie des bases ; et qu'on sature ce qui reste de bases par une quantité convenable de chlore, il reste un excès de chlore. Calculons la quantité d'acide chlorhydrique que peut donner cet excès de chlore. Déterminons enfin directement l'acidité du suc gastrique évaluée en acide chlorhydrique. Nous trouvons pour ces deux valeurs d'acide chlorhydrique des nombres sensiblement égaux. Le suc gastrique se comporte donc comme si l'excès de chlore était à l'état d'acide chlorhydrique.

D'où cette conclusion : *Le suc gastrique doit son acidité soit à de l'acide chlorhydrique, soit à des combinaisons chlorées organiques acides*, ces combinaisons ayant une acidité égale à celle de l'acide chlorhydrique qui entre dans leur composition.

La question que nous nous sommes posée se ramène ainsi à la suivante : *Les combinaisons acides du suc gastrique sont-elles de l'acide chlorhydrique libre, ou des combinaisons chlorées organiques acides?* — Les expériences que nous allons relater nous renseigneront à cet égard. Nous distinguerons nettement le *cas du suc gastrique impur* et le *cas du suc gastrique pur*, car la conclusion à laquelle nous arriverons sera différente suivant le cas considéré.

Nous appelons *acide chlorhydrique libre* l'acide chlorhydrique en solution dans l'eau. Lorsqu'une liqueur présente les propriétés, et toutes les propriétés, de l'acide chlorhydrique en solution dans l'eau, elle contient de l'acide chlorhydrique libre. Lorsqu'une liqueur présente quelques-unes des propriétés, la plupart même des propriétés, mais pas toutes les propriétés, de l'acide chlorhydrique en solution dans l'eau, elle ne contient pas d'acide chlorhydrique libre.

Lorsqu'on traite par une solution aqueuse d'*acide chlorhydrique* une solution d'*acétate de soude*, de telle façon que le mélange contienne 1 équivalent d'acide chlorhydrique pour 1 équivalent d'acétate de soude, les 33/34 de l'acétate de soude sont transformés en chlorure de sodium. — Lorsqu'on traite une solution d'*acétate de soude* par du *suc gastrique impur*, de façon que le mélange contienne pour 1 équivalent d'acétate de soude une quantité de suc gastrique d'acidité égale à 1 équivalent d'acide chlorhydrique, la moitié seulement de l'acétate de soude est transformée en chlorure de sodium.

Lorsqu'on soumet à la *dialyse* une solution aqueuse d'*acide chlorhydrique* et de *chlorure de sodium*, le rapport de la quantité d'acide à la quantité de chlorure de sodium est plus grand dans le liquide extérieur que dans le liquide soumis à la dialyse : l'acide chlorhydrique dialyse donc plus vite que le chlorure de sodium. — Lorsqu'on soumet à la *dialyse* du *suc gastrique impur*, on constate que le rapport du chlore aux bases est plus petit dans le liquide extérieur que dans le liquide soumis à la dialyse : les chlorures du suc gastrique dialysent donc plus vite que les combinaisons acides.

Lorsqu'on fait *bouillir* une solution de *sucre de canne* pendant un temps donné avec une *solution chlorhydrique diluée* pure, d'une part, et avec un *suc gastrique impur* de même acidité, d'autre part, la quantité de sucre interverti par la solution acide est toujours plus considérable que la quantité intervertie par le suc gastrique.

Ces expériences prouvent que les *combinaisons acides du suc gastrique impur ne peuvent pas être exclusivement de l'acide chlorhydrique libre*; elles ne permettent pas de savoir si ce sont exclusivement des combinaisons chlorées organiques ou un mélange de ces combinaisons avec de l'acide chlorhydrique libre. Les expériences suivantes, la seconde surtout, permettent au contraire de résoudre la question :

Lorsqu'on fait *bouillir* une solution d'*empois d'amidon* avec une solution étendue d'*acide chlorhydrique*, on transforme l'amidon en dextrines et sucre réducteur. — Lorsqu'on fait *bouillir* une solution d'*empois d'amidon* avec le *suc gastrique impur* ayant la même acidité que la solution acide précédente, on ne transforme pas l'amidon.

Lorsqu'on fait *bouillir une solution aqueuse d'acide chlorhydrique*, ou lorsqu'on introduit cette solution dans le vide, on provoque un dégagement de vapeurs chlorhydriques. — Lorsqu'on fait *bouillir un suc gastrique impur* sans le ramener à consistance sirupeuse, ou lorsqu'on le distille dans le vide, on ne provoque aucun dégagement chlorhydrique.

Donc *le suc gastrique impur ne contient pas d'acide chlorhydrique libre*, puisque deux au moins des propriétés de cet acide manquent au suc gastrique. Le *suc gastrique impur*, obtenu par les procédés en usage courant dans la pratique physiologique ou clinique, ne *contient* que des *combinaisons chlorées organiques acides.*

Quelles sont ces combinaisons? Il nous est impossible de le dire actuellement : leur constitution chimique nous est inconnue ; mais nous connaissons quelques-unes de leurs propriétés.

Ces combinaisons présentent une réaction acide au tournesol, à la phénylphtaléine, à l'acide rosolique. Comme l'acide chlorhydrique, elles font passer au bleu sombre le rouge congo ; elles décolorent la fuchsine ; elles font perdre aux solutions d'éosine leur dichroïsme et modifient leur spectre d'absorption ; elles font passer au bleu le violet de méthyle, et au vert émeraude le vert malachite (toutes ces réactions et quelques autres, dites réactions colorées, ont été considérées comme pouvant démontrer dans le suc gastrique l'existence d'acide chlorhydrique libre ; elles démontrent simplement l'existence de combinaisons qui se comportent vis-à-vis de ces matières colorantes comme se comporte l'acide chlorhydrique libre, ce qui est bien différent).

Nous avons vu précédemment que les solutions de ces substances chlorées organiques acides agissent moins énergiquement que les solutions d'acide chlorhydrique de même acidité sur le sucre de canne et sur les acétates ; — qu'elles dialysent moins rapidement que les chlorures. — Nous avons vu en outre qu'elles sont incapables de transformer l'amidon en dextrines et sucre, et qu'elles ne sont volatiles ou décomposables ni dans le vide, ni à la température d'ébullition : ce n'est qu'à une température supérieure à 100° et lorsqu'elles sont concentrées, que ces combinaisons subissent une décomposition mettant en liberté l'acide chlorhydrique.

En résumé, *le suc gastrique impur doit essentiellement son acidité à des composés chlorés organiques acides qui présentent certaines propriétés des acides minéraux libres et en particulier de l'acide chlorhydrique libre, mais qui ne présentent pas toutes les propriétés de l'acide chlorhydrique libre*.

Quant au *suc gastrique pur*, recueilli par l'expérience du repas fictif, *il contient de l'acide chlorhydrique libre*. En effet, abandonné dans le vide, au-dessus de l'acide sulfurique, il laisse dégager, à la température ordinaire, des vapeurs d'acide chlorhydrique; — soumis à l'action d'une température de 20 à 30° dans le vide il laisse distiller d'abondantes vapeurs chlorhydriques, qu'on peut recueillir dans une solution titrée de soude et doser. Toutefois l'acide chlorhydrique pur n'abandonne pas ainsi la totalité de l'acide chlorhydrique qu'il contient, de telle sorte qu'il faut conclure que le *suc gastrique pur du chien, sécrété à la suite d'un repas fictif, contient à la fois de l'acide chlorhydrique libre et des combinaisons chlorées organiques acides*.

Un certain nombre d'auteurs admettent qu'il existe dans le suc gastrique impur à la fois de *l'acide chlorhydrique libre* et de *l'acide chlorhydrique faiblement combiné*. — Nous ne pouvons admettre ces distinctions, nous avons dit pourquoi; d'ailleurs ce qu'un auteur appelle acide chlorhydrique libre, un autre ne le considère pas comme acide libre.

Tel auteur admet que le suc gastrique contient de l'acide chlorhydrique libre, quand il fait passer au bleu le violet de méthyle ; tel autre, quand il fait passer au vert le vert brillant ; tel autre, quand il bleuit le rouge congo ; tel autre, quand il décolore la fuchsine ; tel autre enfin, quand évaporé à consistance sirupeuse, il dégage des vapeurs chlorhydriques.

L'acide chlorhydrique ainsi considéré comme libre ne l'est pas réellement. D'ailleurs il arrive souvent qu'un suc gastrique examiné avec l'un des réactifs que nous venons d'indiquer, le rouge congo, par exemple, contient de l'acide chlorhydrique dit libre, et examiné avec un autre réactif, le violet de méthyle, par exemple, n'en contient pas.

Accessoirement le suc gastrique contient des *phosphates acides* : lorsqu'une liqueur contient des phosphates et présente une réaction acide, une partie au moins de l'acide phosphorique est à l'état de phosphates non saturés.

Accidentellement le suc gastrique contient de *l'acide lactique*, qui provient généralement d'une transformation des hydrates de carbone de l'alimentation par les microorganismes connus sous le nom de ferments lactiques.

Cet acide lactique peut être mis en évidence par la *réaction d'Uffelmann*. L'acide lactique possède la propriété de décolorer la liqueur violette obtenue en mélangeant une solution aqueuse très étendue de perchlorure de fer et une solution étendue de phénol.

Lorsque le suc gastrique contient de l'acide

lactique, ou, en général, des acides organiques, il est possible d'extraire ces acides par l'éther. Lorsqu'on agite avec de l'éther une solution aqueuse d'un acide minéral, tel que l'acide chlorhydrique, la presque totalité de l'acide reste en solution dans l'eau. Lorsqu'on agite avec de l'éther une solution aqueuse d'un acide organique, tel que l'acide lactique, la presque totalité de l'acide passe en solution dans l'éther. — Les composés chlorés organiques acides du suc gastrique se comportent vis-à-vis de l'éther comme les acides minéraux ; ils restent en solution dans l'eau.

Étant donné un suc gastrique, on peut se proposer de déterminer l'acidité totale, l'acidité due aux acides organiques, l'acidité due aux composés minéraux (sels acides et composés organiques chlorés), la quantité des composés organiques chlorés.

Pour doser l'*acidité totale*, il faut faire une détermination acidimétrique du suc gastrique en présence d'un réactif indicateur déterminé, la phénylphtaléine, par exemple, ou le tournesol (1), c'est-à-dire déterminer la quantité d'une solution alcaline titrée, capable de neutraliser la liqueur.

Pour doser l'*acidité due aux acides organiques*, le suc gastrique est agité avec de l'éther qui dissout les acides organiques. La liqueur éthérée est évaporée, le résidu dissous dans l'eau et la solution aqueuse dosée acidimétriquement.

Pour doser l'*acidité due aux composés minéraux* (sels acides et composés organiques chlorés) il faut, en agitant

(1) Le choix de l'indicateur n'est pas indifférent, car le résultat varie considérablement suivant l'indicateur employé (phénolphtaléine, tournesol, orangé, etc.). Il convient donc pour des recherches comparatives d'employer toujours le même indicateur.

le suc gastrique avec de l'éther, le débarrasser des acides organiques qu'il peut contenir, et en déterminer l'acidité en présence du tournesol.

Pour déterminer la *quantité des composés organiques chlorés*, ce que plusieurs auteurs appellent avec quelque raison, car il se comporte physiologiquement comme tel, *l'acide chlorhydrique libre*, un grand nombre de méthodes ont été proposées ; on peut les ranger en trois groupes principaux.

Les *méthodes du premier groupe* consistent essentiellement à neutraliser le suc gastrique par une solution alcaline titrée, en présence de réactifs indicateurs convenablement choisis, tels que la fuchsine, le rouge congo, l'éosine, etc. On admet que la solution alcaline ajoutée neutralise tout d'abord les composés chlorés organiques acides, à l'exclusion des sels acides du suc gastrique : les réactifs indicateurs permettent de saisir le moment où cette saturation est terminée. — *Ces méthodes sont mauvaises*, parce que rien ne prouve que les combinaisons chlorées organiques acides sont exclusivement saturées par la soude avant les autres substances à réaction acide du suc gastrique, notamment les phosphates acides ; — parce qu'aussi les réactifs indicateurs employés peuvent indiquer que la saturation des composés organiques chlorés acides est terminée alors qu'elle ne l'est, en réalité, pas encore.

Les *méthodes du second groupe* consistent essentiellement à doser le chlore total du suc gastrique d'une part, et le chlore des composés qui ne sont pas détruits à la température d'incinération d'autre part. La différence des deux nombres obtenus représente le chlore des composés organiques chlorés. — Le dosage du chlore total se fait après incinération en présence du carbonate de soude qui retient l'acide chlorhydrique mis en liberté ; — le dosage du chlore dit minéral se fait après incinération du suc gastrique. Les cendres, dans l'un et l'autre cas, sont dissoutes dans l'eau acidulée par l'acide nitrique ; les chlorures dissous sont précipités par l'azotate d'argent ; le précipité de chlorure d'argent est lavé, desséché et

pesé. — On en déduit le poids de chlore correspondant.
— *Ces méthodes sont mauvaises*, parce que, pendant la
dessiccation et surtout pendant l'incinération, une partie
de l'acide chlorhydrique provenant de la dissociation des
composés chlorés organiques acides peut être retenue
par les phosphates monométalliques d'alcalis contenus
dans le suc gastrique ; — inversement, par suite d'une
action des phosphates dimétalliques alcalino-terreux du
suc gastrique, une partie des chlorures métalliques est
décomposée et de l'acide chlorhydrique est mis en
liberté. Il y a ainsi deux causes d'erreur en sens inverse,
ne se compensant pas nécessairement l'une l'autre. Il y a
donc une erreur, soit en plus, soit en moins, dont il est
impossible de déterminer une valeur approximative et
même le sens.

Les méthodes du troisième groupe consistent à transformer les composés organiques chlorés acides en
chlorure de baryum, par addition au suc gastrique de
carbonate de baryum, dessiccation et incinération du mélange. Le résidu est formé de carbonate de baryum non
transformé, — de phosphate de baryum résultant de
l'action des phosphates acides du suc gastrique sur le
carbonate de baryum, — de chlorure de baryum et des
sels du suc gastrique. Parmi ces différents sels de
baryum, un seul est soluble dans l'eau : c'est le chlorure
de baryum, provenant de l'action des composés organiques chlorés acides sur le carbonate de baryum. Dans
l'extrait aqueux de ces cendres, il suffit donc de doser
le baryum pour en déduire la quantité de chlore des composés chlorés organiques acides du suc gastrique. Ce
dosage du baryum se fait en précipitant par le sulfate de
soude en présence d'acide chlorhydrique : le précipité
de sulfate de baryum insoluble est lavé, desséché, calciné
et pesé.

Ces méthodes ne présentent pas les causes d'erreur
que nous avons signalées à propos des méthodes du
second groupe, l'incinération se faisant en milieu neutre,
et, par conséquent, en l'absence de phosphates monométalliques d'alcalis et de phosphates dimétalliques

alcalino-terreux. Mais *elles ne sont pas à l'abri de toute cause d'erreur*, car, à la température de calcination, le carbonate de baryum peut réagir sur les chlorures alcalins du suc gastrique et former à leurs dépens un peu de chlorure de baryum : le chlore attribué aux composés organiques acides se trouve par suite plus considérable qu'il n'est en réalité.

Il existe d'autres méthodes de dosage des composés chlorés organiques acides du suc gastrique. Nous ne croyons pas devoir les discuter, aucune d'elles n'est tout à fait bonne.

Si l'on détermine par plusieurs des méthodes proposées la quantité des composés chlorés organiques acides du suc gastrique, on trouve des résultats absolument différents : c'est là un fait qui vient confirmer l'importance des objections que nous avons présentées au sujet des méthodes de dosage et prouver que ces méthodes sont entachées de causes d'erreur.

Ces réserves faites, voici quelles sont les principales méthodes employées en clinique.

1° *Méthode alcalimétrique.* — A 10 centimètres cubes de suc gastrique on ajoute 2 centimètres cubes d'une solution normale de carbonate de soude ; on évapore à siccité dans une capsule de platine, et on calcine le résidu jusqu'à destruction des matières organiques et disparition complète du charbon. — On ajoute au résidu salin blanc 20 centimètres cubes d'une solution décinormale d'acide chlorhydrique : cet acide, pour une part, neutralise l'excès du carbonate de soude employé ; pour l'autre part, il reste libre. La quantité de cet acide libre, égale à celle de l'acide du suc gastrique, est déterminée par titration alcalimétrique au moyen d'une solution décinormale de soude caustique en présence de phénol-phtaléine, employée comme indicateur.

2° *Méthode barytique*. — On évapore à siccité 10 centimètres cubes de suc gastrique additionné de carbonate de baryte en excès, et on calcine jusqu'à destruction complète des matières organiques; on épuise par l'eau chaude le chlorure de baryum formé et on titre au moyen d'une solution titrée de bichromate de potasse. La fin de l'opération est indiquée par la tache orange que forme une goutte de nitrate d'argent sur un papier trempé dans le liquide à analyser.

3° *Méthode chlorométrique*. — Le suc gastrique soumis à l'analyse est divisé en 3 portions α, β, γ, servant respectivement au dosage de chlore total, de l'acide chlorhydrique libre, et de l'acide chlorhydrique combiné aux bases minérales. — La portion α est additionnée d'un excès d'une solution de carbonate de soude, destiné à fixer l'acide chlorhydrique libre et l'acide des composés chlorés organiques acides; on évapore à siccité au bain-marie; on calcine le résidu jusqu'à carbonisation des matières organiques et on l'épuise par l'eau chaude. Dans cet extrait aqueux on dose volumétriquement le chlore : c'est le *chlore total*. — La portion β est évaporée à siccité au bain-marie, afin de chasser l'acide chlorhydrique libre : le résidu est additionné de carbonate de soude, desséché, incinéré, etc., comme la portion α : on obtient ainsi le chlore total moins le chlore de l'acide chlorhydrique libre, c'est-à-dire le *chlore des composés chlorés organiques acides et des chlorures métalliques*. — La portion γ est évaporée à siccité, et calcinée sans addition de carbonate de soude : dans le résidu, on dose volumétriquement le chlore : c'est le *chlore des chlorures métalliques*.

En résumé, le chlore γ correspond au chlore combiné aux bases minérales ; — le chlore, contenu dans le suc gastrique à l'état de combinaisons chlorées organiques acides, correspond à la différence β—γ ; — le chlore de l'acide chlorhydrique libre correspond à la différence α—β.

Pepsine. — Le suc gastrique transforme les substances albuminoïdes : en particulier, il dissout la fibrine, le blanc d'œuf cuit, etc., en les transformant. Le phénomène grossier de dissolution des substances albuminoïdes par le suc gastrique avait tout d'abord attiré seul l'attention des premiers observateurs ; ils avaient dit : le suc gastrique a la propriété de dissoudre les substances albuminoïdes (protéiques); il possède un *pouvoir protéolytique*.

Le suc gastrique doit-il son pouvoir protéolytique à ses combinaisons acides?

Le suc gastrique, *exactement neutralisé*, en présence de tournesol, soit par un alcali caustique, soit par un carbonate d'alcali, ne possède plus aucun pouvoir protéolytique ; — acidulé de nouveau, le suc gastrique recouvre ce pouvoir protéolytique. Cette expérience démontre que *la présence de composés acides* dans le suc gastrique est une *condition nécessaire* de son activité protéolytique.

Le suc gastrique *bouilli* ne possède plus aucun pouvoir protéolytique. Or l'ébullition ne modifie l'acidité du suc gastrique ni quantitativement ni qualitativement : il faut, pour le neutraliser, la même quantité de soude avant et après ébullition ; il donne avant et après ébullition, les mêmes réactions colorées (fuchsine, éosine, rouge congo, etc.). — Cela prouve que si la *présence de composés acides* dans le suc gastrique est une *condition nécessaire*, ce *n'est pas une condition suffisante* de son activité protéolytique. Pour agir sur les substances albuminoïdes, le suc gastrique doit contenir encore un agent qui est détruit à la température d'ébullition. Cet agent est un *ferment soluble*, la *pepsine*.

En résumé, le suc gastrique doit son pouvoir protéolytique à un ferment soluble, la pepsine, agissant sur les substances albuminoïdes en milieu acide. Privé de pepsine par l'ébullition, le suc gastrique devient inactif; privé d'acide par neutralisation, le suc gastrique devient également inactif.

Le suc gastrique acide dissout les substances albuminoïdes, ou pour parler exactement, transforme les substances albuminoïdes en substances solubles dans les liqueurs aqueuses, en *protéoses*. Les protéoses ont été autrefois désignées sous le nom de *peptones*, qu'on applique aujourd'hui à l'une des protéoses : le *pouvoir protéolytique* du suc gastrique est un *pouvoir peptonisant*; le suc gastrique peptonise les substances albuminoïdes.

On peut préparer au moyen de la muqueuse gastrique des liqueurs de macération ou des extraits possédant le même pouvoir peptonisant que le suc gastrique naturel. On peut obtenir des solutions de pepsine, c'est-à-dire des liqueurs qui, sans contenir les différents éléments chimiques du suc gastrique, possèdent comme lui le pouvoir peptonisant.

On prépare les liqueurs de macération, les *sucs gastriques artificiels*, en faisant digérer pendant 24 heures, à la température ordinaire, ou mieux à 40°, dans plusieurs litres d'une solution aqueuse d'acide chlorhydrique ou d'acide phosphorique à 1 ou 2 p. 1 000, une muqueuse gastrique de porc, hachée.

On peut préparer des *extraits de muqueuse gastrique* en faisant macérer dans la glycérine une muqueuse hachée. Cet extrait glycérique acidulé à 2 p. 1 000 par l'acide chlorhydrique possède un pouvoir protéolytique très énergique.

La préparation de *solutions de pepsine*, c'est-à-dire de liquides très pauvres en éléments fixes tout en étant très actives, repose sur les deux observations suivantes :

1° La pepsine est entraînée dans certains précipités produits dans les liquides gastriques ;

2° La pepsine ne dialyse pas.

On peut, par exemple, préparer un suc gastrique artificiel en faisant macérer une muqueuse gastrique dans une solution d'acide phosphorique étendu, neutraliser cette macération par l'eau de chaux, séparer le précipité de phosphate tricalcique produit et le dissoudre dans l'acide chlorhydrique dilué : ainsi sera obtenue une liqueur possédant un pouvoir peptonisant énergique et ne contenant qu'une faible proportion des éléments fixes du suc gastrique, mais contenant encore du phosphaté acide de chaux. En dialysant cette liqueur on élimine ce phosphate acide de chaux et on obtient une solution très active sur les substances albuminoïdes et très pauvre en éléments fixes.

Les liqueurs obtenues par l'un quelconque des procédés que nous avons indiqués possèdent le même pouvoir peptonisant que le suc gastrique. L'étude des transformations des substances albuminoïdes par le suc gastrique peut donc être faite indifféremment avec le suc gastrique naturel, ou avec les sucs gastriques artificiels, avec les extraits de muqueuses gastriques ou les solutions de pepsine.

Les liqueurs peptiques n'agissent sur les substances albuminoïdes, nous l'avons dit, qu'autant qu'elles sont acides : cette acidité peut être due à de l'acide chlorhydrique combiné à des matières organiques comme dans le contenu gastrique naturel, ou libre comme dans les solutions artificielles de pepsine ou le suc gastrique pur ; — ou à un autre acide, phosphorique, sulfurique, etc.

Les liqueurs peptiques acides n'agissent pas à une température voisine de 0° ; leur pouvoir protéolytique augmente d'intensité avec la température jusqu'à 35-40° environ. Vers cette température, il est maximum ; il diminue ensuite, pour disparaître définitivement vers la température de 60°. La pepsine, ferment soluble, est, comme tous les ferments solubles, détruite par la chaleur.

Faisons agir à une température de 30-40° le suc gastrique ou une solution acide de pepsine sur une substance albuminoïde, la fibrine, par exemple, jusqu'à dissolution aussi complète que possible. Il reste toujours une fine poussière non dissoute : c'est la *dyspeptone* (de Meissner). Neutralisée par le carbonate de soude, la liqueur précipite des flocons albuminoïdes, la *parapeptone* (de Meissner). Dans la liqueur débarrassée par filtration de la parapeptone, il reste encore, en solution, des substances albuminoïdes, les *peptones* (de Meissner).

La *dyspeptone* est une substance riche en phosphore, inattaquée par les sucs digestifs : c'est une *nucléine* ; c'est ou bien une impureté, comme dans le cas de la fibrine (résidu de globules sanguins), ou bien un produit de dédoublement de la substance protéique employée, comme dans le cas de la caséine ou des nucléoalbuminoïdes.

La *parapeptone* est une substance soluble dans les liqueurs acides, précipitée par neutralisation ; c'est une *acidalbuminoïde*. Elle résulte de l'action de l'acide de la liqueur peptique sur la substance albuminoïde et non de l'action de la pepsine, car elle se produit également par l'action de l'acide seul. Ce n'est pas encore un produit de transformation peptique.

Les *peptones* (de Meissner) sont les véritables produits de digestion peptique. Meissner considérait 3 *peptones*, α, β *et* γ, qu'il distinguait d'après leur précipitabilité par le ferrocyanure de potassium acétique et l'acide nitrique. La peptone α était précipitable par les deux réactifs ; la peptone β était précipitable par le ferrocyanure acétique, mais non par l'acide nitrique ; la peptone γ n'était précipitable ni par l'un, ni par l'autre de ces deux réactifs.

Schmidt-Mülheim considère les peptones de Meissner comme un mélange de deux substances seulement ; l'une qu'il appelait *propeptone*, l'autre qu'il appelait *peptone*.

La *propeptone de Schmidt-Mülheim* présente les 3 réactions propeptoniques : précipitation à froid par l'acide nitrique, par le ferrocyanure de potassium acétique, par le chlorure de sodium acétique ; redissolution à chaud du précipité formé, et réapparition de ce précipité par refroidissement.

La *peptone de Schmidt-Mülheim* ne présente pas les 3 réactions propeptoniques.

La propeptone étant abondante, et la peptone peu abondante dans les liqueurs, lorsque l'action de la pepsine acide a été courte ; la propeptone étant peu abondante et la peptone très abondante dans les liqueurs, lorsque l'action de la pepsine acide a été prolongée, Schmidt-Mülheim en concluait que la pepsine transforme les substances albuminoïdes en propeptone, et la propeptone en peptone.

La propeptone et la peptone de Schmidt-Mülheim ne sont pas des individus chimiques ; *la propeptone est un mélange, la peptone est un mélange*. La propeptone est essentiellement formée des substances que nous avons étudiées sous le nom de *protéoses primaires* (proto et hétéroprotéoses) avec un peu de protéose secondaire. La peptone est un mélange de *protéose secondaire* (deutéroprotéose) et de *peptone vraie* (peptone de Kühne). Nous avons décrit les propriétés de ces corps au chapitre IV, p. 82.

Lorsque l'action de la pepsine a été peu prolongée, la liqueur contient des protéoses primaires, très peu de protéose secondaire et de peptone de Kühne. — Lorsque l'action est prolongée, les protéoses primaires sont moins abondantes, la protéose secondaire et la peptone augmentent. — Lorsque l'action est très prolongée, les protéoses primaires ont considérablement diminué, la protéose secondaire a aussi diminué ; la peptone a augmenté. Donc la substance albuminoïde a été d'abord transformée en protéoses primaires (hétéro et protoprotéoses simultanément), celles-ci en protéose secondaire, et cette dernière en peptone.

En résumé, lorsqu'on fait agir la pepsine acide sur une substance albuminoïde quelconque jusqu'à dissolution aussi complète que possible de cette substance, on constate les faits suivants : il reste un résidu non dissous, essentiellement constitué de nucléines. La liqueur portée à l'ébullition peut fournir un léger coagulum correspondant à une partie non transformée de la substance albuminoïde simplement dissoute dans la liqueur. Débarrassée de ce coagulum, la liqueur dépose par neutralisation dès flocons de parapeptone ou acidalbuminoïde. Débarrassée de ce précipité, la liqueur renferme des protéoses qu'on peut reconnaître, séparer et doser par les procédés précédemment indiqués.

Nous donnons sous forme de tableau la correspondance des substances décrites par différents auteurs :

Dyspeptone.		Nucléines.
Parapeptone.	{ Précipité de neutralisation.	{ Acidalbuminoïde ou syntonine.
Peptones de Meissner.	{ Propeptone de Schmidt-Mülheim.	(Protéoses primaires. { Protoprotéose. / Hétéroprotéose.
		(Protéose secondaire ou deutéroprotéose.
	{ Peptone de Schmidt-Mülheim.	(Protéose secondaire ou deutéroprotéose.
		(Peptone de Kühne.

Le suc gastrique transforme non seulement les substances albuminoïdes, mais encore la *gélatine* et l'*élastine*. Soumise à l'action de la pepsine acide, la gélatine est liquéfiée : elle est transformée en substances nouvelles non gélifiables. Lorsqu'on sature par le sulfate d'ammoniaque les solutions de gélatine transformée par le suc gastrique, on détermine une précipitation des substances appelées *gélatoses*; la liqueur, débarrassée de ce précipité, contient encore en solution une substance qu'on appelle *gélatinepeptone*.

De même l'élastine, qui constitue la substance fondamentale du tissu élastique, est transformée par le suc gastrique en substances appelées *élastoses*.

Pour comparer l'activité digestive de plusieurs sucs gastriques, divers procédés ont été proposés. Les plus généralement employés sont les suivants :

1º On prépare de la fibrine bien lavée qu'on hache finement : on en met dans des tubes à essai des quantités aussi égales des possible ; on les additionne de quantités égales que sucs gastriques soumis à l'analyse et on porte le tout à l'étuve à 40º. On compare les temps nécessaires à la dissolution totale de la fibrine.

2° On prépare de petits cubes de blanc d'œuf coagulé; on en introduit dans des tubes à essai des quantités pesées (sans dessiccation); on ajoute des quantités égales des sucs gastriques ; on les porte à l'étuve à 40° ; on les y laisse quelques heures; puis on jette sur le filtre, et on pèse les résidus albumineux non dissous. Ces résidus sont d'autant moins abondants que les sucs gastriques étaient plus actifs.

3° *Méthode de Mette*. — On remplit de blanc d'œuf cru des tubes de verre ayant de 1 à 2 millimètres de diamètre ; et on les chauffe pour coaguler l'albumine. En brisant alors le tube on a un cylindre albumineux qu'on débite en segments d'une longueur déterminée. On introduit ces segments dans des tubes à essai et on y fait agir à 40° des quantités égales des sucs gastriques à comparer. Après quelques heures d'action, on retire les cylindres ; et on les mesure. La diminution de leur longueur est d'autant plus grande que le suc employé était plus actif.

4° *Méthode colorimétrique*. — On prépare de la fibrine teinte par le carmin. Pour cela on lave bien complètement de la fibrine obtenue par battage du sang, et on l'immerge dans une solution de carmin; après l'y avoir laissée quelque temps, on l'en retire et on la lave à l'eau jusqu'à ce que les eaux de lavage ne prennent plus la moindre coloration : on peut la conserver dans la glycérine. Si l'on fait agir sur une telle fibrine colorée le suc gastrique, la quantité de fibrine dissoute et par suite la quantité de carmin mise en liberté sera d'autant plus grande que le suc gastrique était plus actif. Pour comparer l'activité de deux sucs gastriques, il suffit dès lors de comparer colorimétriquement les liqueurs de digestion au bout d'un temps déterminé, le même pour les deux essais.

LABFERMENT OU PRÉSURE. — Le suc gastrique a la propriété de coaguler le lait. Qu'est-ce que cette coagulation ? A la présence de quelle substance, dans le suc gastrique, faut-il rapporter cette propriété ?

On sait que lorsqu'on ajoute au lait une quantité convenable d'acide, par exemple environ 1 p. 1 000 d'acide chlorhydrique ou d'acide acétique, on précipite en flocons la caséine. Le suc gastrique est acide ; son acidité, chez certains animaux au moins, atteint 2 à 3 p. 1 000, évaluée en acide chlorhydrique. *N'est-ce pas à cette acidité que le suc gastrique doit la propriété de coaguler le lait ?*

Non, pour les raisons suivantes :

1. Lorsqu'on acidifie le lait, par addition d'une quantité suffisante d'acide, la précipitation de la caséine est presque instantanée : les flocons se forment en quelques secondes. Lorsqu'on mélange du suc gastrique avec du lait, la coagulation ne se produit qu'après plusieurs minutes, souvent même plus tardivement encore. — Sans doute si le suc gastrique est très acide, et si l'on ajoute à peu de lait beaucoup de suc gastrique, il se peut que l'acidité du mélange soit suffisante pour provoquer la précipitation de la caséine ; — mais c'est là un fait exceptionnel : en général la coagulation du lait par le suc gastrique demande quelque temps pour s'accomplir.

2. Lorsque le lait est coagulé par un acide, la caséine se précipite en flocons, se déposant rapidement sans se souder en une masse unique. — Lorsque le lait est coagulé par le suc gastrique, il se transforme en une gelée cohérente, en un caillot affectant la forme du vase, se rétractant peu à peu, en expulsant un liquide clair.

3. Enfin, et ce sont là les meilleures démonstrations, — lorsqu'on neutralise exactement le suc gastrique, il conserve la propriété de coaguler le lait ; — lorsqu'on fait bouillir le suc gastrique, son acidité étant conservée, il perd la propriété de coaguler le lait.

Ces remarques nous montrent que le suc gastrique n'est pas redevable à ses combinaisons acides de sa propriété de coaguler le lait : il en est redevable à quelque chose qui est détruit par l'ébullition. Ce quelque chose est un ferment soluble : c'est le *labferment* ou *présure* (1). C'est le même ferment que nous avons précédemment rencontré dans les présures et dont nous avons étudié le mode d'action sur la caséine du lait.

La coagulation du lait par le suc gastrique n'est pas une précipitation ou une coagulation, c'est une *caséification*.

Nous avons dit précédemment ce qu'est la caséification : c'est une transformation de la caséine du lait, un dédoublement de cette caséine en deux substances : l'une, la substance caséogène donnant avec les sels solubles de chaux un précipité de caséum insoluble dans le lait : — l'autre, la substance albuminoïde du lactosérum, soluble dans le lactosérum. Ces deux substances, nous les retrouvons

(1) Quelques auteurs donnent le nom de présure à ce ferment soluble. D'autres réservent le mot présure aux extraits de muqueuses gastriques capables de caséifier le lait, et donnent au principe actif de ces présures le nom de labferment. Il conviendrait en tout cas pour éviter les confusions de dire le ferment de la présure et non pas simplement la présure.

dans le lait transformé par le suc gastrique. Et cela était à prévoir, car les présures sont des produits préparés avec les muqueuses gastriques de jeunes animaux.

La présence de labferment dans le suc gastrique des mammifères jeunes est universellement admise ; la présence de ce ferment dans le suc gastrique des adultes a été souvent niée. Cette négation est une erreur absolue. *Le suc gastrique des mammifères adultes renferme du labferment, toujours, sans exception ;* mais il en renferme généralement beaucoup moins que le suc gastrique des jeunes mammifères. Il en renferme souvent si peu, que les procédés généralement mis en usage pour le manifester sont incapables de démontrer sa présence. D'ordinaire, pour reconnaître dans une liqueur la présence de labferment, on neutralise cette liqueur et on la fait agir à 40° sur un égal volume de lait. En opérant ainsi avec le suc gastrique, très souvent à 40° il ne se produit pas de coagulation, ou il ne se forme de caillot qu'après 1 heure, 1 heure 1/2, 2 heures, et plus. — Pour démontrer la présence de labferment dans ces sucs gastriques pauvres, il faut employer un artifice : il faut *sensibiliser le lait* sur lequel on opère. On obtient ce résultat, soit en additionnant le lait de quelques dix-millièmes d'acide (quantité incapable de précipiter la caséine du lait), soit en l'additionnant de petites quantités de chlorure de calcium. Le labferment, en effet, agit beaucoup plus énergiquement dans les liqueurs un peu acides ou un peu calciques. Si l'on procède ainsi, on constate que le suc gastrique des animaux adultes contient toujours du labferment.

Comme nous l'avons vu en étudiant la pepsine, on peut substituer, pour l'étude des ferments de l'estomac, au suc gastrique naturel, soit des macérations de muqueuse gastrique, soit des solutions de ferments purifiés.

On obtient des sucs gastriques artificiels contenant du labferment, en faisant macérer pendant 24 heures une caillette de veau ou de chevreau hachée, dans l'eau, ou mieux dans une solution d'acide chlorhydrique à 1 p. 1 000. On peut employer aussi une muqueuse gastrique de mammifère adulte, mais, dans ce cas, il est nécessaire de faire macérer dans une liqueur acide, parce que la muqueuse gastrique des adultes ne contient pas de labferment, mais possède la propriété de fournir du labferment, sous l'influence des acides. Ces liqueurs de macération acide sont ensuite neutralisées par la soude ou le carbonate de soude.

On obtient des extraits de muqueuses gastriques riches en labferment en faisant macérer dans la glycérine une caillette de veau ou de chevreau, hachée et débarrassée de ses couches musculeuses.

Il existe enfin des procédés permettant d'obtenir des *solutions de labferment* dites solutions pures, c'est-à-dire des solutions possédant un pouvoir caséifiant très énergique, tout en étant extrêmement pauvres en éléments fixes. En particulier, on peut faire macérer la caillette de veau dans une solution d'acide salicylique, traiter cette macération par l'alcool, séparer le précipité ainsi formé et le redissoudre dans l'eau, etc.

Quant aux produits industriels appelés *présures*, ils sont également obtenus au moyen des caillettes de veau ou de chevreau. Ce sont des extraits de muqueuse gastrique d'animaux jeunes, extraits généralement très impurs, mais doués d'un pouvoir caséifiant énergique.

Nous avons admis que le ferment caséifiant du suc gastrique est un ferment distinct de la pepsine. Or nous voyons que les procédés de préparation des liqueurs caséifiantes ne diffèrent pas essentiellement des procédés de préparation des liqueurs protéolytiques : macération dans l'acide chlorhydrique dilué ; — extrait glycérique, etc. Ne pourrait-on pas penser que la pepsine et le labferment sont un même ferment, capable en milieu acide de peptoniser les substances albuminoïdes, capable en milieu acide, neutre, ou très légèrement alcalin, de caséifier le lait ?

Non, parce qu'il est possible d'obtenir des liqueurs possédant un pouvoir protéolytique sans pouvoir caséifiant ; et inversement des liqueurs possédant un pouvoir caséifiant sans pouvoir protéolytique.

La liqueur de macération de caillette de veau, acidulée à 3 p. 1 000 d'acide chlorhydrique, perd toute action caséifiante (après neutralisation) lorsqu'elle a été maintenue 48 heures à 40°, mais conserve un pouvoir protéolytique énergique. — Inversement une macération de caillette de veau, agitée avec du carbonate de magnésie fraîchement précipité, perd toute action protéolytique et conserve un pouvoir caséifiant énergique.

La *pepsine* et le *labferment* sont donc 2 ferments *essentiellement distincts*.

Quand nous aurons dit que le labferment possède la propriété de caséifier le lait en milieu neutre, acide, ou légèrement alcalin; — qu'il n'agit pas aux températures inférieures à 20°, possède un maximum d'action vers 40°, est détruit à 60°-70°; — que son action est favorisée par les sels alcalino-terreux solubles ou par les acides dilués ajoutés en petite quantité, et retardée ou annihilée, suivant la dose, par les alcalis, nous connaîtrons les principales propriétés de ce ferment.

Dans le chapitre sur le lait, nous avons étudié les produits résultant de l'action du labferment sur la caséine; nous avons montré que ce ferment n'est pas véritablement un ferment coagulant, mais bien un ferment dédoublant: s'il se forme un précipité, un caséum, *c'est un accident* tenant à ce que l'un des produits du dédoublement de la caséine par le labferment est précipité par les sels de chaux; mais cette précipitation est absolument indépendante du ferment.

La pepsine aussi se comporte, au moins à l'origine, comme un ferment dédoublant: dans les liqueurs de digestion peptique, on voit apparaître simultanément l'hétéroprotéose et la protoprotéose. Le mode d'action des deux ferments gastriques présente une certaine analogie. Il faut, par conséquent, considérer le *labferment* comme un *véritable ferment digestif*.

Contenu gastrique. — Les aliments introduits dans l'estomac, la salive déglutie pendant ou après le repas, le suc gastrique sécrété, se mélangent pour former une masse semi-liquide sous l'influence des mouvements de la paroi gastrique. Pendant les premiers instants du séjour des aliments dans l'estomac, la salive continue à agir, la réaction étant peu acide : la saccharification de l'amidon continue. Mais, peu à peu, l'acidité gastrique augmentant, le rôle de la salive est terminé, le rôle de la pepsine commence ; les substances albuminoïdes sont peptonisées et dissoutes.

La masse alimentaire partiellement transformée par le suc gastrique s'appelle *chyme*.

Dans ce chyme, ou peut reconnaître la présence de sucre réducteur, de dextrines, d'amidon non transformé ; — on trouve des substances albuminoïdes non transformées, mélangées avec les protéoses résultant de leur transformation peptique ; — on trouve des masses de matières grasses, mises en liberté par suite de la dissolution du tissu conjonctif qui les englobait. Les fragments de viande crue non digérée sont gonflés ; les tendons et les cartilages sont aussi un peu gonflés ; les os sont ramollis.

Parfois, surtout lorsque l'acidité du suc gastrique n'est pas considérable, des fermentations micro-

biennes se développent dans la cavité gastrique:
on voit apparaître l'acide lactique, l'acide buty-
rique, l'acide acétique et des gaz, qui sont essentiellement de l'azote, et du gaz carbonique.

CHAPITRE XVIII

LE SUC PANCRÉATIQUE

Sommaire. — Suc pancréatique naturel et sucs pancréatiques artificiels.
Les trois propriétés diastasiques, les trois ferments du suc pancréatique.
I. *Amylopsine* ou ferment amylolytique. Transformations de l'amidon
par le suc pancréatique : dextrines et maltose.
I. *Stéapsine* ou ferment saponifiant. Propriété saponifiante et propriété
émulsive du suc pancréatique.
III. *Trypsine* ou ferment protéolytique. Macérations pancréatiques.
Solutions de trypsine. Transformations tryptiques des substances
albuminoïdes. Protéoses et peptone. Parallèle de la digestion peptique
et de la digestion tryptique. Leucine et tyrosine (acides amidés).
Amphopeptone, hémipeptone, antipeptone.

Le suc pancréatique peut être obtenu par fistule
du canal de Wirsung ; lorsque l'opération est faite sur
le chien, on n'obtient souvent que quelques gouttes,
tout au plus quelques centimètres cubes de suc ; —
lorsque l'opération est faite sur les grands herbivores, sur le bœuf, par exemple, on obtient de très
grandes quantités de suc pur.

Le suc pancréatique est un liquide clair, légèrement citrin, visqueux et filant, moussant par l'agitation. Sa réaction est légèrement alcaline. Il est
éminemment putrescible.

Lorsqu'on veut étudier les propriétés diastasiques
du suc pancréatique, on a recours en général aux
macérations du tissu du pancréas. C'est là un fait

général : les macérations de glandes possèdent les propriétés diastasiques des sucs sécrétés par les glandes ; nous avons vu qu'on obtient des macérations de muqueuse gastrique douées des propriétés protéolytique et caséifiante du suc gastrique ; de même on obtient des macérations de pancréas douées des propriétés diastasiques du suc pancréatique.

Ces *sucs pancréatiques artificiels* se peuvent préparer par macération du tissu pancréatique haché dans l'eau distillée à froid. Le tissu pancréatique étant éminemment putrescible, comme le suc pancréatique lui-même, ces macérations doivent être faites à basse température, afin d'éviter la pullulation des microorganismes ; ou bien elles doivent être faites en présence d'un agent antiseptique qui, tel que le fluorure de sodium à 1 p. 100, ne détruit pas les diastases.

On se procurera donc des sucs pancréatiques artificiels, soit en faisant macérer le tissu pancréatique haché dans l'eau fortement refroidie, ou dans une solution neutre de fluorure de sodium à 1 p. 100 (ce dernier moyen étant de beaucoup le meilleur, puisqu'il permet d'obtenir des sucs pancréatiques fluorés, absolument imputrescibles).

Le suc pancréatique naturel renferme une proportion de matières minérales égale à 8 ou 10 p. 1 000. Les cendres du suc pancréatique contiennent essentiellement des sels d'alcalis et de terres alcalines, des chlorures, des phosphates et des carbonates.

Le suc pancréatique naturel renferme des substances albuminoïdes : porté à l'ébullition il coagule en gros flocons, comme le blanc d'œuf; traité par l'alcool, il donne un abondant précipité floconneux; traité par les acides minéraux, il donne un précipité soluble dans un excès d'acide. Il présente avec une très grande netteté les réactions du biuret, xantho-protéique, de Millon, c'est-à-dire les réactions colorées des substances albuminoïdes.

La composition chimique du suc pancréatique, qualitative ou quantitative, ne permettrait pas de le caractériser nettement. Mais il possède *3 propriétés diastasiques caractéristiques* :

Le suc pancréatique naturel possède la propriété de *saccharifier l'amidon et le glycogène*, de *saponifier les graisses neutres*, de *peptoniser les substances albuminoïdes*.

Les macérations aqueuses de pancréas frais possèdent les mêmes propriétés diastasiques que le suc pancréatique naturel.

En traitant par la glycérine le tissu pancréatique frais, on obtient un extrait glycériné actif. Cet extrait glycériné traité par l'alcool donne un précipité : ce précipité séparé par filtration, desséché et dissous dans l'eau, communique à cette eau la triple propriété pancréatique.

Le suc pancréatique naturel, les macérations aqueuses, les extraits glycériques et les solutions dérivées perdent leurs propriétés par l'ébullition. Par conséquent la *triple propriété pancréatique* est une *triple propriété diastasique*, puisque les agents actifs sont solubles dans l'eau, solubles dans la glycérine, insolubles dans l'alcool, et perdent toute activité à la température d'ébullition.

Le suc pancréatique renferme donc 3 ferments : un ferment amylolytique ou *amylopsine ;* un ferment saponifiant ou *stéapsine ;* un ferment protéolytique ou *trypsine.* Il renferme *3 ferments distincts, et non pas un seul ferment,* capable d'agir à la fois sur les hydrates de carbone, sur les graisses et sur les substances albuminoïdes, parce qu'il est possible d'obtenir, en partant du pancréas ou du suc pancréatique, des liquides possédant une action sur l'un seulement de ces 3 groupes de substances.

Ainsi une macération de pancréas dans l'iodure de potassium possède un pouvoir protéolytique énergique, mais ne possède qu'à un très faible degré les pouvoirs saponifiant et amylolytique ; — une macération de pancréas dans une solution de carbonate et de bicarbonate de soude possède presque exclusivement le pouvoir saponifiant ; — une macération de pancréas dans l'arséniate de potasse possède surtout le pouvoir amylolytique.

Lorsqu'on fait une macération aqueuse de pancréas, l'eau acquiert très rapidement le pouvoir amylolytique, très lentement le pouvoir protéolytique : par conséquent une macération de pancréas de quelques heures à température basse possède le pouvoir amylolytique, mais ne possède pas de pouvoir protéolytique ; si, au contraire, on fait macérer le pancréas pendant longtemps, en renouvelant plusieurs fois l'eau de macération, on obtient finalement des liqueurs douées d'un pouvoir protéolytique très net, mais absolument dépourvues de pouvoir amylolytique.

Amylopsine ou *ferment amylolytique*. — Lorsqu'on ajoute à quelques centimètres cubes d'une solution d'empois d'amidon, à une température de 40°, une goutte de suc pancréatique naturel, obtenu par fistule du canal de Wirsung, on obtient une transformation presque instantanée de l'empois d'amidon: en quelques secondes, la liqueur qui était opalescente, devient claire; elle ne se colore plus en bleu par l'iode; elle réduit la liqueur de Fehling: elle ne contient plus d'amidon, elle contient des dextrines et un sucre réducteur et fermentescible.

Les macérations pancréatiques possèdent la même propriété amylolytique que le suc pancréatique naturel : la transformation de l'empois d'amidon est toutefois infiniment moins rapide.

Les transformations que subit l'empois d'amidon sous l'influence du ferment amylolytique du pancréas sont exactement celles qu'il subit sous l'influence du ferment amylolytique de la salive, ou du ferment amylolytique de l'orge germé. L'amidon est transformé en dextrines et en maltose. — Nous renvoyons à l'étude que nous avons faite du ferment amylolytique de la salive (p. 278) pour la description des produits de transformation de l'amidon par ce ferment, et pour la détermination de l'ordre d'apparition et de succession de ces produits. Nous rappelons simplement ici la conclusion à laquelle nous sommes arrivés.

Sous l'influence du ferment amylolytique, l'empois d'amidon est dédoublé en érythrodextrine et en maltose; l'érythrodextrine est dédoublée en achroodextrine α et en maltose ; l'achroodextrine α est dédoublée en achroodextrine β et en maltose ; l'achroodextrine β est dédoublée en achroodextrine γ et en maltose. L'achroodextrine γ et la maltose sont les produits ultimes de la transformation de l'amidon par le ferment amylolytique.

Le glycogène est transformé par le ferment amylolytique du pancréas comme l'amidon : les produits de transformation sont les mêmes : dextrines et maltose.

Stéapsine ou *ferment saponifiant*. — Le suc pancréatique exerce sur les matières grasses neutres, une double action : 1° une action *chimique* : il les *saponifie ;* — 2° une action *physique* : il les *émulsionne*.

Nous avons, en étudiant les graisses neutres, indiqué la constitution de ces substances ; nous avons dit que sous l'influence de certains agents, elles peuvent se dédoubler en acides gras et en glycérine ; nous avons dit que, lorsque ce dédoublement se fait sous l'influence d'un alcali, l'acide gras mis en liberté se combine avec l'alcali pour former un sel d'acide gras, un savon. Nous avons appelé cette décomposition des graisses neutres par les alcalis caustiques, avec production de savons, une saponification, et nous avons appliqué ce mot saponification par extension au dédoublement des graisses neutres en acides gras et glycérine.

Le suc pancréatique naturel, certaines macérations de pancréas (notamment celles obtenues en faisant macérer le pancréas dans une solution de carbonate et de bicarbonate de potasse) et les extraits glycériques de pancréas possèdent la propriété de saponifier les matières grasses neutres. Ces matières sont dédoublées en glycérine et en acides gras, et ces derniers, en présence des carbonates alcalins contenus dans le suc pancréatique (et aussi des carbonates alcalins contenus dans le suc intestinal), donnent des savons alcalins.

Mais nous devons faire remarquer que la saponification des matières grasses par le suc pancréatique est, dans l'organisme, comme hors de l'organisme, une saponification partielle : une petite quantité seulement de la matière grasse est décomposée. La formation de savons est également peu considérable. De sorte que, si l'on fait agir du suc pancréatique sur une matière grasse neutre, on obtient une masse qui contient encore beaucoup de graisses neutres non transformées et une petite quantité de savons d'alcalis, d'acides gras libres et de glycérine.

Nous avons étudié précédemment des graisses phosphorées, les *lécithines*, dans la constitution desquelles entrent la glycérine, des acides gras, l'acide phosphorique et une base azotée, la choline. Sous l'influence du suc pancréatique, ces lécithines sont saponifiées : elles sont décomposées en acide phosphoglycérique, choline et acides gras libres.

Enfin, le suc pancréatique possède la propriété de *dédoubler* par son ferment stéapsine *un certain nombre d'éthers* : il dédouble la tribenzoïcine ou éther tribenzoïque de la glycérine en acide benzoïque et glycérine: il dédouble le succinate de phényle en phénol et acide succinique; il dédouble le salol en acide salicylique et phénol. Ces dédoublements d'éthers n'ont pas d'intérêt physiologique; nous les signalons cependant pour montrer que le pouvoir saponifiant du suc pancréatique n'est qu'un cas particulier d'une propriété plus générale : propriété de dédoubler les éthers en leurs constituants, acide et alcool.

En étudiant les matières grasses, nous avons dit ce qu'est une *émulsion*; nous avons indiqué quelques-unes des conditions qui favorisent la *stabilité* des *émulsions* : nous avons dit notamment qu'une émulsion obtenue par agitation d'une huile avec un liquide visqueux, par agitation d'une huile avec un liquide alcalin est une émulsion stable, ou tout au moins plus stable que l'émulsion obtenue par agitation de la même huile avec de l'eau. Nous avons dit qu'une huile tenant en solution des acides gras libres donne des émulsions très stables : nous avons dit enfin que les savons favorisent l'émulsion des graisses.

Or le suc pancréatique est visqueux, il est alcalin; il transforme une partie des matières grasses avec lesquelles il est en contact en acides gras libres, en savons d'alcalis et en glycérine. Il possède donc des propriétés qui le rendent éminemment propre à rendre stables les émulsions de matières grasses.

Le suc pancréatique, par sa *viscosité* naturelle, par sa *réaction* et par *son action sur la graisse neutre*, est *un suc émulsif*.

Trypsine ou *ferment protéolytique*. — Le suc pancréatique dissout les substances albuminoïdes en les transformant. Il doit cette propriété à un ferment soluble, la *trypsine*. Nous avons indiqué précédemment quelques-uns des procédés employés pour préparer des liqueurs tryptiques. En voici un qui fournit des liqueurs extrêmement actives :

Le tissu pancréatique haché, épuisé par l'alcool pendant plusieurs semaines, puis par l'éther, desséché dans le vide et broyé, est mis à macérer pendant quelques heures à 40° dans une solution à 1 p. 1000 d'acide salicylique thymolisé (pour éviter le développement des microorganismes). Le tissu, séparé de l'extrait salicylique, est mis à macérer quelques heures à 40° dans une solution à 5 p. 1000 de carbonate de soude thymolysée. Les deux solutions, salicylique et carbonatée, sont réunies, et leur mélange constitue un suc pancréatique artificiel, doué d'un pouvoir protéolytique extrêmement énergique.

Le suc pancréatique naturel, nous l'avons dit, contient des substances albuminoïdes ; les extraits pancréatiques contiennent les produits de digestion pancréatique du tissu pancréatique lui-même. Si l'on veut étudier les transformations d'une substance albuminoïde par la trypsine, il faut préparer ce ferment aussi pur que possible, c'est-à-dire il faut préparer des liqueurs débarrassées de substances albuminoïdes ou de produits de transformation pancréatique de ces substances albuminoïdes. On a pu réaliser cette préparation par des procédés variés qu'il est inutile de décrire ici.

L'action protéolytique du suc pancréatique naturel ou artificiel ou des solutions de trypsine s'accomplit surtout bien au voisinage de 40°. Elle s'accomplit en milieu neutre, très légèrement acide, ou alcalin: la réaction alcaline (notamment 1/2 p. 100 de carbonate de soude) est surtout favorable. La réaction acide est au contraire peu favorable; l'action de la trypsine ne s'exerce plus en présence de 2 p. 1 000 d'acide chlorhydrique.

Soumises à l'action du suc pancréatique ou des liqueurs tryptiques, les substances albuminoïdes sont transformées en *protéoses*. Supposons qu'on fasse agir sur la fibrine à une température de 40° une solution de trypsine : la fibrine est dissoute. La liqueur contient des protéoses. Comme dans le cas de la digestion peptique, la liqueur contient d'abord surtout des protéoses primaires (protoprotéose et hétéroprotéose) et très peu de deutéroprotéose et de peptone. Comme dans le cas de la digestion peptique par action prolongée du ferment, les protéoses primaires se transforment en protéose secondaire et celle-ci en peptone.

Mais l'action de la trypsine sur les substances albuminoïdes est plus énergique que l'action de la pepsine : le terme ultime des transformations produites par la pepsine est la peptone; la peptone n'est pas le terme ultime des transformations produites par la trypsine. Si l'on fait agir la trypsine pendant un temps suffisant, ou voit apparaître dans la liqueur des masses blanchâtres, qui, examinées au microscope, se montrent constituées de très nombreuses et très fines aiguilles cristallines groupées en faisceaux : ces aiguilles cristallines sont de la *tyrosine* ; — lorsqu'on évapore la liqueur de digestion tryptique dans laquelle commencent à se déposer les cristaux de tyrosine, on voit se former de nouveaux dépôts de tyrosine, et aussi des dépôts constitués par des masses noduleuses de *leucine*.

La leucine et la tyrosine ne sont plus des substances albuminoïdes : elles ne présentent plus les réactions colorées des substances albuminoïdes, ou plus exactement, elles ne présentent plus toutes les réactions colorées des substances albuminoïdes ; elles ne présentent plus les réactions de précipitation des substances albuminoïdes, elles ne sont plus des substances colloïdes comme les substances albuminoïdes. Ce sont des *acides amidés* dont la composition et la constitution chimiques ont été établies, dont la synthèse chimique a été réalisée. La leucine est un acide amidocapronique : $C^5H^{10}AzH^2COOH$; la tyrosine est un acide oxyphénylamidopropionique : $HOC^6H^4C^2H^3AzH^2COOH$.

Supposons qu'on ait épuisé l'action de la trypsine sur une substance albuminoïde, c'est-à-dire que l'on ait fait agir le ferment jusqu'à ce qu'il ne se produise plus de transformation dans la liqueur. Examinons alors la constitution de cette liqueur. Nous y trouvons de la peptone et des acides amidés. Séparons cette peptone de la liqueur, redissolvons-la dans l'eau et traitons-la de nouveau par la trypsine, nous ne constatons pas de modifications. D'où cette conclusion :

Sous l'influence de la trypsine, les substances albuminoïdes sont transformées en protéoses primaires, celles-ci en protéose secondaire, la protéose secondaire en peptone et enfin la peptone est transformée, mais seulement partiellement transformée, en acides amidés (leucine et tyrosine). La peptone pancréatique, formée aux dépens de la deutéroprotéose n'est donc pas une substance unique puisqu'une partie seulement est transformée en acide amidé : c'est une *amphopeptone*. Cette amphopeptone se comporte vis-à-vis du suc pancréatique comme si elle était formée d'un mélange de deux peptones, l'une transformable par le suc pancréatique en leucine et tyrosine, l'autre inattaquable par ce suc. La peptone inattaquée par le suc pancréatique, celle qu'on peut retirer des liquides de digestion tryptique prolongée, a reçu le nom d'*antipeptone*. La peptone transformable par le suc pancréatique a reçu le nom d'*hémipeptone*.

L'amphopeptone est-elle une substance chimiquement définie? Ou bien est-elle un mélange d'hémipeptone et d'antipeptone? Nous n'en savons rien. Le suc pancréatique agissant sur l'amphopeptone la dédouble-t-il en hémipeptone et antipeptone, ou bien en antipeptone, leucine et tyrosine? Nous n'en savons rien.

La peptone obtenue par l'action de la pepsine sur les substances albuminoïdes est une amphopeptone, parce que, si l'on fait agir sur cette substance la trypsine on obtient des acides amidés et de l'anti-peptone.

Nous dirons donc que le *terme ultime des transfor-mations peptiques* des substances albuminoïdes est l'*amphopeptone* et que les *termes ultimes des transfor-mations tryptiques* de ces mêmes substances sont l'*antipeptone* et des *acides amidés*. — La pepsine ne parvient pas à transformer les substances albumi-noïdes en quelque substance n'appartenant plus au groupe albuminoïde ; la trypsine transforme par-tiellement les substances albuminoïdes en sub-stances qui ne sont plus albuminoïdes.

La trypsine peut agir sur la gélatine, la transfor-mer en *gélatoses*, en *gélatinepeptone* et en *acides amidés* (*leucine* et *glycocolle*). Cette production de glycocolle (acide amidoacétique $CH^2 AzH^2 COOH$) aux dépens de la gélatine est à noter, car nous retrou-vons dans les sucs organiques le glycocolle sous deux formes : l'acide glycocholique dans la bile (résultant de la combinaison de l'acide cholalique et du glyco-colle) et l'acide hippurique dans l'urine (résultant de la combinaison de l'acide benzoïque et du glycocolle).

CHAPITRE XIX

LE SUC INTESTINAL

Sommaire. — Le ferment inversif. La lactase.

Le suc intestinal, sécrété par les innombrables glandes contenues dans la paroi de l'intestin, ne peut être obtenu pur qu'avec une extrême difficulté. Dans la cavité intestinale en effet viennent constamment se déverser, outre le suc intestinal, la bile, le suc pancréatique et les aliments partiellement digérés par le suc gastrique. Pour obtenir le suc intestinal pur, il faut réséquer une anse d'intestin, en respectant le mésentère qui lui amène ses vaisseaux et ses nerfs, aboucher ses extrémités à la peau et rétablir par une suture la continuité intestinale, pour assurer la vie de l'animal. L'anse réséquée fournit un liquide clair que certains auteurs refusent d'ailleurs de considérer comme identique au suc intestinal normal. C'est ce liquide qui a été étudié par la plupart des physiologistes comme suc intestinal.

La composition chimique du suc intestinal n'offre aucune particularité intéressante : c'est un liquide légèrement alcalin, contenant en solution des matières salines, notamment des carbonates alcalins, des chlorures, des phosphates et quelques substances organiques.

Ce suc ou les macérations de muqueuse intestinale contiennent un ferment soluble, *le ferment
inversif*.

Le ferment inversif a la propriété de transformer
la saccharose, avec fixation d'eau en sucre interverti, constitué, nous l'avons dit en étudiant les
sucres, par un mélange à poids égaux de glycose
et de lévulose : c'est un ferment identique à celui
qu'on trouve dans les liquides où se développe la
levure de bière : la première phase de la fermentation alcoolique de la saccharose consiste, on le sait,
en une interversion de ce sucre. Le suc intestinal
ou les macérations aqueuses de muqueuses intestinales contiennent souvent une autre diastase capable
de dédoubler la lactose avec fixation d'eau en glycose et galactose : c'est la *lactase*. L'invertine est
sans action sur la lactose.

Quelques auteurs décrivent un ferment amylolytique du suc intestinal, capable de saccharifier l'amidon comme le ferment amylolytique de la salive.
— Tous les tissus et liquides organiques, le muscle,
le sang, la lymphe, les transsudats, etc., possèdent
un pouvoir amylolytique faible, mais facile à mettre
en évidence. Il en est de même du suc intestinal.
Nous ne croyons donc pas qu'il convienne de décrire
un ferment amylolytique intestinal. Deux liquides
organiques seulement possèdent un pouvoir amylolytique énergique et spécifique, la salive et surtout
le suc pancréatique.

CHAPITRE XX.

LE CONTENU INTESTINAL

Le contenu intestinal est constitué par les produits de digestion des matières alimentaires ; par les résidus alimentaires non attaqués ; par les sécrétions des glandes digestives (salive, suc gastrique, bile, suc pancréatique, suc intestinal) ; par les produits des fermentations microbiennes intra-intestinales.

Les matières digérées, solubles et assimilables sont peu à peu résorbées dans l'intestin grêle ; les matières non absorbées subissent peu à peu pendant leur trajet dans l'intestin des fermentations microbiennes ; par conséquent la constitution du contenu intestinal varie non seulement suivant la nature des aliments ingérés, mais encore suivant la région intestinale considérée.

Nous nous bornerons à indiquer sommairement les substances qu'on peut trouver dans l'intestin :

1° De la glycose, de la maltose, des dextrines ; — des matières grasses neutres, des acides gras, de la glycérine, des savons ; — des protéoses, des gélatoses, des élastoses ; — ces différentes substances provenant des transformations digestives des hydrates de carbone, des graisses neutres et des substances protéiques.

2º De la cellulose, des gommes, des résines, des fragments de tissus cartilagineux, cornés, tendineux, des nucléines, etc. ; — ces différentes substances étant contenues dans les aliments et non attaquées par les sucs digestifs.

3º Des *produits des fermentations microbiennes* parmi lesquels nous citerons l'*indol* et le *scatol* qui, absorbés par la paroi intestinale, se combinent à l'acide sulfurique provenant de la désintégration des tissus pour s'éliminer par les urines à l'état d'indoxylsulfates et de scatoxylsulfates, — et les *gaz intestinaux*, provenant de la fermentation de la cellulose et des substances albuminoïdes : ces gaz sont du gaz carbonique, de l'hydrogène, du protocarbure d'hydrogène, de l'hydrogène sulfuré et de l'azote.

CHAPITRE XXI

L'URINE

PREMIÈRE PARTIE. — URINES NORMALES.

Nous prenons comme type d'urine, l'urine de l'homme.

Un homme adulte sain, de poids moyen, prenant une alimentation moyenne, excrète en vingt-quatre heures environ 1 500 centimètres cubes d'urine, dont la densité est généralement comprise entre 1,01 et 1,02.

Lorsque l'alimentation est mixte, c'est-à-dire composée d'aliments d'origine animale et d'aliments d'origine végétale, la *réaction* de l'urine est acide. Cette réaction acide n'est pas due à la présence d'un acide libre, mais à la présence de *phosphates minéraux acides*. En voici la preuve : les acides minéraux décomposent l'hyposulfite de soude et déterminent la production d'un précipité pulvérulent de soufre ; l'urine reste claire lorsqu'on l'additionne d'hyposulfite de soude. — Les acides organiques, tels que l'acide hippurique et l'acide urique possèdent la propriété de faire passer au bleu le rouge congo ; le gaz carbonique libre le fait passer au violet ; l'urine ne modifie pas sa coloration ; donc l'urine ne contient pas d'acide hippurique libre, pas d'acide urique libre, pas d'acide carbonique libre. L'urine doit sa réaction acide à ses phosphates acides.

Lorsque l'alimentation est surtout végétale, la réaction de l'urine peut devenir neutre et même alcaline, par suite de l'augmentation considérable des carbonates alcalins éliminés. L'urine des herbivores, l'urine du lapin, abondamment nourri de matières végétales, est normalement alcaline ; elle ne devient acide chez le lapin que lorsque cet animal est privé depuis quelques heures de nourriture, et vit aux dépens de ses réserves.

Pour déterminer l'acidité d'une urine, on en introduit 100 centimètres cubes dans un verre à précipités, et on y fait tomber goutte à goutte une solution titrée de soude, normale ou décinormale, jusqu'à ce qu'une goutte de la liqueur portée sur du papier de tournesol y détermine l'apparition d'une tache qui ne soit ni bleue ni rouge, mais nettement violette.

Les éléments contenus dans l'urine sont les uns minéraux, les autres organiques, et, parmi ces derniers, les plus importants sont azotés.

Les *sels de l'urine* sont :

> Des chlorures,
> Des phosphates,
> Des sulfates et des phénylsulfates.
> Des carbonates et des bicarbonates.

d'alcalis et de terres alcalines.

Nous avons décrit précédemment (chapitre I) les principales propriétés des sels minéraux et indiqué les principales méthodes de dosage en poids de ces composés.

Ici nous nous bornerons à indiquer les procédés volumétriques généralement employés, pour doser dans les urines les chlorures et les phosphates.

Le *dosage volumétrique des chlorures* de l'urine peut se faire de deux façons différentes :

Première méthode. — Le principe de la méthode est le suivant : Si dans une solution contenant des chlorures et du chromate de potasse et présentant une réaction neutre, on fait tomber goutte à goutte une solution de nitrate d'argent, on précipite d'abord les chlorures et nullement le chromate. Ce n'est que lorsque la précipitation des chlorures est totale que le chromate est à son tour précipité. Or le chromate d'argent a une très forte coloration rouge brique, très facile à reconnaître. On est donc averti que la précipitation des chlorures est terminée lorsque le fin précipité blanc produit dans la liquéur soumise à l'analyse se teinte de rouge. Connaissant le titre de la solution d'argent, on en déduit la quantité de chlorures dissous dans la liqueur analysée.

On ne peut employer directement cette méthode, lorsqu'il s'agit de l'urine. La solution d'argent en effet peut précipiter certaines substances organiques, contenues dans les urines (acide urique et substances xanthiques), avant de précipiter le chromate alcalin. Il faut donc détruire ces matières organiques avant d'effectuer la titration. Il faut par conséquent incinérer l'urine.

On procède de la manière suivante .

10 centimètres cubes d'urine sont additionnés de 1 gramme de carbonate de soude pur (destiné à empêcher toute perte d'acide chlorhydrique, pouvant résulter de l'action des phosphates sur les chlorures à haute température) et de 1 à 2 grammes d'azotate de potasse pur (destiné à favoriser la combustion des matières organiques de l'urine). Ce mélange est évaporé, puis incinéré à la plus basse température possible, rouge naissant, pour ne pas volatiliser les chlorures. La masse fondue est, après refroidissement, dissoute dans l'eau. Pour que la réaction de cette solution soit rigoureusement neutre, condition nécessaire à une bonne titration, on commence par l'aciduler très légèrement par l'acide nitrique pur,

et on sature l'excès d'acide en ajoutant un excès de carbonate de chaux pur pulvérisé : il reste en suspension un excès de carbonate de chaux insoluble, qui ne nuit pas à l'analyse. On ajoute quelques gouttes d'une solution de chromate neutre de potasse et on fait tomber goutte à goutte la solution d'azotate d'argent jusqu'à production d'une teinte rouge persistante.

La solution d'azotate d'argent généralement employée est telle que 1 centimètre cube soit capable de précipiter exactement 1 centigramme de chlorure de sodium. Une telle solution contient 29^{gr},075 d'azotate d'argent par litre.

Supposons qu'on ait opéré sur 10 centimètres cubes d'urine, et que la quantité de la solution d'argent nécessaire pour précipiter la totalité des chlorures soit 5^{cc},3 ; les 10 centimètres cubes d'urine contiennent une quantité de chlorures qui, exprimée en chlorure de sodium, est égale à 5^{cgr},3 et par suite, l'urine contient 5^{gr},30 de chlorures, exprimés en chlorure de sodium, par litre.

Deuxième méthode. — Cette méthode peut s'appliquer immédiatement à l'urine.

Le principe de cette méthode est le suivant : si, dans une solution de chlorures, acidulée par l'acide nitrique, on ajoute une solution d'azotate d'argent en excès, et si on sépare par filtration le précipité de la liqueur dans laquelle il s'est formé, on a une liqueur contenant l'excès du sel d'argent. — Si on connaît cet excès, on peut en déduire la quantité du sel d'argent précipité à l'état de chlorure. On a ainsi ramené la question du dosage de chlorures à une question de dosage de sels d'argent ; or ce dosage peut facilement se faire volumétriquement.

Si à une solution d'azotate d'argent, acidulée par l'acide nitrique, on ajoute une solution d'un sel de fer, et goutte à goutte une solution de sulfocyanure de potassium, l'argent est précipité à l'état de sulfocyanure d'argent insoluble, et ce n'est que lorsque la précipitation de l'argent est totale que le sulfocyanure agit sur le sel de fer en solution, pour former du sulfocyanure de fer, facile à reconnaître à sa coloration rouge.

Pour faire la titration, il faut préparer :

a. Une solution d'azotate d'argent contenant 29^{gr},075 de ce sel par litre. — 1 centimètre cube de cette solution précipite exactement 1 centigramme de chlorure de sodium (c'est-à-dire correspond à 0^{gr},607 de chlore).

b. Une solution saturée à la température ordinaire d'alun de fer ou de sulfate de fer purs.

c. Une solution d'acide nitrique pur, de densité 1,20.

d. Une solution de sulfocyanure de potassium, contenant 8^{gr} 30 de sel par litre. — 2 centimètres cubes de cette solution précipitent exactement l'argent contenu dans 1 centimètre cube de la solution *a*.

Dans un ballon jaugé de 100 centimètres cubes, on introduit 10 centimètres cubes de l'urine, 5 centimètres cubes de la solution d'acide nitrique *c*, 50 centimètres cubes d'eau et 20 centimètres cubes de la solution d'azotate d'argent. — On agite et on remplit avec de l'eau jusqu'au trait 100 centimètres cubes. On jette sur un filtre pour séparer le précipité de chlorure d'argent. On prend la moitié, soit 50 centimètres cubes, du liquide filtré ; on ajoute 3 centimètres cubes, de la solution ferrique b, et on fait tomber la solution d de sulfocyanure ; il se forme un précipité : on laisse tomber cette solution d jusqu'à ce que la liqueur au fond de laquelle se dépose le précipité prenne une coloration rouge persistante.

Supposons, par exemple, qu'il faille ajouter $5^{cc},2$ de la solution de sulfocyanure de potassium. Pour la totalité de la liqueur, 100 centimètres cubes, et non plus 50 centimètres cubes, il faudrait $10^{cc},4$ de la solution de sulfocyanure. Ces $10^{cc},4$ de la solution de sulfocyanure sont capables de précipiter $5^{cc},2$ de la solution d'azotate d'argent a, nous l'avons dit. Donc, après précipitation des chlorures de 10 centimètres cubes d'urine par 20 centimètres cubes de la solution d'azotate d'argent, il reste un excès de $5^{cc},2$ de cette solution. Il a donc été employé $14^{cc},8$ d'azotate d'argent pour précipiter les chlorures de 10 centimètres cubes d'urine. C'est que ces 10 centimètres cubes contiennent $14^{cgr},8$ de chlorures exprimés en chlorure de sodium. L'urine analysée contient par conséquent $14^{gr},80$ de chlorures par litre.

Nous avons indiqué (chapitre I) une méthode de dosage des *phosphates* en poids ; on peut les doser volumétriquement. En général *le dosage des phosphates dans l'urine se fait volumétriquement.*

Le principe de la méthode est le suivant : Une solution chaude de phosphates contenant de l'acide acétique libre donne, par addition d'une solution d'un sel d'urane, un précipité blanc jaunâtre de phosphate d'urane insoluble dans l'acide acétique, mais soluble dans les acides minéraux. — Une solution de ferrocyanure de potassium additionnée d'une solution d'un sel d'urane donne soit un précipité brun rougeâtre, soit une liqueur brun rougeâtre, selon les circonstances. Si une solution contient à la fois de l'acide acétique, des phosphates et du ferrocyanure de potassium, le sel d'urane précipite d'abord uniquement les phosphates, sans agir sur le ferrocyanure de potassium, et ce n'est que lorsque la précipitation des phosphates est totale qu'il donne une coloration ou une précipitation brune de ferrocyanure d'urane.

Ces notions étant rappelées, on voit que pour faire un dosage volumétrique de phosphates par le sel d'urane, il faut :

1° Opérer à chaud ;

2° Opérer en présence d'acide acétique libre ;

3° Opérer en l'absence d'acides minéraux libres, pour éviter la redissolution par ces acides du précipité de phosphate d'urane, condition nécessaire, qu'on réalise en additionnant la liqueur d'acétate de soude en grand excès. — On sait en effet que l'acétate de soude, en présence d'acides minéraux, est décomposé en acide acétique libre et en sel à acide minéral ; en d'autres termes, que les acides minéraux chassent l'acide acétique de ses combinaisons salines.

4º Ajouter à la liqueur à analyser une solution de ferrocyanure de potassium.

5º Faire tomber goutte à goutte une solution titrée d'acétate d'urane jusqu'à ce que la liqueur prenne une teinte brun rougeâtre.

A cet effet, on prépare :

a. Une solution d'acétate d'urane : on dissout environ 35 grammes d'acétate d'urane dans l'eau acidulée par un peu d'acide acétique, et on ajoute de l'eau de façon à faire un litre.

b. Une solution d'acétate de soude acétique : on dissout 100 grammes d'acétate de soude cristallisé dans un peu d'eau ; on ajoute 100 centimètres cubes d'acide acétique glacial, et, par addition d'eau, on amène le volume à un litre.

c. Une solution de ferrocyanure de potassium.

Pour pratiquer le dosage des phosphates, il faut connaître le titre de la solution d'acétate d'urane. Pour connaître ce titre, on procède au dosage volumétrique d'une solution de phosphate de soude contenant une quantité connue de phosphate de soude calciné, en procédant comme nous l'indiquerons ultérieurement. On détermine la quantité de la solution d'acétate d'urane nécessaire pour précipiter totalement le phosphate contenu dans un volume donné de la solution de phosphate de soude calciné, et on en déduit par un calcul simple le titre de la solution d'urane.

La solution *a*, préparée comme nous l'avons dit, est telle que 20 centimètres cubes correspondent à $0^{gr},100$ (1 centimètre cube correspond donc à

5 milligrammes) P²O⁵. Supposons que la titration de cette solution ait conduit exactement à ce résultat.

Pour doser les phosphates de l'urine, on mélange dans un verre cylindrique de Bohême 50 centimètres cubes d'urine filtrée et 5 centimètres cubes de la solution acétique d'acétate de soude *b*, et on chauffe au bain-marie bouillant. On fait tomber goutte à goutte la solution d'acétate d'urane : il se forme un précipité augmentant graduellement. Lorsque ce précipité ne semble plus augmenter, on mélange dans une petite capsule de porcelaine bien blanche une goutte de la solution de ferrocyanure de potassium et une goutte du mélange analysé : s'il se produit une teinte rouge brune, on a ajouté à l'urine un excès d'acétate d'urane ; sinon, on ajoute encore à l'urine quelques gouttes de la solution d'urane, et on recommence l'essai, jusqu'à ce que cet essai donne lieu à la coloration rouge brune. (Au lieu d'employer une solution de ferrocyanure de potassium, il est avantageux d'employer le sel broyé et de l'humecter avec une goutte de la liqueur analysée.) Au moment où commence à se montrer cette coloration la précipitation des phosphates est totale. — Supposons que pour précipiter totalement les phosphates contenus dans 50 centimètres cubes d'urine, il faille ajouter 24 centimètres cubes de la solution d'acétate d'urane. Nous savons que 1 centimètre cube correspond à 5 milligrammes P²O⁵, donc 24 centimètres cubes correspondent à 120 milligrammes P²O⁵ ; — donc 50 centimètres cubes d'urine contiennent 120 milligrammes P^2O^5; 100 centimètres cubes contiennent 240 milligrammes, et 1 litre contient $2^{gr},4$ P^2O^5.

Il n'existe pas de procédé simple volumétrique permettant de doser rapidement les carbonates et les sulfates.

Pour *doser les carbonates*, ou plus exactement l'acide carbonique des carbonates et bicarbonates de l'urine, il faut traiter l'urine par un acide et déterminer la quantité du gaz carbonique mis en liberté. On recueille à la température d'ébullition les gaz de l'urine acidulée.

Les *chlorures de l'urine* sont des chlorures introduits dans l'organisme sous forme de chlorures minéraux : on ne connaît pas dans les aliments de combinaisons organiques chlorées.

Les *phosphates de l'urine* proviennent pour une part des phosphates des aliments, mais pour une part aussi ils se forment aux dépens des combinaisons phosphorées de l'organisme. Nous avons signalé dans l'organisme la présence de combinaisons phosphorées, les lécithines et les nucléo-albuminoïdes. Ces substances sont oxydées dans les tissus, et, parmi les produits de désassimilation résultant de cette oxydation, se trouve l'acide phosphorique, lequel, en présence des carbonates alcalins contenus dans les tissus, fournit des phosphates.

Les *carbonates de l'urine* proviennent pour une partie des carbonates des aliments, mais pour une partie aussi des sels à acides organiques des aliments : certains aliments, notamment les fruits et les légumes, sont riches en lactates, malates, tartrates, etc., de potasse et de soude : ces sels, oxydés dans l'économie, fournissent des carbonates et des bicarbonates.

Les *sulfates de l'urine* peuvent provenir pour une partie de sulfates absorbés avec les aliments, mais seulement pour une faible partie, car les aliments sont ordinairement pauvres en sulfates. Ils proviennent pour la majeure partie de l'oxydation des substances sulfurées de l'économie. Les substances albuminoïdes, les protéides, la substance collagène sont des substances sulfurées : par oxydation elles fournissent de l'acide sulfurique, qui, en présence des carbonates alcalins des tissus, donne des sulfates et du gaz carbonique.

Voici une analyse des sels minéraux d'une urine d'un homme de poids moyen. Les nombres se rapportent à la quantité totale d'urine éliminée en 24 heures :

	gr.
Acide sulfurique	2,00
Acide phosphorique	3,15
Chlore des chlorures	7,00
Ammoniaque	0,75
Potassium	2,50
Sodium	11,10
Calcium	0,25
Magnésium	0,20

A côté des substances que nous venons d'étudier, lesquelles sont les véritables sels minéraux, il convient de placer une série très importante de substances, les sels d'*acides sulfoconjugués*, les *phénylsulfates*.

Qu'est-ce qu'un acide sulfoconjugué ? Qu'est-ce qu'un phénylsulfate ?

L'*acide sulfurique* SO^4H^2 est un *acide diatomique* ; il donne 2 *séries de sels* :

> Les sulfates neutres tels que SO^4Na^2 et SO^4Ca.
> Les sulfates acides ou bisulfates tels que SO^4HNa.

De même l'acide sulfurique peut donner avec les alcools 2 *séries d'éthers* tels que :

$$\text{Le sulfate diéthylique } SO^4 \left\{ \begin{array}{l} C^2H^5. \\ C^2H^5, \end{array} \right.$$

qui est deux fois éther, et

$$\text{Le sulfate monoéthylique } SO^4 \left\{ \begin{array}{l} H. \\ C^2H^5. \end{array} \right.$$

ou acide sulfovinique, qui est une fois éther et encore une fois acide ; — ce dernier composé peut donner des sels, les sulfovinates répondant à la formule.

$$SO^4 \left\{ \begin{array}{l} Na. \\ C^2H^5. \end{array} \right.$$

Avec les phénols aromatiques, l'acide sulfurique donne deux *séries d'éthers*, par exemple :

$$\text{Le sulfate de phényle } SO^4 \left\{ \begin{array}{l} C^6H^5. \\ C^6H^5, \end{array} \right.$$

qui est deux fois éther, — et

$$\text{Le sulfate monophénylique } SO^4 \left\{ \begin{array}{l} H. \\ C^6H^5, \end{array} \right.$$

ou acide phénylsulfurique, lequel est une fois éther et une fois acide. Les sels, les phénylsulfates répondent à la formule.

$$SO^4 \left\{ \begin{array}{l} Na. \\ C^6H^5. \end{array} \right.$$

Ce sont ces composés qu'on trouve dans l'urine : les *acides sulfoconjugués de l'urine* sont donc des *sulfates acides de phénols*, des monosulfates de phénols. Ils sont dans l'urine à l'état de sels d'alcalis, surtout à l'état de sels de potasse.

Les phénylsulfates d'alcalis sont solubles dans l'eau : le phénylsulfate de baryum est soluble dans l'eau.

Ces sels, en solution aqueuse neutre, ne sont pas décomposés à l'ébullition.

Lorsqu'on ajoute à leur solution aqueuse un acide organique, par exemple de l'acide acétique, il se forme un acétate et de l'acide sulfoconjugué libre ; mais cet acide libre n'est pas décomposé à l'ébullition en présence de l'acide acétique. — Lorsqu'on ajoute à leur solution aqueuse un acide minéral, par exemple, de l'acide chlorhydrique, ils sont décomposés : à froid en chlorure et acide sulfoconjugué libre : à la température d'ébullition, l'acide sulfoconjugué libre est décomposé ; il se forme alors, par fixation d'une molécule d'eau, de l'acide sulfurique et un phénol :

$$\mathrm{SO^4} \left\{ \begin{array}{l} \mathrm{K} \\ \mathrm{C^6H^5} \end{array} \right. + \mathrm{HCl} + \mathrm{H^2O} = \mathrm{HCl} + \mathrm{SO^4} \left\{ \begin{array}{l} \mathrm{H} \\ \mathrm{K} \end{array} \right. + \mathrm{C^6H^5OH}.$$

L'urine contient des *sulfates* et des *phénylsulfates*. Le sulfate de baryum est insoluble dans l'eau, les phénylsulfates de baryum sont solubles dans l'eau. Par conséquent, si on acidule l'urine par l'acide acétique, si l'on porte à l'ébullition et si l'on ajoute un excès de chlorure de baryum, on précipite à l'état de sulfate de baryum tout l'acide sufurique des sulfates et rien que l'acide sulfurique des sulfates.

L'urine contient des sulfates et des phénylsulfates, ces derniers décomposables en phénol et sulfates acides à l'ébullition en présence d'acide chlorhydrique. Si donc on acidule l'urine par l'acide chlorhydrique, si on porte à l'ébullition et si on ajoute un excès de chlorure de baryum, on précipite à l'état de sulfate de baryte la totalité de l'acide sulfurique des sulfates et phénylsulfates.

Si après avoir précipité, à l'état de sulfate de baryte, la totalité de l'acide sulfurique des sulfates dans l'urine acidulée par l'acide acétique, on sépare de ce précipité la liqueur qui contient en solution la totalité des phénylsulfates, on peut précipiter ces derniers à l'état de sulfate de baryte : il suffit d'aciduler par l'acide chlorhydrique et de porter à l'ébullition en présence d'un excès de chlorure de baryum.

On peut donc obtenir ainsi, à l'état de sulfate de baryum, l'acide sulfurique total, l'acide sulfurique des sulfates et l'acide sulfurique des phénylsulfates. Pour le dosage, il suffit de séparer par filtration les précipités de sulfate de baryum, de les dessécher, de les calciner et de les peser.

Les principaux phénylsulfates de l'urine sont le *phénylsulfate*, le *paracrésylsulfate*, l'*indoxylsulfate* et la *scatoxylsulfate de potasse*.

La quantité de l'acide sulfurique à l'état de composés sulfoconjugués dans l'urine humaine des 24 heures est de

$$0^{gr},09 \text{ à } 0^{gr},02, \text{ en moyenne } 0^{gr},25.$$

L'acide *phénylsulfurique* peut être considéré

comme résultant de l'union de l'acide sulfurique et du phénol C^6H^5OH. Sa formule est donc $SO^4HC^6H^5$.

L'acide *paracrésylsulfurique* résulte de la combinaison du paracrésol et de l'acide sulfurique ;

$$SO^4H^2 + C^6H^4 \left\{ \begin{array}{l} CH^3 \\ OH \end{array} \right. = H^2O + SO^4 \left\{ \begin{array}{l} H \\ C^6H^4\text{-}CH^3. \end{array} \right.$$

Le *phénol* et le *paracrésol* sont volatils à la température d'ébullition : si donc on distille de l'urine acidulée par l'acide chlorhydrique, on retrouve dans le distillat ces phénols qu'on peut caractériser par leur *réaction bromée* : Les phénols possèdent en effet la propriété de donner avec l'eau de brome des composés cristallisables insolubles dans l'eau, des *tribromophénols* dont les formules sont :

Tribromophénol $C^6H^2Br^3OH$.
Tribromoparacrésol $C^6HBr^3OHCH^3$.

C'est au moyen de ces composés qu'on a proposé de doser la quantité des phénols de l'urine : l'urine acidulée par l'acide chlorhydrique est soumise à la distillation, le distillat est traité par l'eau de brome, le précipité séparé par filtration est lavé, desséché dans le vide et pesé. — Remarquons que cette méthode ne donne que des nombres approchés.

Les acides *indoxylsulfurique* $SO^4HC^8H^6Az$ et *scatoxylsulfurique* $SO^4HC^9H^8Az$ doivent être considérés comme résultant de la combinaison de l'acide sulfurique avec deux substances phénoliques, l'*indoxyle* C^8H^7AzO et le *scatoxyle* (méthylindoxyle) C^9H^9AzO. Ces deux dernières substances peuvent être considérées elles-mêmes comme résultant de l'oxydation de l'*indol* et du *scatol*, substances qu'on trouve dans le contenu intestinal où elles se produisent sous l'influence des ferments organisés agissant sur les matières intestinales.

A l'acide indoxylsulfurique se rattache le *bleu indigo*. Par l'acide chlorhydrique à l'ébullition l'acide indoxylsulfurique est dédoublé en acide sulfurique et indoxyle; — sous l'influence des agents oxydants, tels que le chlorure de chaux l'indoxyle est transformé en bleu indigo, $C^{16}H^{10}Az^2O^2$.

Supposons donc qu'on fasse bouillir l'urine avec de l'acide chlorhydrique, il se produit de l'indoxyle; ajoutons par petites portions du chlorure de chaux, il se produit du bleu indigo. Ce bleu indigo est soluble dans le chloroforme : par conséquent en agitant l'urine, traitée comme nous venons de le dire, avec du chloroforme, on voit le chloroforme prendre une teinte bleue, si l'urine contient un indoxylsulfate.

D'où proviennent les phénylsulfates? — Dans le contenu intestinal nous avons reconnu la présence d'indol et de scatol (ou méthylindol), substances résultant de fermentations microbiennes de substances protéiques. Ces indol et scatol sont résorbés. Ils se comportent alors comme la benzine et autres hydrocarbures, ils sont oxydés. Lorsqu'on injecte de la benzine dans l'organisme, on constate une oxydation de cet hydrocarbure et une formation de phénol; de même aux dépens de l'indol et du scatol se forment dans l'organisme l'indoxyle et le scatoxyle.

On n'a pas constaté dans l'organisme la présence

de l'indoxyle et du scatoxyle, substances peu stables. Il est probable qu'elles se conjuguent, aussitôt formées, avec l'acide sulfurique résultant de l'oxydation des substances sulfurées, notamment des substances protéiques de l'organisme.

Le *phénol*, le *paracrésol* et d'autres phénols se produisent dans la cavité intestinale par fermentations microbiennes de substances aromatiques, substances qui sont surtout abondantes dans les aliments végétaux. Ces phénols se conjuguent avec l'acide sulfurique résultant de la désassimilation du soufre des tissus et donnent des acides sulfo-conjugués.

La quantité des phénylsulfates dans l'urine augmente en même temps que les fermentations intestinales. Lorsqu'on diminue notablement les fermentations microbiennes, au moyen de l'ingestion de substances ayant des propriétés antiseptiques, on voit la proportion des phénylsulfates diminuer considérablement.

Ces phénylsulfates se rencontrent plus abondants dans l'urine des herbivores que dans celle des carnivores : et en effet, nous l'avons dit précédemment, les aliments d'origine végétale donnent en plus grande abondance que les aliments d'origine animale, sous l'influence des microorganismes, des phénols.

On admet que la synthèse des phénols et de l'acide sulfurique se fait dans le foie, ou du moins surtout dans le foie : on a en effet trouvé dans le tissu hépatique une quantité de phénylsulfates plus grande que dans le sang. Les phénols, substances

toxiques produites dans l'intestin et absorbées par
les branches de la veine porte, seraient transformés
en phénylsulfates, substances non toxiques, dans le
foie, qui exercerait ainsi à l'égard des phénols
toxiques le rôle de protection contre les agents toxiques, qu'on tend actuellement à lui accorder

Les sulfates et phénylsulfates ne représentent pas
la totalité des combinaisons sulfurées de l'urine. On
trouve dans l'urine divers autres composés qui
contiennent de 10 à 20 p. 100 du soufre total de
l'urine.

Combinaisons azotées de l'urine. — L'urine contient
des combinaisons organiques azotées. On peut
même dire, d'une façon générale, que les produits
azotés de la désassimilation des tissus sont éliminés
par l'urine.

Le physiologiste peut avoir besoin de connaître
les modifications de l'élimination azotée : il y parvient
aisément en déterminant l'azote total de l'urine,
c'est-à-dire la quantité d'azote contenu dans l'urine
sous diverses formes, urée, acide urique, etc.

Le *dosage de l'azote total* se fait par la *méthode de
Kjeldahl.* Cette méthode repose sur les notions suivantes :

1° Si l'on fait bouillir une matière organique quelconque avec de l'acide sulfurique concentré, la
matière organique est totalement détruite, et tout
l'azote qu'elle contenait se trouve à l'état de sulfate
d'ammoniaque ;

2° Si l'on fait bouillir une solution de sulfate
d'ammoniaque avec un excès de soude caustique,

l'ammoniaque est totalement chassée de sa combinaison.

Le dosage peut se faire de la façon suivante :

Dans un ballon, on introduit 25 centimètres cubes d'un mélange d'acide sulfurique concentré et d'acide phosphorique anhydre (mélange formé avec 1 litre d'acide sulfurique et 200 grammes d'anhydride phosphorique) et $0^{cc},1$ de mercure ; puis 5 centimètres cubes d'urine (l'acide phosphorique anhydre sert à fixer l'eau de l'urine et à empêcher l'hydratation de l'acide sulfurique qui, pour cette opération, doit être et rester concentré ; — on a constaté que lorsqu'on ajoute un peu de mercure, la destruction et l'oxydation de la matière organique se font plus rapidement). Ce mélange est porté et maintenu à l'ébullition jusqu'à ce que la décoloration soit complète. Cette liqueur contient alors du sulfate d'ammoniaque, du sulfate de mercure et de l'acide sulfurique en excès. On laisse refroidir. On ajoute de la soude caustique (solution de densité 1,25) de façon à saturer la presque totalité de l'acide sulfurique libre, et on laisse refroidir de nouveau. On ajoute alors de la soude caustique jusqu'à réaction nettement alcaline, puis 12 centimètres cubes d'une solution de sulfure de potassium (obtenu en dissolvant 2 parties de sulfure de potassium dans 3 parties d'eau) pour précipiter le mercure à l'état de sulfure de mercure. Cette liqueur est alors soumise à la distillation et l'ammoniaque dégagée est reçue dans une quantité connue d'une solution acide titrée. En déterminant le titre acide de cette solution après que la distillation de l'ammoniaque est terminée, on peut connaître la quantité d'acide neutralisé par l'ammoniaque, par conséquent la quantité d'azote de la matière organique soumise à l'analyse.

Les principales substances azotées normalement contenues dans l'urine normale de l'homme sont les suivantes :

> *L'urée.*
> *L'ammoniaque et ses sels.*
> L'acide *urique* et les *urates.*
> L'acide *hippurique* et les *hippurates.*
> La *créatinine,* etc.

1. L'*urée* peut être considérée comme la *carbamide*. Qu'est-ce que la carbamide?

Les carbonates neutres répondant à une formule telle que :

$$CO^3 \left\{ \begin{array}{l} Na. \\ Na, \end{array} \right.$$

l'acide carbonique théorique est :

$$CO^3 \left\{ \begin{array}{l} H. \\ H, \end{array} \right.$$

composé qu'on ne connaît pas, mais qu'on peut imaginer pour les besoins de la démonstration. Le gaz carbonique CO^2 est l'anhydride carbonique, obtenu en enlevant H^2O à l'acide carbonique vrai, de même que l'anhydride sulfurique SO^3 est obtenu en enlevant H^2O à l'acide sulfurique SO^4H^2.

Les *amides* peuvent être considérés comme résultant de la substitution du groupe atomique AzH^2 au groupe atomique OH dans les acides; par conséquent la carbamide répond à la formule :

$$CO \left\{ \begin{array}{l} AzH^2. \\ AzH^2. \end{array} \right.$$

C'est la formule de l'urée.

Entre l'acide carbonique théorique et l'urée se place le corps

$$CO^2 \left\{ \begin{array}{l} H. \\ AzH^2, \end{array} \right.$$

qui est *l'acide carbamique*.

On sait d'autre part que les *amides* et les *sels ammoniacaux* présentent des relations intimes : les amides peuvent être considérées comme des sels ammoniacaux déshydratés et les sels ammoniacaux comme des amides hydratées.

Ainsi considérons l'acide oxalique :

$$COOH - COOH.$$

L'oxamide est :

$$COAzH^2 - COAzH^2.$$

et le sel ammoniacal correspondant, l'oxalate d'ammoniaque, est :

$$CO^2AzH^4 - CO^2AzH^4.$$

On voit que :

$$[COAzH^2]^2 + 2H^2O = (CO^2AzH^4)^2$$
$$\text{Oxamide.} \qquad \text{Oxalate}$$
$$\text{d'ammoniaque.}$$

De même :

$$CO(AzH^2)^2 + 2H^2O = CO^3(AzH^4)^2$$
$$\text{Carbamide.} \qquad \text{Carbonate}$$
$$\text{Urée.} \qquad \text{d'ammoniaque.}$$

L'urée est une substance soluble à la température ordinaire dans son poids d'eau, et dans 5 fois son poids d'alcool. Elle est plus soluble à chaud dans l'alcool et dans l'eau, et cristallise par refroidissement de ses solutions aqueuse ou alcoolique en longues aiguilles incolores prismatiques du système rhombique.

L'urée forme avec plusieurs acides des combinaisons cristallines : les plus importantes sont l'*azotate* et l'*oxalate d'urée*. Si on traite une solution aqueuse concentrée d'urée par l'acide nitrique fort, il se produit un précipité cristallin d'azote d'urée. De même si on traite une solution aqueuse concentrée d'urée par une solution saturée d'acide oxalique, il se produit un précipité cristallin d'oxalate d'urée.

L'urée ou ses solutions sont décomposées par certains *agents oxydants* tels que l'*hypobromite de soude* en gaz carbonique et azote, volumes égaux des deux gaz :

$$CO(AzH^2)^2 + 3NaOBr = 3NaBr + CO^2 + Az^2 + 3H^2O.$$

Sous l'influence de certains microorganismes, l'urée subit une fermentation dite *fermentation ammoniacale* : 2 molécules d'eau sont fixées sur 1 molécule d'urée : l'urée est transformée en *carbonate d'ammoniaque*. On comprend sans peine cette transformation si on se reporte à ce que nous venons de dire sur la parenté de l'urée et du carbonate d'ammoniaque.

Dans cette transformation de l'urée, les microorganismes interviennent comme producteurs d'une diastase, dite *uréase*, capable d'hydrolyser l'urée.

L'urée abandonnée à l'air subit toujours la fermentation ammoniacale : le ferment ou plus exactement les ferments figurés capables de produire cette transformation sont abondants dans les poussières de l'atmosphère. Le carbonate d'ammoniaque a une réaction alcaline; l'urée a une réaction neutre. Lors donc que l'urée subit la transformation ammoniacale, l'urine prend une réaction alcaline de plus en plus marquée.

Signalons enfin deux réactions qui trouvent leur application dans le dosage de l'urée.

L'urée est précipitée de ses solutions par addition d'une solution diluée d'azotate de mercure, et le corps qui se précipite, combinaison d'urée et d'azotate de mercure, a une composition définie.

L'urée chauffée à haute température en tube scellé en présence d'une solution alcaline de chlorure de baryum se dédouble en ammoniaque et en acide carbonique.

Parmi les nombreux procédés proposés pour doser l'urée dans l'urine, les uns donnent des résultats approximatifs, uniquement applicables aux recherches cliniques; les autres fournissent des résultats plus rigoureux et sont utilisables dans les travaux scientifiques.

Parmi les premiers nous indiquerons le suivant qui repose sur la décomposition de l'urée en azote et gaz carbonique par l'hypobromite de soude.

Supposons qu'on ajoute à une solution d'urée, à de l'urine par exemple, un grand excès d'hypobromite de soude et de lessive de soude caustique : l'urée est décomposée en gaz carbonique et azote; le gaz carbonique est retenu par la lessive de soude caustique et l'azote est mis en liberté seul. Les autres substances azotées de l'urine ne fournissent pas d'azote dans ces conditions. — Si on mesure le volume d'azote dégagé, on en peut conclure la quantité correspondante d'urée : 100 grammes d'urée contiennent 46 gr. 66 d'azote ; — 100 grammes d'azote correspondent à 214 gr. 28 d'urée.

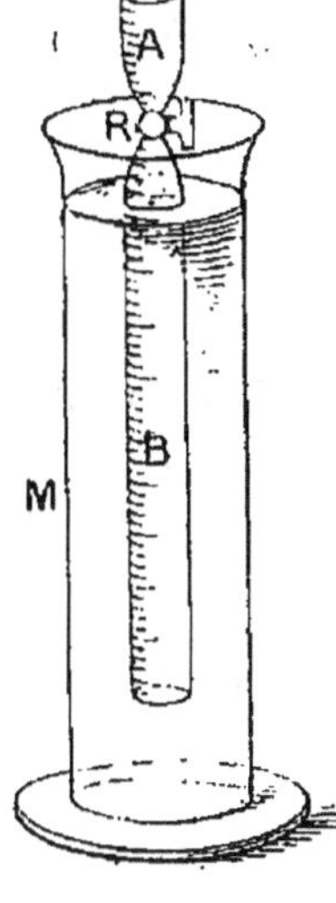
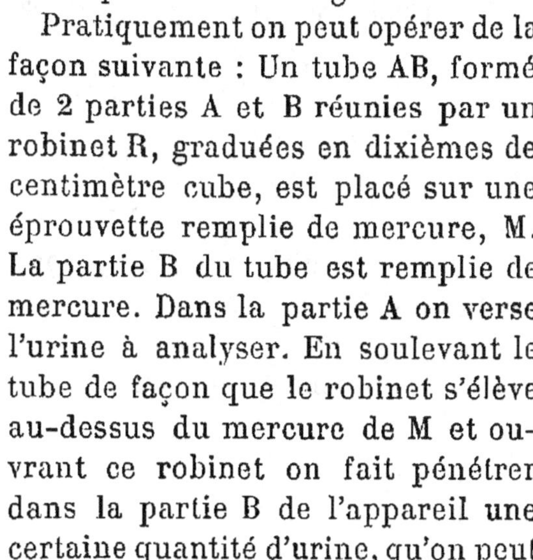

Fig. 11.

Pratiquement on peut opérer de la façon suivante : Un tube AB, formé de 2 parties A et B réunies par un robinet R, graduées en dixièmes de centimètre cube, est placé sur une éprouvette remplie de mercure, M. La partie B du tube est remplie de mercure. Dans la partie A on verse l'urine à analyser. En soulevant le tube de façon que le robinet s'élève au-dessus du mercure de M et ouvrant ce robinet on fait pénétrer dans la partie B de l'appareil une certaine quantité d'urine, qu'on peut connaître en lisant l'abaissement du niveau de l'urine dans la partie A de l'appareil. On enlève avec un papier buvard ce qui reste de liquide dans A ; on y verse la solution d'hypobromite de soude et on fait pénétrer dans la partie B, par la même manœuvre que précédemment, un volume de cette solution égal à plusieurs fois le volume de l'urine introduite. Le dégagement gazeux se produit ; on lit dans la partie B le volume de gaz : soit V ce volume, T la température, H la pression atmosphérique, F la tension maxima de la vapeur d'eau à la température T, α le coefficient de dilatation cubique des gaz ; le poids d'un litre d'azote étant 1 gr. 256 ; le poids d'azote dégagé est :

$$p = V \times \frac{1}{1 + \alpha T} \times \frac{H - F}{760} \times 1{,}256$$

d'où l'on peut calculer le poids d'urée P :

$$P = p \times \frac{214{,}28}{100},$$

ou

$$P = 2{,}1428 \, p.$$

On peut, si l'on ne possède pas de cuve à mercure, se servir d'un appareil disposé comme l'indique la figure 12 :

Deux petits ballons A et B sont réunis par un tube de verre recourbé T ; les orifices a et b sont fermés,

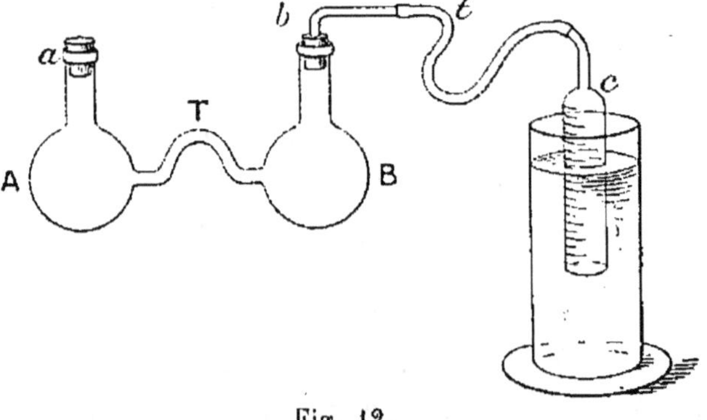

Fig. 12.

l'un par un bouchon plein a, l'autre par un bouchon percé d'un trou, b, dans lequel s'engage un tube t (verre et caoutchouc) communiquant avec une petite cloche c graduée en dixièmes de centimètre cube et

plongeant dans l'eau. — Les bouchons *a* et *b* étant
enlevés, on introduit dans A l'urine, 2 centimètres
cubes par exemple ; dans B la solution d'hypobromite d'alcali alcalin, 10 centimètres cubes par
exemple; on bouche en *a*, on fixe en *b* et on lit
le niveau de l'eau dans la cloche *c*, les niveaux de
l'eau étant amenés à être dans un même plan à
l'intérieur et à l'extérieur de la cloche. En incli-
nant l'appareil AB, on mélange les deux liquides :
un dégagement d'azote se produit : le niveau de
l'eau baisse dans la cloche *c* graduée. En soulevant
la cloche pour que le niveau du liquide soit le
même à l'intérieur et à l'extérieur de la cloche *c*,
on lit le nouveau niveau : on connaît ainsi l'augmentation de volume du gaz contenu dans l'appareil, par conséquent le volume de l'azote dégagé.
On peut calculer son poids d'après la formule précédemment donnée. En général on se reporte à des
tables vendues avec l'appareil, lesquelles donnent
pour chaque température la quantité d'urée correspondant à une augmentation de volume lue sur
l'appareil.

La solution d'hypobromite de soude employée se
prépare en mélangeant 60 centimètres cubes de
lessive de soude caustique commerciale, 140 centimètres cubes d'eau et 7 centimètres cubes de brome.

Pour doser l'urée d'une façon plus précise, il faut
avoir recours à des procédés très compliqués et très
délicats dont nous exposerons seulement les grands
traits.

1. *Méthode de titration au nitrate de mercure.* Le

nitrate de mercure forme avec l'urée une combinaison définie, qui est insoluble dans l'urine. On détermine la quantité de solution titrée de nitrate de mercure qu'il faut ajouter à une urine pour en précipiter l'urée. Le composé d'urée et de nitrate de mercure est blanc : pour juger que la précipitation est totale, on a recours à des substances donnant avec les sels de mercure des combinaisons colorées (telles sont une solution de carbonate de soude ou une bouillie de bicarbonate de soude qui, avec le sel de mercure, donnent une coloration jaune ou jaune brun). Simple en principe, cette méthode devient extrêmement compliquée dans la pratique, car parmi les substances dissoutes dans l'urine, l'urée n'est pas la seule qui soit précipitée par le nitrate de mercure : les phosphates et les chlorures notamment se combinent au sel mercurique. Il est donc nécessaire avant de procéder à la titration de l'urée de débarrasser l'urine de ses phosphates et de ses chlorures ; ce qui complique singulièrement l'opération.

2. *Méthode barytique.*

L'urée chauffée à haute température en tube scellé avec une solution alcaline de chlorure de baryum se décompose en acide carbonique et ammoniaque. Il suffit dès lors, une fois terminée cette décomposition, de doser soit l'acide carbonique, soit l'ammoniaque engendrés. Il convient toutefois pour obtenir des résultats exacts de débarrasser préalablement l'urine des produits azotés qu'elle contient à l'exception de l'urée : on y parvient d'une façon satisfaisante, en traitant l'urine par l'acide chlorhydrique et l'acide phosphomolybdique. Après filtration, on alcalinise légèrement avec un lait de chaux, puis on chauffe en tube scellé. L'ammoniaque se dose par déplacement au moyen de la magnésie et titration alcalimétrique. Ici encore la méthode se complique car, pour obtenir une grande exactitude, il faut tenir compte de l'ammoniaque préexistant dans l'urine, et en faire un dosage préalable (1).

La quantité d'urée excrétée normalement par les urines d'un homme adulte de poids moyen, recevant une alimentation mixte, partie animale et partie végétale, est d'environ 30 grammes par 24 heures.

L'*urée*, substance azotée, est nécessairement un *produit de désassimilation des substances azotées de l'organisme*, c'est-à-dire des substances protéiques. Comment l'urée dérive-t-elle des substances protéiques ? Se forme-t-elle directement ou n'est-elle que le dernier terme d'une série de transformations successives ?

Les chimistes ont obtenu par diverses méthodes des produits de décomposition simples des substances protéiques. Parmi ces produits de décomposition, nous avons signalé les acides amidés, glycocolle, leucine, etc. Nous pouvons signaler encore le gaz carbonique, l'ammoniaque, etc. Tous ces produits prennent naissance lorsqu'on soumet à une température élevée sous pression les substances

---

(1) Pour la pratique de ces méthodes, on se reportera aux traités de chimie analytique qui fournissent toutes les indications pour faire une analyse rigoureuse.

albuminoïdes à l'action de la vapeur d'eau ou mieux des acides ou alcalis.

Ne peut-on pas considérer ces produits comme des précurseurs de l'urée? En dehors de l'organisme on n'a pas pu obtenir d'urée en partant des acides amidés, ou en partant du carbonate d'ammoniaque. Il n'en est pas de même dans l'organisme.— En injectant dans l'organisme vivant des acides amidés, on a vu augmenter la proportion d'urée. Mais rien ne prouve que les acides amidés existent jamais dans l'organisme : on n'a pas trouvé la leucine ou le glycocolle libres dans les tissus. Rien ne prouve non plus que les substances injectées se transforment elles-mêmes en urée : elles pourraient n'être que des excitants de la fonction uréopoiétique. On ne peut donc pas dire que les substances albuminoïdes subissent dans l'organisme une décomposition donnant lieu à la formation d'acides amidés aux dépens desquels se produirait l'urée : les acides amidés n'apparaissent pas comme nettement et nécessairement des précurseurs de l'urée. — En injectant dans les veines du carbonate d'ammoniaque, ou un sel d'ammoniaque capable de donner sous l'influence des oxydants du carbonate d'ammoniaque, tel que le formiate d'ammoniaque, on a vu la proportion d'urée augmenter et on a reconnu que cette transformation du sel d'ammoniaque en urée se fait dans le foie. — On a reconnu encore que dans certaines affections hépatiques la quantité d'urée diminue dans les urines en même temps qu'augmente la proportion ordinairement minime des sels am-

moniacaux : la proportion d'ammoniaque éliminée
par l'homme sain en 24 heures est de 40 à 90 centigrammes ; elle peut atteindre 250 centigrammes dans
la cirrhose hépatique. En supposant que cet excès
d'ammoniaque éliminée dans la cirrhose hépatique
n'est pas un résultat des altérations nutritives mor-
bides et résulte uniquement d'une non-transforma-
tion de sels d'ammoniaque en urée, il n'en résulterait
pas que toute l'urée contenue dans l'urine a pour origine les sels ammoniacaux produits par l'organisme.

Lorsque par une opération convenable, on dérive
dans la circulation cave le sang de la veine porte
chez le chien, on constate des symptômes qui sont
caractéristiques de l'empoisonnement par le carbamate d'ammoniaque. En même temps ce sel apparaît dans les urines, où diminue la proportion d'urée.
Donc il est vraisemblable qu'une partie, mais seulement une partie de l'urée provient de la transformation intra-hépatique de carbamate d'ammoniaque
produit de désintégration des tissus.

Enfin, nous avons vu en étudiant le muscle qu'on
a pu obtenir de l'urée parmi les produits de décomposition de la créatine : la créatine bouillie avec des
alcalis, notamment avec l'eau de baryte, fournit une
petite quantité d'urée. La créatine se rencontre normalement dans le muscle : il est donc possible
qu'une partie de cette créatine se transforme en
urée dans l'organisme, puisque la décomposition
chimique que nous venons de rappeler montre les
relations de ces deux substances.

Il est possible qu'une partie de l'urée provienne

de décompositions plus ou moins semblables à celles qu'on a réalisées en traitant les substances albuminoïdes par l'acide chlorhydrique et le chlorure de zinc bouillant. Parmi les produits obtenus sont des bases (lysatine, etc.) voisines de la créatine qui, comme celle-ci, donnent de l'urée, quand on les soumet à l'action de l'eau de baryte bouillante.

Concluons de cet ensemble de faits que sans doute une partie de l'urée a pour origine des sels ammoniacaux transformés par le foie ; mais que nous ignorons les modes de formation d'une autre partie de l'urée.

2. L'*acide urique* $C^5H^4Az^4O^3$ se trouve dans l'urine à l'état d'urates. L'acide urique est extrêmement peu soluble dans l'eau : il se dissout dans environ 2 000 parties d'eau bouillante et dans environ 15 000 parties d'eau froide.

L'acide urique, acide diatomique, forme 2 séries de sels, les *urates* et les *biurates* tels que :

$$C^5H^2Az^4O^3Na^2, \text{ urate de soude.}$$
$$C^5H^3Az^4O^3Na, \text{ biurate de soude.}$$

Les urates neutres, tout en étant peu solubles dans l'eau, sont néanmoins beaucoup plus solubles que l'acide urique : l'urate neutre de soude se dissout à la température ordinaire dans 75 parties d'eau ; l'urate neutre de potasse dans 40 parties d'eau, l'urate neutre de chaux dans 1 500 parties d'eau.

Les biurates sont moins solubles que les urates neutres ; le biurate de soude se dissout dans 1 200 parties d'eau ; le biurate de potasse se dissout dans

800 parties d'eau, le biurate d'ammoniaque dans
1 600 parties d'eau et le biurate de chaux dans 600
parties d'eau.

L'urine humaine contient surtout de l'urate neutre
de soude et un peu d'urate neutre de potasse
(l'urine des oiseaux et des reptiles contient surtout
du biurate d'ammoniaque).

Les urates sont décomposés par les acides minéraux, tels que l'acide chlorhydrique. Il se forme de
l'acide urique et un sel à acide minéral, tel qu'un
chlorure.

Les urates possèdent la propriété de réduire la liqueur de Fehling, mais ne possèdent pas la propriété
de réduire en présence d'alcalis les sels de bismuth.

L'acide urique et les urates présentent une réaction caractéristique, dite *réaction de la murexide.*

Si, dans une petite capsule de porcelaine, on
verse sur une petite quantité d'acide urique ou
d'urate solides quelques gouttes d'acide nitrique, et
si on chauffe, il se produit un abondant dégagement
gazeux en même temps que l'acide urique se dissout. Si l'on évapore au bain-marie la liqueur
ainsi obtenue, il reste un résidu d'un beau rouge.
Si après refroidissement on ajoute à ce résidu quelques gouttes d'ammoniaque, la coloration devient
rouge pourpre ; — si, au lieu d'ammoniaque, on
ajoute de la potasse, la coloration devient bleue ou
bleue violette. Cet ensemble de réactions colorées
constitue la réaction de la murexide.

La réaction de la murexide permet de caractériser
l'acide urique et les urates.

Pour *doser l'acide urique* dans une liqueur contenant des urates, notamment dans l'urine, on se fonde sur la décomposition des urates par un acide minéral et sur l'insolubilité de l'acide urique.

A 200 centimètres cubes d'urine, on ajoute10 centimètres cubes d'acide chlorhydrique de densité 1,12 et on abandonne le mélange dans un lieu froid pendant quarante-huit heures. Le dépôt d'acide urique ne se fait pas immédiatement ; mais au bout de quarante-huit heures (en général au bout de quelques heures), on voit se former sur les parois et au fond du vase un précipité cristallin fortement coloré d'acide urique. On jette sur le filtre, on lave le précipité avec un peu d'eau, on dessèche dans le vide et on pèse (1).

La quantité d'acide urique contenu dans l'urine d'un homme adulte ayant une alimentation mixte est, en vingt-quatre heures, un peu moindre que 1 gramme. Cette quantité augmente considérablement dans les cas de leucémie : elle peut atteindre 4 grammes.

Chez les *oiseaux* et les *reptiles*, l'acide urique représente la plus grande partie de l'excrétion urinaire azotée : l'urée y est fort peu abondante. L'abondance d'urates peu solubles, dans l'urine des oiseaux et des reptiles, rend compte de l'état des urines de ces êtres, lesquelles urines sont en parties solides.

Parmi les *principales réactions de décomposition* de l'acide urique, nous signalerons les suivantes, qui présentent quelque intérêt pour le physiologiste :

(1) Il existe des méthodes de dosage plus précises, dont on trouvera les descriptions dans les traités de chimie analytique.

Chauffé en tube scellé avec de l'acide chlorhydrique à 170°, l'acide urique se décompose en *glycocolle*, *ammoniaque* et *gaz carbonique*.

Sous l'influence d'agents oxydants, tels que l'acide nitrique, le peroxyde de plomb, etc., l'acide urique se décompose et donne divers produits parmi lesquels se trouve l'*urée*.

Ces réactions établissent une relation chimique entre l'acide urique, d'une part, l'urée, le glycocolle et le carbonate d'ammoniaque, d'autre part.

Les agents oxydants tels que l'acide nitrique permettant d'obtenir de l'urée en partant de l'acide urique, on en a conclu que dans l'organisme l'urée pourrait avoir comme précurseur l'acide urique ; en d'autres termes, on en a conclu que l'acide urique est un produit incomplètement oxydé de la désassimilation azotée de l'organisme, l'urée étant le produit le plus oxydé. — On a constaté en outre que l'injection d'acide urique ou d'urates détermine une augmentation de l'excrétion d'urée.

Mais ces conclusions sont purement hypothétiques, et on peut leur adresser deux objections capitales :

1° Chez les oiseaux, dans l'organisme desquels les oxydations sont au moins aussi énergiques que chez les mammifères, c'est l'acide urique qui domine dans l'urine, c'est l'urée qui y est peu abondante. Il y a plus : si, chez l'oiseau, on injecte des acides amidés, leucine glycocolle, et même de l'urée, on constate que l'acide urique augmente dans les urines et que l'urée n'augmente pas.

2º Dans les maladies où l'on constate des troubles de la respiration pulmonaire ou de la respiration intime des tissus ; à la suite des hémorragies ; dans des atmosphères confinées ou pauvres en oxygène, on ne constate pas d'augmentation de l'acide urique dans l'urine et de diminution de l'urée.

Les considérations suivantes, bien que se rapportant aux oiseaux, présentent un intérêt assez considérable pour que nous les exposions ici.

Lorsqu'on étudie les produits excrétés par le rein d'une oie, on constate que les urates représentent 60 à 70 p. 100 de l'azote urinaire, et les produits ammoniacaux 9 à 18 p. 100 de cet azote urinaire. — Chez l'oie privée de foie (l'opération n'entraîne pas la mort immédiatement) les urates ne représentent plus que 3 à 6 p. 100 de l'azote urinaire ; les sels ammoniacaux en représentent 50 à 60 p. 100.

On en a conclu que les sels ammoniacaux étaient peut-être, chez les oiseaux au moins, les précurseurs de l'acide urique, la transformation en acide urique se faisant exclusivement, ou du moins surtout dans le foie.

Cette conclusion n'est pas absolument certaine, parce que l'ablation du foie est accompagnée d'autres troubles nutritifs : c'est ainsi qu'on voit l'acide lactique apparaître en grande abondance dans l'urine. Il est possible que la présence d'un excès d'acide lactique dans l'organisme détermine des modifications de la nutrition intime, amenant une augmentation de la production d'ammoniaque, et une diminution de la production d'acide urique, sans que l'acide urique dérive de sels ammoniacaux.

Sur les conditions de formation de l'acide urique dans l'organisme, nous ne pouvons donc pas formuler de conclusions, de même que nous n'en avons pas pu formuler sur les conditions de formation de l'urée.

3. L'urine de l'homme et surtout l'urine des animaux herbivores contient de l'*acide hippurique*, ou plus exactement des *hippurates*.

L'acide hippurique est une substance cristallisant en prismes rhombiques allongés, peu soluble dans l'eau (soluble dans 600 parties d'eau froide), soluble dans l'alcool. — L'acide hippurique est un acide monobasique donnant des sels cristallisables.

Les hippurates d'alcalis et de terres alcalines sont solubles dans l'eau et dans l'alcool.

Bouilli avec des acides minéraux ou des alcalis caustiques, l'acide hippurique est dédoublé avec fixation d'eau en acide benzoïque et glycocolle (ce dédoublement de l'acide hippurique se produit également dans l'urine soumise à l'action des microorganismes de la putréfaction : l'urine putréfiée contient des benzoates et du glycocolle).

Inversement un mélange d'acide benzoïque et de glycocolle chauffé dans un tube scellé donne de l'acide hippurique avec perte d'eau.

L'acide hippurique est donc du *benzoate de glycocolle*.

$$C^6H^5COOH + AzH^2CH^2COOH = H^2O + C^6H^5COAzHCH^2COOH.$$
Acide benzoïque.   Glycocolle.   Acide hippurique.

En étudiant la bile, nous avons vu que l'acide

glycocholique qu'on trouve dans la bile de l'homme et dans la bile du bœuf est un cholalate de glycocolle. Le glycocolle se produit par l'action des alcalis à haute température, ou par l'action du suc pancréatique, ou par l'action des microbes de la putréfaction sur les substances gélatineuses. On peut admettre que dans l'organisme, parmi les produits de désassimilation de ces substances gélatineuses, se trouve le glycocolle ; mais ce glycocolle ne reste jamais libre : il se conjugue, soit avec l'acide cholalique, soit avec l'acide benzoïque.

Ainsi donc nous admettrons que le glycocolle contenu dans l'acide hippurique provient de la désassimilation de substances gélatineuses. — D'où vient l'acide benzoïque?

On trouve des hippurates dans l'urine des animaux à jeun ; donc, au moins pour une partie, l'acide benzoïque est un produit de désassimilation des tissus. — D'autre part, parmi les produits de putréfaction des substances alimentaires, surtout des substances végétales, on a reconnu la présence de produits qui, tels que l'acide phénylpropionique, sont transformables dans l'organisme en acide benzoïque.

On admet donc que l'acide benzoïque, qui passe dans l'urine à l'état d'acide hippurique, a son origine dans les produits des fermentations microbiennes qui s'accomplissent dans le tube intestinal. Ces produits sont transformés dans l'économie en acide benzoïque qui se conjugue avec le glycocolle, produit de désassimilation des tissus.

Ces considérations sont appuyées par les faits

suivants: — Chez un animal donné, la quantité d'acide hippurique des urines, toutes autres conditions étant égales, diminue lorsqu'on pratique l'antisepsie intestinale. — La quantité d'acide hippurique est surtout grande chez les herbivores, c'est-à-dire chez les animaux qui se nourrissent de substances capables de fournir, sous l'influence des putréfactions, de l'acide benzoïque ou des substances précurseurs de l'acide benzoïque, et chez lesquels les fermentations intestinales sont très importantes. — Enfin, on a signalé ce fait, que tant que le jeune veau se nourrit exclusivement de lait, on trouve dans ses urines de l'acide urique et pas d'acide hippurique; dès qu'il se nourrit d'herbe, l'acide hippurique apparaît.

La quantité d'acide hippurique excrété en 24 heures par un homme adulte, ayant une alimentation mixte, est un peu moindre que 1 gramme.

4. Signalons parmi les produits azotés de l'urine la *créatinine*. En étudiant le muscle, nous avons indiqué les relations étroites qui unissent la créatinine et la créatine du muscle. Nous avons dit que la créatine bouillie avec l'acide chlorhydrique dilué perd une molécule d'eau et se transforme en créatinine. Il est par conséquent très probable, sinon absolument certain, que la créatinine de l'urine a pour précurseur la créatine, produit de désassimilation de la substance musculaire.

La quantité de créatinine éliminée en 24 heures par un homme adulte est d'environ 1 gramme.

Enfin, notons la présence dans l'urine, en très

petite quantité, de substances dites substances xanthiques, dont les plus importantes sont la xanthine, l'hypoxanthine, la guanine, etc.

Pigments urinaires. — Les pigments urinaires normaux n'ont pas été étudiés. On connaît seulement avec quelque précision l'*urobiline*, pigment jaune qu'on trouve surtout dans le cas de maladies fébriles. Cette substance, nous l'avons dit précédemment, présente des relations intimes avec la bilirubine, substance colorante de la bile. Nous avons dit que sous l'influence des agents réducteurs, la bilirubine et aussi la biliverdine sont transformées en hydrobilirubine, substance qui est généralement considérée comme identique à l'urobiline.

$$C^{32}H^{36}Az^4O^6, \text{ bilirubine.}$$
$$C^{32}H^{40}Az^4O^7, \text{ urobiline.}$$

Les diastases de l'urine. — On a signalé dans les urines normales la présence de ferments solubles en quantités généralement petites, variables d'ailleurs suivant le moment de l'observation. L'urine de l'homme renfermerait de l'amylase capable de saccharifier l'amidon, de la pepsine capable de peptoniser les substances protéiques en présence d'acide chlorhydrique dilué, du labferment capable de caséifier le lait. On n'a pas trouvé de trypsine dans l'urine.

DEUXIÈME PARTIE. — URINES PATHOLOGIQUES.

L'urine peut contenir outre les substances que nous avons décrites, d'autres substances, sous l'influence d'états pathologiques divers.

Les principales substances qu'on peut trouver ainsi dans l'urine sont :

1° Des substances albuminoïdes,

2° Du sucre,

3° Du sang ou de l'hémoglobine,

4° Des matières grasses,

5° Des pigments ou acides biliaires, etc.

Une urine qui contient des substances albuminoïdes est dite albumineuse ; il y a *albuminurie*.

Une urine qui contient du sucre est dite sucrée ; il y a *glycosurie*.

Si l'urine contient du sang : il y a *hématurie* ; si elle contient non plus le sang total, mais seulement la matière colorante du sang, il y a *hémoglobinurie*.

Si l'urine contient des matières grasses, il y a *chylurie*.

Une urine qui contient des substances biliaires, notamment des pigments biliaires, est dite *ictérique*.

Nous indiquerons brièvement les procédés employés pour reconnaître dans l'urine la présence d'éléments anormaux.

1. *Urines albumineuses.* — Les urines albumineuses peuvent contenir les substances suivantes :

> *Sérumalbumine.*
> *Sérumglobuline.*
> *Protéoses.*

La présence des deux premières substances peut être révélée par les réactions suivantes :

1° *Épreuve par l'ébullition.* — L'urine soumise à l'analyse peut être alcaline, neutre ou acide. Il convient d'aciduler très légèrement les urines alcalines et neutres au moyen d'acide acétique pour éviter une précipitation, à la température d'ébullition, de phosphate tricalcique dissous dans l'urine, grâce à la présence de gaz carbonique (on acidule à 1 p. 1 000 ou même 1/2 p. 1 000 ; — par exemple, on ajoute 2 centimètres cubes, ou 1 centimètre cube d'acide acétique à 1. p. 100 à 10 centimètres cubes d'urine).

L'urine ainsi acidulée est portée à l'ébullition : un précipité se produit. Ce précipité ne peut pas être un précipité de phosphates terreux, puisque l'urine est acide : c'est un coagulum albuminoïde. — Veut-on s'en assurer, on sépare ce coagulum par filtration, on le lave à l'eau, et on vérifie qu'il donne les réactions colorées des substances albuminoïdes : réaction xanthoprotéique, réaction du biuret, réaction de Millon.

L'urine contient alors une substance albuminoïde coagulable, sérumalbumine ou sérumglobuline.

2° *Épreuve par l'acide nitrique.* — Si dans un verre à précipité on verse de l'acide nitrique fort et au-dessus une couche d'urine, de façon que les deux liqueurs ne se mélangent pas, on voit, lorsque l'urine est albumineuse, se former, au contact des deux liquides, un anneau blanc nuageux, dû à une précipitation de la substance albuminoïde.

3° *Épreuve par le ferrocyanure de potassium acétique.* — Si l'on additionne l'urine de 2 p. 100 d'acide acétique (20 centimètres cubes d'urine et 5 centimètres cubes d'acide acétique à 10 p. 100), et de quelques gouttes d'une solution de ferrocyanure de potassium (solution à 5 p. 100), on voit se former, lorsque l'urine est albumineuse, un précipité. On sépare par le filtre ce précipité ; on le lave bien, et on vérifie qu'il donne les réactions colorées des substances albuminoïdes.

1° *Épreuve par le réactif de Tanret.* — Le réactif de Tanret, solution acétique d'iodure double de mercure et de potassium, précipite les albuminoïdes coagulables par la chaleur, les protéoses et des alcaloïdes. Le précipité dû aux albuminoïdes est insoluble à chaud et à froid dans un excès de réactif, — insoluble dans l'alcool et dans l'éther ; ce sont là des caractères qui le distinguent des précipités dus aux protéoses et aux alcaloïdes.

Pour employer le réactif de Tanret, on en verse un excès dans l'urine. S'il se forme un précipité, immédiatement, qui ne disparaît ni par addition d'eau qui dissoudrait l'acide urique précipité par l'acide du réactif de Tanret dans les urines riches en urates, ni par addition d'alcool, ni par agitation avec de l'éther, c'est de l'albumine.

Une urine albumineuse présente les réactions colorées des substances albuminoïdes. — Elle donne la réaction du biuret, mais cette réaction peut être rendue moins nette par la coloration de l'urine : aussi convient-il en général de diluer l'urine pour diminuer l'intensité de sa coloration (la réaction du biuret se produit dans les liqueurs albumineuses très diluées : il faut, pour que cette réaction ne se produise plus, que la liqueur contienne moins d'un dix-millième de substances albuminoï-des). — Elle donne la réaction xanthoprotéique; mais la coloration de l'urine rend difficile à saisir la première partie de la réaction, c'est-à-dire la coloration jaune serin, produite par l'acide nitrique dans les liqueurs albumineuses. — Elle donne la réaction de Millon; mais il convient d'ajouter un grand excès de liqueur de Millon, parce que les chlorures de l'urine précipitant le sel de mercure du réactif, il pourrait ne pas se produire de coloration rouge brique dans une liqueur albumineuse, si la totalité du sel mercurique avait été précipitée.

De ces 3 réactions colorées, la réaction du biuret est la plus caractéristique : les 2 autres réactions sont moins démonstratives, l'urine pouvant contenir des substances autres que les substances protéiques donnant ces réactions.

Pour ces raisons, la recherche des substances albuminoïdes de l'urine ne doit pas être faite, ou tout au moins ne doit pas être faite exclusivement à l'aide des réactions colorées. — Les 4 réactions de précipitation précédemment indiquées, contrôlées dans deux cas (coagulation par la chaleur, précipitation par le ferrocyanure de potassium acétique) par les réactions (colorées du précipité, dans un autre (réaction de Tanret) par les propriétés du précipité, sont les véritables méthodes de recherche des substances albuminoïdes dans l'urine.

Le dosage des substances albuminoïdes coagulables, contenues dans une urine peut se faire d'une façon approchée, suffisante pour les besoins de la clinique ou d'une façon précise nécessaire dans certains cas.

Le *dosage clinique* se fait généralement au moyen de l'*appareil* et avec le *réactif d'Esbach*. L'appareil est essentiellement composé d'un tube portant deux traits. On remplit le tube jusqu'au premier trait avec de l'urine albumineuse, et on verse jusqu'au second trait le réactif. Ce réactif est obtenu en dissolvant dans 100 grammes d'eau, 2 grammes d'acide citrique et 1 gramme d'acide picrique. On ferme le tube avec un bouchon de caoutchouc, on le retourne plusieurs fois pour mélanger, en évitant de produire de la mousse, et on abandonne au repos pendant vingt-quatre heures. L'albumine précipitée se dépose : une graduation placée à la partie inférieure du tube indique en grammes la quantité d'albumine contenue dans 1 litre d'urine.

Pour les *dosages exacts*, on a recours à la *méthode de coagulation*. On acidule l'urine avec de l'acide acétique ajouté en quantité convenable pour que le mélange en contienne 1 p. 1 000. On chauffe à l'ébullition, et on jette sur un filtre taré sec. On s'assure que toute l'albumine a été coagulée en soumettant à l'épreuve par l'acide nitrique le liquide qui filtre (s'il contient encore un peu d'albumine, il faut recommencer la préparation en acidulant l'urine un peu plus). On lave sur le filtre le précipité à l'eau, puis à l'alcool, puis à l'éther. On dessèche filtre et précipité et on pèse.

Pour doser séparément l'albumine et la globuline

urinaire, on sature l'urine de sulfate de magnésie ; on jette sur un filtre taré ; on lave avec la solution saturée de sulfate de magnésie ; on porte le filtre et son contenu à 110° pour coaguler la globuline retenue ; on lave à l'eau pour entraîner le sulfate de magnésie qui imprègne filtre et coagulum, puis à l'alcool et à l'éther. On dessèche et on pèse. On obtient le poids de globuline. Par différence entre le poids total des substances albuminoïdes coagulables et le poids de globuline, on a le poids de l'albumine.

Pour reconnaître dans l'urine la présence de *protéoses*, il faut débarrasser l'urine des substances albuminoïdes coagulables qu'elle peut contenir, en la portant à l'ébullition, après l'avoir très légèrement acidulée par l'acide acétique. La liqueur filtrée donne-t-elle la réaction du biuret, elle contient des protéoses. — Il n'est pas possible de contrôler cette réaction du biuret au moyen des réactions de précipitation des protéoses : l'alcool, le sublimé, le tannin, l'acide phosphomolybdique et l'acide phosphotungstique en effet précipitent des substances existant normalement dans les urines non albumineuses. — Il est impossible d'employer pour la même raison les précipitants des protéoses primaires tels que l'acide picrique : l'acide picrique précipite en effet la créatinine.

Lorsque l'urine contient des protéoses primaires, on peut contrôler la réaction du biuret par les réactions propeptoniques. Si l'urine précipite à froid par l'acide nitrique ou par le ferrocyanure de potassium acétique, ou par le chlorure de sodium acétique, le précipité formé étant soluble à l'ébullition, pour se reformer par refroidissement, l'urine contient des protéoses.

Ces réactions propeptoniques ne sont nettes qu'avec les protéoses primaires ; les protéoses secondaires ne les donnent pas nettement ; les peptones ne les donnent pas du tout. Dans le cas des protéoses secondaires et des peptones, on n'a que la réaction du biuret.

Les substances albuminoïdes les plus fréquemment contenues dans l'urine sont la *sérumalbumine* et la *sérumglobuline*, surtout la sérumalbumine. Les protéoses ne s'y observent que dans certains cas assez rares.

2. *Urines sucrées.* — L'urine peut contenir une quantité plus ou moins considérable de *glycose*. Nous avons étudié (chapitre III) les propriétés de la glycose, et indiqué les moyens de la caractériser et de la doser dans une liqueur.

a. *La glycose est une substance dextrogyre.* — L'urine sucrée doit donc posséder la propriété de dévier à droite le plan de polarisation de la lumière. Mais l'urine peut contenir des substances pathologiques possédant un pouvoir rotatoire : tels sont les albuminoïdes, les acides biliaires, etc. ; ces substances sont lévogyres : si donc une urine dévie le plan de polarisation à droite, on peut affirmer d'une façon presque certaine qu'elle contient de la glycose.

b. *La glycose est un sucre réducteur* : elle réduit la

liqueur de Fehling en donnant de l'oxyde cuivreux rouge ; — elle réduit aussi en présence d'alcalis les sels de bismuth en donnant un dépôt noir de bismuth métallique.

Pour rechercher la présence de glycose dans une urine, on peut donc porter à l'ébullition un mélange d'urine et de liqueur de Fehling (on doit vérifier que la liqueur de Fehling dont on se sert ne se réduit pas d'elle-même, lorsqu'on la porte à l'ébullition). S'il se produit un précipité rouge d'oxyde cuivreux, l'urine contient du sucre.

Parfois il se produit simplement un changement de teinte : le mélange de liqueur de Fehling et d'urine passe au jaune foncé rougeâtre sans qu'il soit possible de voir un précipité. Parfois il se produit bien un précipité, mais ce précipité n'est pas rouge, il est blanchâtre ou bleuâtre. Dans ces 3 cas, on ne peut pas affirmer la présence de sucre ; mais on n'en peut pas non plus nier la présence. L'urine contient normalement des substances, telles que la créatine, qui possèdent la propriété de maintenir en solution une petite quantité d'oxyde cuivreux, la liqueur passant au jaune rougeâtre. D'autre part l'urine contient normalement des substances, telles que l'acide urique et aussi la créatinine, capables, suivant les proportions de substances et les conditions de l'ébullition, de réduire la liqueur de Fehling en donnant des précipités blanchâtres ou même brun rougeâtres.

On comprend par conséquent qu'une urine contenant une forte proportion de créatinine peut faire passer au brun rougeâtre sans précipitation le mélange d'urine et de liqueur de Fehling (une partie de la créatinine réduit le sel cuivrique et l'excès de créatinine maintient l'oxyde cuivreux en solution). On comprend qu'une urine qui contient une faible proportion de sucre peut se comporter de même : le sucre réduit la solution cuivrique et le précipité cuivreux reste dissous grâce à la présence de créatinine.

D'autre part la formation d'un précipité peu abondant blanchâtre ou jaune blanchâtre peut résulter de la réduction de la liqueur cuivrique par l'acide urique. — Mais si la liqueur contient peu de sucre et beaucoup d'acide urique, le précipité peut présenter les mêmes apparences : le sucre donne de l'oxyde cuivreux rouge ; l'acide urique donne un précipité souvent blanchâtre : le mélange des deux constitue un précipité bleu blanchâtre.

En résumé, on ne doit affirmer la présence du sucre dans l'urine que lorsqu'on observe un précipité nettement rougeâtre d'oxyde cuivreux ; — on ne doit nier la présence du sucre dans l'urine que lorsque le mélange d'urine et de liqueur de Fehling ne change pas de coloration à l'ébullition et ne donne pas de précipitation.

Pour rechercher la présence de glycose dans l'urine, on peut, au lieu d'une solution cuivrique, employer une solution bismuthique. On sait qu'en présence d'alcalis caustiques les sels de bismuth sont réduits à l'ébullition par la glycose. La solution bismuthique généralement employée se prépare

en dissolvant 4 grammes de sel de Seignette dans
100 centimètres cubes d'une solution de soude caustique à 10 p. 100, et faisant digérer au bain-marie
dans cette liqueur 2 grammes de sous-nitrate de
bismuth.

Pour reconnaître le sucre au moyen de cette
liqueur, on ajoute 1 centimètre cube de cette
liqueur à 10 centimètres cubes d'urine, et on porte
à l'ébullition. Si l'urine contient du sucre, il se
produit une coloration jaune, puis jaune brun,
puis la liqueur se trouble et devient noire ; peu à
peu se produit un dépôt noir généralement considéré comme constitué par du bismuth métallique
pulvérulent.

Cette réaction ne présente pas les causes d'erreur
que nous venons de signaler à propos de la réaction
avec la liqueur de Fehling : en effet, ni l'acide
urique, ni la créatinine ne réduisent la solution de
bismuth. Cependant l'urine peut contenir, au moins
accidentellement, des substances capables de réduire
la solution de bismuth. Aussi convient-il, pour
avoir une certitude absolue, de contrôler cette
réaction par quelque autre, comme il est nécessaire de contrôler la réaction par la liqueur de
Fehling.

c. *La glycose est un sucre fermentescible.* — Une solution sucrée additionnée de levure de bière fermente.
Cette fermentation est rendue manifeste par le
dégagement de bulles de gaz carbonique. Si donc
on ajoute à une urine (qu'on acidule souvent très
légèrement par l'acide tartrique qui favorise la fer-

mentation) de la levure de bière, et si on constate un dégagement très net de gaz carbonique, on peut affirmer la présence du sucre dans l'urine.

Quant au *dosage du sucre* de l'urine, il se fait par les procédés dont nous avons indiqué les grandes lignes au chapitre III. Ces procédés se rangent en 3 groupes : — les procédés physiques : détermination du pouvoir rotatoire, — les procédés chimiques : détermination du pouvoir réducteur, — les procédés biologiques : détermination du gaz carbonique dégagé dans la fermentation. — On trouvera dans les ouvrages spéciaux d'analyse urinaire les indications nécessaires pour une analyse rigoureusement exacte.

3. *Urines sanglantes et urines à hémoglobine.* — L'urine contient parfois les éléments du sang : le microscope permet alors de constater dans l'urine la présence des éléments figurés du sang; l'analyse chimique démontre dans l'urine la présence de substances albuminoïdes coagulables par la chaleur, et l'examen spectroscopique démontre la présence d'oxyhémoglobine ou d'hémoglobine.

L'urine peut contenir seulement de l'hémoglobine ou des dérivés de l'hémoglobine, notamment de la méthémoglobine. L'examen spectroscopique (voir chapitre VI) permettra de reconnaître dans l'urine la présence de substances dérivées des matières colorantes du sang. L'examen chimique permet de faire la même recherche : il suffit de faire avec l'extrait sec de l'urine la préparation des cristaux d'hémine, reconnaissables à l'examen microscopique.

4. *Urines biliaires.* — Les éléments de la bile, sels biliaires et pigments biliaires, peuvent passer dans l'urine. — Nous avons décrit, en faisant l'étude de la bile, les *réactions de Gmelin et de Pettenkofer* caractéristiques.

La présence des éléments biliaires dans l'urine est démontrée par ces réactions qui peuvent être faites directement sur l'urine.

5. *Calculs urinaires.* — Les calculs urinaires les plus communs, chez l'homme, sont, par ordre de fréquence :

> Les calculs d'acide urique et d'urates.
> Les calculs de phosphates.
> Les calculs d'oxalates, etc.

Les *calculs d'acide urique* calcinés sur une lame de platine brûlent sans laisser de résidu notable ; ils donnent la réaction de la murexide (voir p. 366) ; traités par la lessive de soude caustique à l'ébullition ils ne dégagent pas d'ammoniaque. — Les calculs d'urate d'ammoniaque brûlent sans laisser de résidu notable ; ils donnent la réaction de la murexide, et dégagent des vapeurs ammoniacales, lorsqu'ils sont traités par la lessive de soude caustique à l'ébullition.

Les *calculs de phosphates* ne brûlent pas ; ils se dissolvent dans les acides chlorhydrique et acétique sans effervescence, et leur solution donne les réactions connues des phosphates (voir chapitre I, p. 8).

Les *calculs d'oxalates* sont dissous par l'acide chlorhydrique sans effervescence, mais ne sont pas dissous par l'acide acétique ; après calcination, ils sont dissous par l'acide acétique avec effervescence (transformés en carbonates par la calcination).

Les calculs urinaires sont rarement composés d'une seule substance ; ce sont en général des mélanges dans lesquels dominent certaines substances ; aussi obtient-on en général des réactions peu nettes, quand on se propose d'étudier par un essai grossier leur constitution, et faut-il d'ordinaire recourir à une analyse plus délicate et plus précise.

On trouve enfin exceptionnellement des calculs autres que ceux que nous avons signalés : qu'il nous. suffise d'en avoir indiqué l'existence.

FIN

6400-99. — Corbeil. Imprimerie Éd. Crété.

MASSON et Cie, Éditeurs, 120, boul. St-Germain, Paris.

Pr. n°   .

Extrait du Catalogue Médical

(DÉCEMBRE 1898)

Traité
d'Anatomie Humaine

PUBLIÉ SOUS LA DIRECTION DE

P. POIRIER	**A. CHARPY**
Professeur agrégé à la Faculté de Médecine de Paris, Chirurgien des Hôpitaux.	Professeur d'anatomie à la Faculté de Médecine de Toulouse.

PAR MM.

A. CHARPY	**A. NICOLAS**	**A. PRENANT**
Professeur d'anatomie à la Faculté de Toulouse	Professeur d'anatomie à la Faculté de Nancy.	Professeur d'histologie à la Faculté de Nancy.
P. POIRIER	**P. JACQUES**	**RIEFFEL**
Professeur agrégé à la Faculté de Médecine de Paris. Chirurgien des Hôpitaux.	Professeur agrégé à la Faculté de Nancy. Chef des travaux anatomiques.	Chef des travaux anatomiques à la Faculté de médecine de Paris. Chirurgien des Hôpitaux.

4 vol. gr. in-8°, illustrés de nombreuses figures, la plupart tirées en plusieurs couleurs. — En souscription . . . . **125 fr.**

TOME PREMIER : Embryologie; Ostéologie; Arthrologie. *Deuxième édition.* — Un volume grand in-8 avec 807 figures. . . . . **20** fr.

TOME DEUXIÈME : 1ᵉʳ Fascicule : Myologie. 1 volume avec 312 figures. . . . . **12** fr.

   — 2ᵉ Fascicule : Angéiologie. (Cœur et artères) 1 volume avec 145 figures. **8** fr.

   — 3ᵉ fascicule. Angéiologie (capillaires, veines). 1 volume avec 75 figures. **6** fr.

TOME TROISIÈME : 1ᵉʳ et 2ᵉ Fascicules : Système nerveux. 2 volumes grand in-8, avec 407 figures . . . . **22** fr.

TOME QUATRIÈME : 1ᵉʳ Fascicule : Tube digestif. 1 volume avec 158 figures. . . . . **12** fr.

   — 2ᵉ fascicule : Appareil respiratoire. 1 volume avec 121 figures. . . . . . . **6** fr.

Il reste à publier :

Un fascicule du Tome II (Lymphatiques). — Un fascicule du Tome III (Nerfs périphériques. Organes des sens). — Un fascicule du Tome IV (Organes génito-urinaires).

Manuel
de Pathologie interne

Par **G. DIEULAFOY**

Professeur de clinique médicale de la Faculté de Médecine de Paris,
Médecin de l'Hôtel-Dieu, Membre de l'Académie de Médecine.

ONZIÈME ÉDITION REVUE ET AUGMENTÉE

*4 volumes in-16 diamant, avec figures en noir et en couleurs
cartonnés à l'anglaise, tranches rouges,* **28 fr.**

Par des additions et des refontes partielles, ce *Manuel*, publié
d'abord en deux volumes, puis en trois, forme aujourd'hui quatre
volumes. M. Dieulafoy a développé principalement, dans cette
onzième édition, les chapitres consacrés à l'Appendicite, à la
Diphtérie et à la Fièvre typhoïde. Pour la première fois on
trouvera quelques planches et figures en noir et en couleurs se
rapportant aux sujets les plus nouveaux.

Précis
d'Histologie

Par **MATHIAS DUVAL**

Professeur d'histologie à la Faculté de médecine de Paris,
Membre de l'Académie de médecine de Paris.

OUVRAGE ACCOMPAGNÉ DE 408 FIGURES DANS LE TEXTE

1 *volume in-8° de* XXXII-956 *pages.* . . . . **18 fr.**

On retrouve dans ce volume les qualités qui ont fait le succès
de l'enseignement du savant professeur : clarté et précision dans
l'exposé des faits ; haute portée philosophique dans les vues
générales ; soin extrême de suivre les progrès de la science,
mais en n'acceptant les faits nouveaux qu'à la lumière d'une
sévère critique. Les nombreuses figures qui illustrent ce volume
sont pour la plupart des dessins schématiques reproduisant les
dessins que M. Mathias Duval a composés pour son enseignement. L'auteur les a dessinés lui-même, et cela ne sera pas un
des moindres mérites de cette œuvre magistrale.

Précis de
Manuel opératoire

Par **L.-H. FARABEUF**

Professeur à la Faculté de Médecine de Paris.

QUATRIÈME ÉDITION

I. Ligature des Artères.—II. Amputations.—III. Résections.—Appendice

1 *volume petit in-8° avec* 799 *figures* . . . . . **16 fr.**

Cette édition a 150 pages et 142 figures de plus que la précédente. Parmi les additions, on trouvera la technique des inter-
ventions sanglantes dans les *luxations irréductibles* des *doigts*
et du *pouce*, du *coude*, de l'*épaule*, etc.

Traité de Chirurgie

PUBLIÉ SOUS LA DIRECTION DE MM.

Simon DUPLAY

Professeur de clinique chirurgicale
la Faculté de médecine de Paris
Chirurgien de l'Hôtel-Dieu
Membre de l'Académie de médecine

Paul RECLUS

Professeur agrégé à la Faculté de médecine
Secrétaire général
de la Société de Chirurgie
Chirurgien des hôpitaux
Membre de l'Académie de médecine

PAR MM.

BERGER, BROCA, DELBET, DELENS, DEMOULIN, J.-L. FAURE
FORGUE, GÉRARD-MARCHANT, HARTMANN, HEYDENREICH
JALAGUIER, KIRMISSON, LAGRANGE, LEJARS
MICHAUX, NELATON, PEYROT, PONCET, QUÉNU, RICARD
RIEFFEL, SEGOND, TUFFIER, WALTHER

Deuxième Édition, entièrement refondue

8 vol. grand in-8° avec nombreuses figures dans le texte
En souscription. . . **150** *fr.*

TOME Ier

1 vol. grand in-8° de 912 pages, avec 118 figures dans le texte. **18** *fr.*

RECLUS. — Inflammations, traumatismes, maladies virulentes.
BROCA. — Peau et tissu cellulaire sous-cutané.

QUÉNU. — Des tumeurs.
LEJARS. — Lymphatiques, muscles, synoviales tendineuses et bourses séreuses.

TOME II

1 vol. grand in-8° de 996 pages, avec 301 figures dans le texte. **18** *fr.*

LEJARS. — Nerfs.
MICHAUX. — Artères.
QUÉNU. — Maladies des veines.

RICARD et DEMOULIN. — Lésions traumatiques des os.
PONCET. — Affections non traumatiques des os.

TOME III

1 vol. grand in-8° de 940 pages avec 285 figures dans le texte. **18** *fr.*

NÉLATON. — Traumatismes, entorses, luxations, plaies articulaires.
QUÉNU. — Arthropathies, arthrites sèches, corps étrangers articulaires.

LAGRANGE. — Arthrites infectieuses et inflammatoires.
GÉRARD - MARCHANT. — Crâne
KIRMISSON. — Rachis.
S. DUPLAY. — Oreilles et annexes.

TOME IV

1 vol. grand in-8° avec 351 figures dans le texte.

GÉRARD - MARCHANT. — Nez, fosses nasales, pharynx nasal et sinus.

HEYDENREICH. — Mâchoires.
DELENS. — Œil et annexes.

TOME V

1 fort volume grand in-8° avec 187 figures. . . . . . **20** fr.

BROCA. — Vices de développement de la face et du cou. Face, lèvres, cavité buccale, gencives, langue, palais et pharynx.
HARTMANN. — Plancher buccal, glandes salivaires, œsophage et larynx.
BROCA. — Corps thyroïde.
WALTHER.—Maladies du cou.
PEYROT. — Poitrine.
DELBET. — Mamelle.

TOME VI

1 fort volume grand in-8° avec 218 figures. . . . . . **20** fr.

MICHAUX. — Parois de l'abdomen.
BERGER. — Hernies.
JALAGUIER. — Contusions et plaies de l'abdomen. Lésions traumatiques et corps étrangers de l'estomac, de l'intestin.
HARTMANN. — Estomac.
JALAGUIER. — Occlusion intestinale. Péritonites. Appendicite.
FAURE et RIEFFEL. — Rectum et anus.
QUENU. — Mésentère. Rate. Pancréas.
SEGOND. — Foie.

TOME VII

1 fort volume avec figures dans le texte (Sous presse).

WALTHER. — Bassin.
TUFFIER. — Rein. Vessie. Uretères. Capsules surrénales.
FORGUE. — Urèthre et prostate.
RECLUS. — Organes génitaux de l'homme.

TOME VIII

1 fort volume avec figures dans le texte (Sous presse).

MICHAUX. — Vulve et vagin.
P. DELBET. — Maladies de l'utérus.
SEGOND. — Annexes de l'utérus, ovaires, trompes, ligaments larges, péritoine pelvien.
KIRMISSON. — Maladies des membres.

Traité de Pathologie générale

Publié par CH. BOUCHARD

Membre de l'Institut
Professeur de pathologie générale à la Faculté de Médecine de Paris

SECRÉTAIRE DE LA RÉDACTION : **G.-H. ROGER**
Professeur agrégé à la Faculté de médecine de Paris, Médecin des hôpitaux

CONDITIONS DE LA PUBLICATION :
Le **Traité de Pathologie générale** *est publié en 6 volumes grand in-8°. Chaque volume comprend environ* 900 *pages, avec nombreuses figures dans le texte. Les tomes I, II, IV sont en vente; le tome III le sera très prochainement. Les autres volumes seront publiés successivement et à des intervalles rapprochés.*
Prix de la Souscription, au 1er janvier 1898. . **102** fr.

Traité de Gynécologie clinique et opératoire

Par le Dr **S. POZZI**

Professeur agrégé à la Faculté de médecine de Paris
Chirurgien de l'hôpital Broca,
Membre de l'Académie de médecine.

Troisième Édition revue et augmentée

1 vol. in-8° de 1260 pages avec 628 figures. Relié, **30** fr.

Précis d'Obstétrique

PAR MM.

A. RIBEMONT-DESSAIGNES	**G. LEPAGE**
Agrégé, Accoucheur de l'hôpital Beaujon Membre de l'Académie de Médecine.	Agrégé à la Faculté de médecine, Accoucheur de l'hôpital de la Pitié.

Quatrième édition revue et augmentée.

Avec 590 figures dans le texte
dont 437 dessinées par M. RIBEMONT-DESSAIGNES.

1 vol. grand in-8° de 1396 pages, relié toile, **30** fr.

Manuel de Pathologie externe

Par MM. RECLUS, KIRMISSON, PEYROT, BOUILLY

Professeurs agrégés à la Faculté de médecine de Paris, Chirurgiens des hôpitaux.

4 VOLUMES PETIT IN-8°

I. — Maladies des tissus. 5e édition, avec figures, par le Dr Reclus.	III.— *Cou, Poitrine, Abdomen.* 4e édition, par le Dr Peyrot.
II. — Maladies des régions : *Tête et Rachis.* 4e édition, par le Dr Kirmisson.	IV. — *Organes génito-urinaires et Membres.* 5e édit., avec figures, par le Dr Bouilly.

Chaque volume est vendu séparément. **10** fr.

Traité des Maladies des Yeux

Par **Ph. PANAS**

Professeur de clinique ophtalmologique à la Faculté de Médecine.
Chirurgien de l'Hôtel-Dieu.

2 volumes grand in-8° avec 453 figures dans le texte et 7 planches en couleurs. Reliés toile, **40** fr.

Traité des
Maladies de l'Enfance

PUBLIÉ SOUS LA DIRECTION DE MM.

J. GRANCHER
Professeur à la Faculté de médecine de Paris,
Membre de l'Académie de médecine, médecin de l'hôpital des Enfants-Malades

J. COMBY
Médecin
de l'hôpital des Enfants-Malades

A.-B. MARFAN
Agrégé,
Médecin des hôpitaux

5 volumes grand in-8° avec figures dans le texte. **90 fr.**

Tome I. — Physiologie et hygiène de l'enfance. — Considérations thérapeutiques de l'enfance. — Maladies infectieuses. 1 vol. in-8° de XVI-816 pages avec figures. **18 fr.**

Tome II. — Maladies générales de la nutrition. — Maladies du tube digestif, 1 vol. in-8° de 818 pages avec figures dans le texte . . . . **18 fr.**

Tome III. — Abdomen et annexes. — Appareil circulatoire. — Nez, larynx et annexes. 1 vol. in-8° de 950 pages avec figures dans le texte. . . . . **20 fr.**

Tome IV. — Maladies des bronches, du poumon, des plèvres, du médiastin. — Maladies du système nerveux. 1 vol. in-8° de 880 pages, avec figures. . . . . . . **18 fr.**

Tome V. — Organes des sens. — Maladies de la peau. — Maladies du fœtus et du nouveau-né. — Maladies chirurgicales des os, articulations, etc. — Tables des 5 volumes. 1 vol. in-8° de 890 pages, avec figures. . . . . **18 fr.**

TRAITÉ DES RÉSECTIONS
et des Opérations conservatrices que l'on peut pratiquer sur le système osseux

Par le Dr OLLIER
Chirurgien en chef de l'Hôtel-Dieu de Lyon,
Professeur de clinique chirurgicale à la Faculté de Médecine de Lyon.

3 volumes grand in-8° avec nombreuses figures. **50 fr.**

DIVISIONS DE L'OUVRAGE

Tome I. — Introduction. — Résections en général. 1 volume in-8°, avec 127 figures . . . . 16 fr.

Tome II. — Résections en particulier. — Membre supérieur. 1 volume in-8°, avec 156 figures . . . . 16 fr.

Tome III. — Résections du membre inférieur, tête et tronc. 1 volume in-8°, avec 224 figures . . . . 22 fr.

Cours préparatoire au Certificat
d'Études Physiques, Chimiques et Naturelles (P. C. N.)

Précis de Zoologie

Par le Dr G. CARLET

Professeur à la Faculté des sciences et à l'École de médecine de Grenoble.

QUATRIÈME ÉDITION ENTIÈREMENT REFONDUE

Par Rémy PERRIER

Ancien élève à l'École normale supérieure, agrégé, docteur ès sciences naturelles
chargé du cours préparatoire P. C. N. à la Faculté des sciences de Paris.

1 vol. in-8° de 860 pages avec 740 fig. dans le texte. 9 fr.

Depuis la publication de la troisième édition, les futurs médecins doivent au préalable passer une année dans les Facultés des sciences, où leur sont enseignés les éléments des *sciences physiques, chimiques et naturelles*. Aussi les changements apportés à cette nouvelle édition sont-ils plus profonds que ceux qui marquent en général les éditions successives d'un même ouvrage. C'est donc un livre presque nouveau que nous offrons aux étudiants, puisqu'il doit répondre à un besoin également nouveau.

Traité de Manipulations de Physique

Par B.-C. DAMIEN

Professeur de Physique à la Faculté des sciences de Lille.

et R. PAILLOT

Agrégé, chef des travaux pratiques de Physique à la Faculté des sciences de Lille

1 volume in-8° avec 246 figures dans le texte. 7 fr.

Ce Traité s'adresse à la fois aux candidats au certificat d'études physiques, chimiques et naturelles (P. C. N.) et aux candidats à la licence et à l'agrégation. Il se distingue des ouvrages du même genre qui existent déjà en France, en ce qu'il renferme un grand nombre de manipulations qui se font couramment dans les universités étrangères et qu'on néglige trop dans notre enseignement pratique. A ce titre il comble une lacune regrettable.

Éléments de Chimie Organique
et de Chimie Biologique

Par W. ŒCHSNER de CONINCK

Professeur à la Faculté des sciences de Montpellier, Membre de la Société
de Biologie, Lauréat de l'Académie de médecine et de l'Académie des sciences

1 volume in-16 . . . . 2 fr.

Traité de Thérapeutique Chirurgicale

PAR

Émile FORGUE
Professeur de Clinique chirurgicale
à la Faculté de Médecine de Montpellier.

Paul RECLUS
Professeur agrégé à la Faculté de Paris,
Membre de l'Académie de Médecine.

Deuxième édition entièrement refondue.

2 forts volumes grand in-8°, avec 472 figures . '. **34** fr.

C'est un livre nouveau plutôt qu'une nouvelle édition. Nombreux sont, en effet, les chapitres inédits de cet ouvrage et il n'est pas pour ainsi dire de page où quelque addition n'ait été apportée. Les auteurs ont comblé une lacune en faisant un livre qui soit à la fois une œuvre de médecine opératoire clinique et en même temps un traité des indications.

DUPLAY (Simon), professeur de clinique chirurgicale à la Faculté de Médecine de Paris, membre de l'Académie de Médecine, chirurgien de l'Hôtel-Dieu.

Cliniques chirurgicales de l'Hôtel-Dieu recueillies par les Drs M. CAZIN, chef de clinique chirurgicale, et S. CLADO, chef des travaux gynécologiques.

Première série. 1897. 1 vol. in-8° avec figures. **7** fr.

Deuxième série. 1898. 1 vol. in-8° avec figures. **8** fr.

LEJARS (F.), professeur agrégé à la Faculté de Médecine, chirurgien des hôpitaux.

Leçons de Chirurgie (La Pitié, 1893-1894). 1 vol. grand in-8° avec 128 figures.. . . . . **16** fr.

RECLUS (Paul), professeur agrégé à la Faculté, chirurgien des hôpitaux, membre de l'Académie de Médecine.

Clinique et critique chirurgicales. 1 volume in-8°. . . . . **10** fr.

Cliniques chirurgicales de l'Hôtel-Dieu. 1 volume in-8° . . . . **10** fr.

Cliniques chirurgicales de la Pitié. 1 vol. in-8° avec figures dans le texte. . . . . **10** fr.

TRAITÉ DE PHYSIOLOGIE

PAR

J. P. MORAT
Professeur à l'Université de Lyon.

Maurice DOYON
Professeur agrégé
à la Faculté de médecine de Lyon.

5 vol. gr. in-8° avec figures en noir et en couleurs.
En souscription. . . . . **50** fr.

I. — **Fonctions de nutrition** : Circulation, par M. Doyon;
Calorification, par P. Morat. — 1 vol. gr. in-8°, avec
173 figures en noir et en couleurs. . . . . . . **12** fr.

Les volumes suivants seront publiés au fur et à mesure de leur
achèvement de façon que l'ensemble de la publication soit terminé dans le courant de l'année 1900.

Éléments de Physiologie humaine

PAR

Augustus WALLER M. D. F. R. S.
Professeur de Physiologie au St-Mary's hospital, à Londres.

Traduit de l'anglais sur la 3° édition
Par le Dr A. HERZEN
Professeur de Physiologie à l'Université de Lausanne.

1 vol. in-8° avec 351 figures dans le texte. . . . . **14** fr.

Ce livre n'a pas été écrit pour des physiologistes; il est destiné
aux étudiants en médecine pour lesquels la physiologie, quoique
très importante, n'est cependant qu'un moyen et non un but.
Les figures intercalées dans le texte sont bien choisies et aident
puissamment à l'intelligence des phénomènes décrits. Ce livre se
recommande par le nombre considérable des faits qu'il renferme,
par l'originalité de l'exposition, par la concision et la clarté.
(*Revue générale des Sciences.*)

Éléments de Chimie physiologique

PAR

Maurice ARTHUS
Professeur de physiologie à l'Université de Fribourg (Suisse).

Deuxième édition, revue et corrigée

1 vol. in-16 diamant, cartonné toile. . . . . **4** fr.

Ces *Éléments* ne constituent pas un précis didactique, mais ils
résument en quelques pages vigoureusement ramassées et très
clairement écrites les notions chimiques nécessaires à tout étudiant en physiologie. Nulle part on ne trouve aussi bien con-
densé cet enseignement aujourd'hui indispensable. (*Revue générale des Sciences.*)

Cours de Chimie

Par Armand GAUTIER

*Membre de l'Institut
Professeur de Chimie à la Faculté
de Médecine de Paris
Membre de l'Académie
de Médecine*

MINÉRALE, ORGANIQUE

DEUXIÈME ÉDITION
Revue et mise au courant des travaux les plus récents.

Tome Ier. — **Chimie minérale**. 1 volume grand in-8° avec 244 figures. . . . . **16 fr.**

Tome II. — **Chimie organique**. 1 volume grand in-8° avec 72 figures. . . . . **16 fr.**

Leçons de Chimie biologique normale et pathologique. *Deuxième édition*, revue et mise au courant des travaux les plus récents, avec 110 figures dans le texte. Publiée avec la collaboration de Maurice Arthus, professeur de physiologie et de chimie physiologique à l'université de Fribourg. 1 volume grand in-8° de 826 pages. . . . . **18 fr.**

Traité de Chimie minérale et organique, comprenant la chimie pure et ses applications, par Ed. Willm, professeur à la Faculté des sciences de Lille, et Hanriot, professeur agrégé à la Faculté de médecine de Paris. 4 volumes grand in-8° avec figures dans le texte.. . . . . **50 fr.**

Traité de Thérapeutique et de Pharmacologie, par H. Soulier, professeur à la Faculté de médecine de Lyon. 2° édit. 2 volumes grand in-8° **25 fr.**

Traité de Pharmacie théorique et pratique, de E. Soubeiran, 9° édition publiée par M. Regnault, professeur à la Faculté de médecine de Paris. 2 forts volumes in-8° avec figures dans le texte. . **24 fr.**

Les Médicaments chimiques, par M. Prunier, membre de l'Académie de médecine, professeur à l'Ecole supérieure de pharmacie. I. *Composés minéraux*. 1 vol. gr. in-8° avec 137 fig. dans le texte. **15 fr.**
II. *Composés organiques*. 1 vol. gr. in-8°, avec figures (*sous presse*).

Dʳ THOINOT (L.-H.), professeur agrégé à la Faculté de médecine de Paris, médecin des Hôpitaux, et **MASSELIN** (E.-J.), médecin-vétérinaire.

Précis de Microbie. — Technique et microbes pathogènes. Ouvrage couronné par la Faculté de médecine (Prix Jeunesse). *Troisième édition* revue et augmentée. 1 volume in-16 diamant avec 93 figures dont 22 en couleurs, cartonné à l'anglaise, tranches rouges . . . . **7 fr.**

SPILLMANN, professeur de clinique médicale à la Faculté de Nancy, et **P. Hausalter**, professeur agrégé.

Manuel de Diagnostic médical et d'exploration clinique. Troisième édition, entièrement refondue. 1 volume in-16 diamant, avec 89 figures, cartonné à l'anglaise, tranches rouges . . . . **6 fr.**

LAUNOIS et **MORAU**, préparateurs adjoints d'histologie à la Faculté de médecine de Paris.

Manuel d'anatomie microscopique et histologique, avec une préface de M. MATHIAS DUVAL. 1 vol. in-16 diamant, cartonné . . . . **6 fr.**

WURTZ (R.), professeur agrégé à la Faculté de médecine de Paris, médecin des hôpitaux.

Précis de Bactériologie clinique. Ouvrage couronné par la Faculté de médecine. *Deuxième édition* avec tableaux synoptiques et figures dans le texte. 1 volume in-16 diamant, cartonné à l'anglaise, tranches rouges. . . . . **6 fr.**

BARD (L.), professeur agrégé à la Faculté de médecine de Lyon.

Précis d'Anatomie pathologique. Deuxième édition, entièrement refondue. 1 volume in-16 diamant, avec nombreuses figures dans le texte. Cartonné à l'anglaise, tranches rouges. . . . . **7 fr. 50**

DIEULAFOY (G.), professeur de clinique médicale de la Faculté de médecine de Paris, médecin de l'Hôtel-Dieu, membre de l'Académie de médecine.

Clinique médicale de l'Hôtel-Dieu (1896-1897). 1 volume grand in-8° avec figures dans le texte et 1 planche hors texte. . . . . **10** fr.

Clinique médicale de l'Hôtel-Dieu (1897-1898). 1 vol. grand in-8° avec figures dans le texte. **10** fr.

CHARRIN (A.), professeur remplaçant au Collège de France, médecin des hôpitaux, directeur du laboratoire de médecine expérimentale (Hautes Etudes).

Leçons de Pathogénie appliquée. Clinique médicale. Hôtel-Dieu (1895-1896). 1 vol. in-8° . . **6** fr.

Les défenses naturelles de l'organisme. Leçons professées au Collège de France. 1 vol. in-8°. **6** fr.

BRISSAUD (E.), professeur agrégé à la Faculté de Médecine de Paris, médecin des hôpitaux de Paris.

Leçons sur les maladies nerveuses (Salpêtrière, 1893-1894), recueillies et publiées par le Dr HENRY MEIGE. 1 vol. grand in-8° avec 240 figures. **18** fr.

DUFLOCQ, chirurgien des hôpitaux.

Leçons sur les Bactéries pathogènes, faites à l'Hôtel-Dieu-Annexe. 1 vol. in-8°. . . . . . . **10** fr.

GRASSET (J.), professeur de clinique médicale à l'Université de Montpellier, correspondant de l'Académie de médecine.

Consultations médicales sur quelques maladies fréquentes. Quatrième édition, revue et considérablement augmentée. 1 volume in-16, reliure souple, peau pleine . . . . **4** fr. **50**

SOLLIER (Paul), chef de clinique adjoint des maladies mentales à la Faculté.

Guide pratique des maladies mentales (séméiologie, diagnostic, indications). 1 volume in-16, cartonné toile, tranches rouges. . . . . **5** fr.

Leçons de Thérapeutique

PAR

Le Dʳ Georges HAYEM

Membre de l'Académie de Médecine
Professeur à la Faculté de Médecine de Paris.

5 VOLUMES PUBLIÉS

LES MÉDICATIONS : 4 volumes grand in-8°
ainsi divisés :

1ʳᵉ *Série*. — Les médications. — Médication désinfectante. — Sthénique. — Antipyrétique. Antiphlogistique. **8 fr.**

2ᵉ *Série*. — De l'action médicamenteuse. — Médication antihydropique. — Hémostatique. — Reconstituante. — Médication de l'anémie. — Du diabète sucré. — De l'obésité. — De la douleur . . . . **8 fr.**

3ᵉ *Série*. — Médication de la douleur (suite). — Médication hypnotique. — Stupéfiante. — Antispasmodique. — Excitatrice de la sensibilité. — Hypercinétique. — Médication de la kinésitaraxie cardiaque. — De l'asystolie. — De l'ataxie et de la neurasthénie cardiaque. . . . . **8 fr.**

4ᵉ *Série*. — Médication antidyspeptique. — Antidyspnéique. — Médication de la toux. — Médication expectorante. — Médication de l'albuminurie. — De l'urémie. — Médication antisudorale. **12 fr.**

LES AGENTS PHYSIQUES ET NATURELS :

Agents thermiques. — Électricité. — Modification de la pression atmosphérique. — Climats et eaux minérales.

1 vol. grand in-8° avec nombreuses figures et 1 carte des eaux minérales et stations climatériques. **12 fr.**

Traité élémentaire

de Clinique thérapeutique

Par le Dʳ G. LYON

Ancien interne des hôpitaux de Paris
Ancien chef de clinique à la Faculté de médecine

DEUXIÈME ÉDITION, REVUE ET AUGMENTÉE

1 *volume in-8° de* 1154 *pages* . . . . **15 fr.**

Profitant du réel succès obtenu par cet ouvrage dont la première édition avait été épuisée en moins de deux années, l'auteur a refondu complètement certains chapitres de son livre (celui des dyspepsies chimiques par exemple) et l'a en outre augmenté d'un certain nombre de chapitres nouveaux, tels que ceux relatifs à la diphtérie, à l'entéralgie, à la péritonite tuberculeuse, à l'albuminurie, l'actinomycose, aux empoisonnements, etc., etc. Les praticiens seront heureux de trouver dans cette seconde édition un important *appendice contenant la liste des médicaments les plus usuels avec l'indication de leur mode d'emploi et de leur dosage.*

L'ŒUVRE MÉDICO-CHIRURGICAL

D' CRITZMAN, Directeur

SUITE DE

Monographies. Cliniques

SUR LES QUESTIONS NOUVELLES

En Médecine, en Chirurgie et en Biologie

La science médicale réalise journellement des progrès incessants ; les questions et découvertes vieillissent pour ainsi dire au moment même de leur éclosion. Les traités de médecine et de chirurgie, quelle qu'en soit l'étendue, quelque rapides que soient leurs différentes éditions, auront toujours grand'peine à se tenir au courant. C'est pour obvier à ce grave inconvénient que nous fondons, avec le concours des savants et des praticiens les plus autorisés, un recueil de Monographies dont le titre général, l'Œuvre médico-chirurgical, indique bien le but et la portée.

Nous publierons aussi souvent qu'il sera nécessaire des fascicules de 30 à 40 pages dont chacun résumera et mettra au point une question médicale à l'ordre du jour, et cela de telle sorte qu'aucune ne puisse être omise au moment opportun.

Chaque monographie est vendue séparément 1 fr. 25

Il est accepté des Abonnements pour une série de 10 Monographies au prix à forfait et payable d'avance de **10** *francs pour la France et* **12** *francs pour l'étranger (port compris).*

MONOGRAPHIES PUBLIÉES (Décembre 1898)

N° 1. **L'Appendicite,** par le D' FÉLIX LEGUEU, chirurgien des hôpitaux de Paris.

N° 2. **Le Traitement du mal de Pott,** par le D' A. CHIPAULT, de Paris.

N° 3. **Le Lavage du sang,** par le D' LEJARS, agrégé, chirurgien des hôpitaux, membre de la Société de chirurgie.

N° 4. **L'Hérédité normale et pathologique,** par le D' CH. DEBIERRE, professeur d'anatomie à l'Université de Lille.

N° 5. **L'Alcoolisme,** par le D' JAQUET, privat-docent à l'Université de Bâle.

N° 6. **Physiologie et pathologie des sécrétions gastriques,** par le D' A. VERHAEGEN, assistant à la Clinique médicale de Louvain.

N° 7. **L'Eczéma,** *maladie parasitaire,* par le D' LEREDDE, chef de laboratoire, assistant de consultation à l'hôpital Saint-Louis.

N° 8. **La Fièvre jaune,** par le D' J. SANARELLI, directeur de l'Institut d'hygiène expérimentale à Montevideo.

N° 9. **La Tuberculose du rein,** par le D' TUFFIER, professeur agrégé à la Faculté de médecine de Paris.

N° 10. **L'Opothérapie.** *Traitement de certaines maladies par des extraits d'organes animaux,* par A. GILBERT, professeur agrégé à la Faculté de médecine de Paris, médecin des hôpitaux, et P. CARNOT, docteur ès sciences, ancien interne des hôpitaux de Paris.

N° 11. **Les Paralysies générales progressives,** par le D' KLIPPEL, médecin des hôpitaux de Paris.

N° 12. **Le Myxœdème,** par le D' THIBIERGE, médecin de l'hôpital de la Pitié.

Bibliothèque d'Hygiène Thérapeutique

DIRIGÉE PAR

Le Professeur PROUST

Membre de l'Académie de médecine, Médecin de l'Hôtel-Dieu
Inspecteur général des Services sanitaires

Chaque ouvrage forme un volume in-16, cartonné toile, tranches rouges, et est vendu séparément : **4** fr.

L'Hygiène du Goutteux, par A. PROUST et A. MATHIEU, médecins des hôpitaux de Paris.

L'Hygiène de l'Obèse, par A. PROUST et A. MATHIEU, médecins des hôpitaux.

L'Hygiène des Asthmatiques, par E. BRISSAUD, professeur agrégé, médecin de l'hôpital Saint-Antoine.

L'Hygiène du Syphilitique, par H BOURGES, préparateur au laboratoire d'hygiène de la Faculté de médecine.

Hygiène et thérapeutique thermales, par G. DELFAU, ancien interne des hôpitaux de Paris.

L'Hygiène du Neurasthénique, par A. PROUST, et G. BALLET, médecins des hôpitaux.

Les Cures thermales, par G. DELFAU, ancien interne des hôpitaux de Paris.

L'Hygiène des Tuberculeux, par A. CHUQUET, ancien interne des hôpitaux de Paris, médecin consultant à Cannes, avec une introduction par G. DAREMBERG, correspondant de l'Académie de médecine.

L'Hygiène des Albuminuriques, par le Dʳ MAURICE SPRINGER, ancien interne des hôpitaux de Paris, chef de laboratoire de la Faculté de médecine à la clinique médicale de l'hôpital de la Charité.

Hygiène et thérapeutique des maladies de la bouche, par le Dʳ CRUET, dentiste des hôpitaux de Paris, avec une préface de M. le professeur LANNELONGUE, membre de l'Institut.

Hygiène et thérapeutique des maladies du cœur, par le Dʳ VAQUEZ (*sous presse*).

Hygiène des Diabétiques, par A. PROUST et A. MATHIEU (*sous presse*).

Hygiène et thérapeutique des maladies de la peau, par le Dʳ THIBIERGE, médecin de l'hôpital de la Pitié. (*En préparation.*)
